W0253888

Mathematische Methoden in der Technik

Band 1: **Törnig/Gipser/Kaspar, Numerische Lösung von partiellen Differentialgleichungen der Technik**
183 Seiten. DM 34,–

Band 2: **Dutter: Geostatistik**
159 Seiten. DM 32,–

Band 3: **Spellucci/Törnig, Eigenwertberechnung in den Ingenieurwissenschaften**
196 Seiten. DM 36,–

Band 4: **Buchberger/Kutzler/Feilmeier/Kratz/Kulisch/Rump, Rechnerorientierte Verfahren**
281 Seiten. DM 48,–

In Vorbereitung

Band 5: **Babovsky/Beth/Neunzert/Schulz-Reese, Mathematische Methoden in der Systemtheorie: Fourieranalysis**

Band 6: **Krüger/Scheiba, Mathematische Methoden in der Systemtheorie: Stochastische Prozesse**

Preisänderungen vorbehalten

B. G. Teubner Stuttgart

Mathematische Methoden in der Technik 4

Buchberger et al.
Rechnerorientierte Verfahren

Mathematische Methoden in der Technik

Herausgegeben von

Prof. Dr. rer. nat. Jürgen Lehn, Technische Hochschule Darmstadt
Prof. Dr. rer. nat. Helmut Neunzert, Universität Kaiserslautern
o. Univ.-Prof. Dr. rer. nat. Hansjörg Wacker, Universität Linz

Band 4

Die Texte dieser Reihe sollen die Anwender der Mathematik — insbesondere die Ingenieure und Naturwissenschaftler in den Forschungs- und Entwicklungsabteilungen und die Wirtschaftswissenschaftler in den Planungsabteilungen der Industrie — über die für sie relevanten Methoden und Modelle der modernen Mathematik informieren. Es ist nicht beabsichtigt, geschlossene Theorien vollständig darzustellen. Ziel ist vielmehr die Aufbereitung mathematischer Forschungsergebnisse und darauf aufbauender Methoden in einer für den Anwender geeigneten Form: Erläuterung der Begriffe und Ergebnisse mit möglichst elementaren Mitteln; Beweise mathematischer Sätze, die bei der Herleitung und Begründung von Methoden benötigt werden, nur dann, wenn sie zum Verständnis unbedingt notwendig sind; ausführliche Literaturhinweise; typische und praxisnahe Anwendungsbeispiele; Hinweise auf verschiedene Anwendungsbereiche; übersichtliche Gliederung, die ein „Springen in den Text" erleichtert. Die Texte sollen Brücken schlagen von der mathematischen Forschung an den Hochschulen zur mathematischen Arbeit in der Wirtschaft und durch geeignete Interpretationen den Transfer mathematischer Forschungsergebnisse in die Praxis erleichtern. Es soll auch versucht werden, den in der Hochschulforschung Tätigen die Wahrnehmung und Würdigung mathematischer Leistungen der Praxis zu ermöglichen.

Rechnerorientierte Verfahren

Von
Prof. Dr. phil. Bruno Buchberger, Universität Linz
Dipl.-Ing. Bernhard Kutzler, Universität Linz
Prof. Dr. rer. nat. Manfred Feilmeier, Institut für Wirtschafts- und Versicherungsmathematik G.m.b.H., München
Dr. rer. nat. Matthias Kratz, Technische Universität Braunschweig
Prof. Dr. rer. nat. Ulrich Kulisch, Universität Karlsruhe
Priv.-Doz. Dr. rer. nat. Siegfried Rump, Universität Karlsruhe und IBM Böblingen

B. G. Teubner Stuttgart 1986

CIP-Kurztitelaufnahme der Deutschen Bibliothek

Rechnerorientierte Verfahren / von Bruno Buchberger . . . – Stuttgart : Teubner, 1986.
(Mathematische Methoden in der Technik ; Bd. 4)

NE: Buchberger, Bruno [Mitverf.]; GT

Das Werk einschließlich aller seiner Teile ist urheberrechtlich geschützt. Jede Verwertung außerhalb der engen Grenzen des Urheberrechtsgesetzes ist ohne Zustimmung des Verlages unzulässig und strafbar. Das gilt besonders für Vervielfältigungen, Übersetzungen, Mikroverfilmungen und Einspeicherung und Verarbeitung in elektronischen Systemen.

ISBN 978-3-519-02617-4 ISBN 978-3-322-96690-2 (eBook)
DOI 10.1007/978-3-322-96690-2

© B. G. Teubner Stuttgart 1986

Gesamtherstellung: J. Jllig, Göppingen
Umschlaggestaltung: M. Koch, Reutlingen

EINLEITUNG

Computer-Algebra für den Ingenieur
(B. Buchberger / B. Kutzler)

Das Gebiet der Computer-Algebra stellt dem Ingenieur ein neues Arsenal von computer-unterstützten Methoden zur Lösung von Problemen des technich/wissenschaftlichen Rechnens zur Verfügung. In diesem Kapitel wird zunächst das neue Gebiet der Computer-Algebra charakterisiert und insbesondere vom Gebiet der Numerik abgegrenzt bzw. aufgezeigt, wie Computer-Algebra im Verein mit Numerik die Problemlösepotenz um eine wesentliche Qualität erweitert. Dann werden die typischen Grundrechenoperationen, die in Computer-Algebra-Softwaresystemen möglich sind, und die Verbindung dieser Operationen zu Programmen an Hand von Beispielen, insbesondere von konkreten Anwendungen aus der Ingenieurmathematik, demonstriert. Im nächsten Abschnitt werden dann die wichtigsten Computer-Algebra-Softwaresysteme und ihre Verfügbarkeit für den Benutzer besprochen. Schließlich wird im Abschnitt *Computer-Algebra-Algorithmen* auf die der Computer-Algebra zugrundeliegende Mathematik eingegangen, indem für einige typische Problemstellungen die zur Lösung führenden mathematisch/algorithmischen Ideen skizziert werden.

Algorithmen zur Methode der finiten Elemente für Vektorrechner
(M. Kratz)

Eine neuartige Klasse sehr leistungsfähiger Computer hat die Möglichkeit der numerischen Datenverarbeitung wesentlich erweitert: die sog. Vektorrechner. Ihre Verarbeitungsgeschwindigkeit kann diejenige großer Universalrechner um Zehnerpotenzen übertreffen - jedoch nur mit neuen, der speziellen Maschinenarchitektur angepaßten Algorithmen und Programmen. Das Besondere ist die Funktionsweise ihrer Prozessoren, die lange Folgen von Daten nach dem Fließbandprinzip verknüpfen. Aus dem Fließbandverfahren folgt, daß sich die volle Leistung der Maschinen erst bei genügend langen Operndenströmen einstellt. Ferner müssen die einzelnen Werte voneinander unabhängig sein, in diesem Sinne also einen parallelen Zugriff gestatten. Diese Bedingungen liegen z.B. vor, wenn alle Komponenten zweier Vektoren nacheinander einer arithmetischen Operation unterworfen werden, was dem Rechnertyp seinen Namen gab. Das Hauptproblem beim Entwurf von Algorithmen für solche Computer besteht im Aufsuchen geeigneter Datenketten, den "Vektoren". Am Beispiel einfacher strukturmechanischer Analysen nach der Methode der finiten Elemente wird gezeigt, wie man 'parallele' Strukturen findet und welche Algorithmen sich daraus ergeben. Obwohl im Vergleich zu herkömmlichen FE-Programmen das zugrundeliegende mathematische Verfahren unverändert bleibt (etwa die Ermittlung von Element-Steifigkeitsmatrizen beim isoparametrischen Ansatz mit einer Quadraturformel nach Gauß), benötigt man fast immer eine völlig andere Datenbasis - und mit ihr einen neuen Algorithmus. Auf verschiedenen Rechnertypen gemessene Laufzeiten illustrieren den möglichen Gewinn durch angepaßte Schemata - aber auch die deutliche Unterlegenheit von nach alten Mustern geschriebener Software.

Parallele Numerik
(M. Feilmeier)

Bei den derzeit kommerziell vertriebenen oder in der Entwicklung befindlichen Supercomputern - die Rechenleistung reicht bis ca. 2 Milliarden Gleitpunktoperationen pro Sekunde - dominieren zwei Konzepte der Rechnerarchitektur: Zum einen das seit der CRAY-1 etablierte Prinzip "Vektorrechner", wobei Vektoroperationen besonders schnell ablaufen - intern durch ausgeklügeltes Pipelining realisiert. Zum anderen beginnt das echte Parallelrechnen mit einer Vielzahl parallel arbeitender Prozessoren Realität zu werden - z.B. im deutschen Superrechner-Projekt SUPRENUM. Nach Darlegung der wesentlichen Architektur-Prinzipien sollen vor allem die mit diesen nicht-konventionellen Rechnerarchitekturen verbundenen algorithmischen Probleme dargestellt werden: numerische Stabilität, rekurrente Relationen, Vektor/Matrix-Operationen, lineare Gleichungssysteme, FFT, partielle Differentialgleichungen. Aufgrund der umfangreichen, für konventionelle serielle Rechner geschaffenen numerischen Software, stellt sich insbesondere auch das Problem, ob und gegebenenfalls auf welche Weise diese Software den neuen Rechnerstrukturen angepaßt werden kann.

Rechnerarithmetik und die Behandlung algebraischer Probleme (U. Kulisch / S.M. Rump)

Der Beitrag gibt einen kurzen Überblick über die wesentlichen Ideen, die Motivation und die wichtigsten Ergebnisse einer in neuerer Zeit entwickelten systematischen Theorie der Rechnerarithmetik. Darüber hinaus wird gezeigt, daß und wie man diese neue Arithmetik erfolgreich zur Behandlung algebraischer Fragestellungen in der numerischen Mathematik einsetzen kann. Die zur Implementierung der neuen Arithmetik in Hard- und Software erforderlichen Techniken werden skizziert und es wird gezeigt, wie eine Einbettung in höhere Programmiersprachen vorzunehmen ist. Die neue Arithmetik führt nicht nur in der traditionellen Numerik zu Verbesserungen, sondern erlaubt darüber hinaus die Entwicklung neuer Verfahren. Beispielsweise lassen sich Lösungen algebraischer Probleme in scharfe Schranken einschließen. Der Rechner verifiziert darüber hinaus noch die Korrektheit des berechneten Ergebnisses, d.h. er beweist die Existenz und Eindeutigkeit einer Lösung des betreffenden Problems innerhalb der berechneten Schranken. Derartige Methoden werden als E-Methoden bezeichnet sie liefern Existenz, Eindeutigkeit und eine Einschließung der Lösung.

B. Buchberger / B. Kutzler
M. Feilmeier
M. Kratz
U. Kulisch / S.M. Rump

INHALTSVERZEICHNIS

Algorithmen zur Methode der finiten Elemente für Vektorrechner (M. Kratz)

Parallele Numerik (M. Feilmeier)

Recherarithmetik und die Behandlung algebraischer Probleme (U. Kulisch / S.M. Rump)

COMPUTER-ALGEBRA FÜR DEN INGENIEUR

Bruno Buchberger, Bernhard Kutzler
(Institut für Mathematik, Johannes-Kepler-Universität, Linz, Österreich)

1 Was ist Computer-Algebra?

Numerische Mathematik befaßt sich mit algorithmischen (d.h. mit dem Computer realisierbaren) Verfahren für die Behandlung von Problemen, deren Angaben *(Gleitkomma-) Zahlen* sind und deren Lösungen wieder (Gleitkomma-) Zahlen sind.

Computer-Algebra (Symbolic and Algebraic Computation, Formelmanipulation, Buchstaben-Rechnen mit dem Computer) befaßt sich mit algorithmischen Verfahren für die Behandlung von Problemen, deren Angaben *algebraische Objekte* sind und deren Lösungen wieder algebraische Objekte sind.

Die *algebraischen Objekte*, auf denen die Probleme definiert sind und die Lösungsalgorithmen arbeiten, liegen in verschiedenen *algebraischen Bereichen*. Ein algebraischer Bereich ist dabei durch die Menge der Objekte, die zu ihm gehören, (den *"Träger"* des Bereiches) und die *Grundoperationen*, die man auf den Objekten ausführen kann, definiert. Beispiele algebraischer Bereiche sind:

Die *natürlichen*, *ganzen* und *rationalen Zahlen* ("exakt", d.h. ohne Rundungsfehler dargestellt; mit den bekannten Grundoperationen "Addition", "Subtraktion", "Multiplikation", etc.)

Die *Gauß'schen Zahlen* (d.h. die rationalen Zahlen erweitert um die imaginäre Einheit i; mit entsprechend erweiterten Grundoperationen, z.B. $(1+2i).(\frac{2}{3}-3i) = 20/3 - 5/3\,i$).

Andere *"algebraische" Erweiterungen* der rationalen Zahlen (z.B. der Bereich, der entsteht, wenn man zu den rationalen Zahlen die reellen Zahlen $\sqrt{2}$, $\sqrt{7}$ und noch einige andere Quadratwurzeln oder höhere Wurzeln - als neue Objekte, nicht als rationale Näherungszahlen - hinzufügt und die Grundoperationen entsprechend erweitert, z.B. $\sqrt{2}.\sqrt{3} = \sqrt{6}$.)

Endliche Körper (z.B. der endliche Körper "Z modulo 5", der aus den Zahlen 0,1,2, 3,4 besteht mit den Operationen z.B. $2\oplus4=1$, $3\oplus2=0$ etc., allgemein $x\oplus y :=$ Rest bei der Division von $x+y$ durch 5.)

Der Bereich der *univariaten und multivariaten Polynome* über obigen Zahlbereichen, d.h. der Ausdrücke der Form $3x^3-\frac{1}{2}x+1$ oder $\frac{3}{4}x^3yz^2-\frac{1}{3}xy^2z+13xz$ etc. mit den Operationen $(3x^3-\frac{2}{3}x+1)\oplus(-2x^3+5)=(x^3-\frac{2}{3}x+6)$ etc.

Der Bereich der *rationalen Terme* über obigen Zahlbereichen, d.h. der "gekürzten" Ausdrücke der Form $(5x^2yz-xy+1)/(xz-\frac{2}{3}x)$ mit den entsprechenden Operationen wie z.B. $(x+1)/(x-1) \oplus (x-1)/(x+1) = (2x^2+2)/(x^2-1)$.

Der Bereich der *arithmetischen Terme* über obigen Zahlbereichen, d.h. der Ausdrücke der Form $(x.y.2+3.(0+x.y.z)).(x-z)$. (Beachte: "Polynome" sind spezielle arithmetische Terme, nämlich "vollständig ausmultiplizierte und vereinfachte".)

Der Bereich der *elementaren transzendenten Terme*, das sind Terme, in welchen auch die Symbole exp, log, sin, cos,... für die entsprechenden transzendenten Funktionen vorkommen können.

Gruppen (die z.B. durch eine endliche Zahl von erzeugenden Elementen und "definierenden Relationen" gegeben sind) mit der Gruppenverknüpfung als Grundoperation.

Differentialkörper, das sind Körper, in denen zusätzlich noch eine Operation " ' " ("Ableitung") definiert ist, für welche gilt: $(a+b)'=a'+b'$, $(a.b)'=a.b'+a'.b$. (In Differentialkörpern lassen sich die Probleme, die beim "analytischen", "symbolischen" Integrieren etc. auftreten, algebraisch fassen.)

Restklassenbereiche der obigen Bereiche modulo "Kongruenzrelationen". (Die Bildung von Restklassenbereichen ist eine sehr allgemeine und mächtige Konstruktion, um nützliche Bereiche zu gewinnen. Die meisten der oben angeführten Bereiche sind selbst durch Restklassenbildung aus einfacheren Bereichen entstanden: z.B. der Bereich der Polynome aus dem Bereich der arithmetischen Terme oder z.B. viele Gruppen aus Wortbereichen über endlichen Alphabeten.)

Nicht alle in der Mathematik studierten algebraischen Bereiche können im Computer behandelt werden. Für gewisse algebraische Bereiche kann man nicht einmal eine Darstellung aller Objekte des Bereichs angeben, auch wenn man einen sehr schwachen Begriff der "Darstellung" zuläßt. (Man kann z.B. den Bereich der reellen Zahlen nicht einmal aufzählen, schon gar nicht durch einen Algorithmus. Andere Bereiche sind zwar so einfach, daß man sie algorithmisch aufzählen kann, diese Aufzählung ist aber grundsätzlich nicht eindeutig. Man kann von zwei Darstellungen von Objekten nicht algorithmisch feststellen, ob sie dasselbe Objekt des darzustellenden mathematischen Bereiches darstellen. Ein einfacher Bereich dieser Art ist z.B. der Bereich der Funktionen, die im wesentlichen durch die elementaren transzendenten Terme und die Absolutstriche dargestellt werden können. Seine algorithmische "Unbehandelbarkeit" wurde von /Caviness 1967,1970/ gezeigt.)

Die *erste Klasse von Problemen*, die in der Computer-Algebra vor allen anderen behandelt werden müssen, ist deshalb:

Die Darstellung der Objekte algebraischer Bereiche im Computer, insbesondere die Vereinfachung (*Simplifikation*) von möglichen Darstellungen eines Objektes auf eine Standardform (*kanonische*, eindeutig bestimmte Form).

Die Konstruktion von Algorithmen, mit denen die *Grundoperationen* auf den (Darstellungen der) Objekte im Computer ausgeführt werden können.

Die *Übersetzung* von verschiedenen Darstellungen ein und desselben Bereiches ineinander.

Typische *andere Probleme*, die in der Computer-Algebra behandelt werden, sind z.B.:

Die *Dekomposition* von Objekten in einfachere, bzw. die Frage der *Dekomponierbarkeit*. (Z.B. die *Primzahlzerlegung* von natürlichen Zahlen, die *Faktorisierung* von Polynomen in irreduzible Faktoren, die Darstellung von Funktionen durch *Hintereinanderausführung* einfacherer Funktionen etc.).

Das Auffinden von *gemeinsamen "Teilobjekten"* oder *gemeinsamen "Oberobjekten"* gegebener Objekten. (Z.B. Bestimmung des größten gemeinsamen Teilers von multivariaten Polynomen; Bestimmung allgemeinster Unifikatoren von Termen, d.h. von Substitutionen, die zwei gegebene Terme identisch machen etc.).

Die (exakte!) Lösung von *Gleichungen und Ungleichungen* in algebraischen Bereichen. (Z.B. lineare und nicht-lineare polynomiale Gleichungen mit rationalen Koeffizienten und beliebig vielen Unbekannten; boole'sche Gleichungen; lineare Gleichungen mit Koeffizienten, die selbst Polynome sind; Gleichungen über Gruppen, Lie-Algebren, etc.).

Die algorithmische Bestimmung von Objekten, die durch *höhere Operationen* in den jeweiligen Bereichen definiert sind. (Z.B. die Bestimmung von elementaren transzendenten Termen, die den *Limes*, die *Ableitung*, das *Integral* der durch einen gegebenen elementaren transzendenten Term dargestellten Funktion darstellen; die Bestimmung von Termen, die die endliche bzw. unendliche *Summe* bzw. das *Produkt* von durch Terme dargestellten Funktionen darstellen).

Die Lösung von *Funktionalgleichungen* über gewissen Bereichen. (Z.B. das Auffinden von Termen, die die Lösungsfunktionen einer Differentialgleichung darstellen).

Die *Analyse* der *Struktur algebraischer* Bereiche. (Z.B. Auffinden des Verbands aller Normalteiler einer gegebenen Gruppe; Auffinden der Primärzerlegung eines Polynomideals, das entspricht der Zerlegung beliebiger höherdimensionaler algebraischer Mannigfaltigkeiten in einfachste geometrische Grundgebilde).

2 Was bringt Computer-Algebra für den Ingenieur?

Die Verfügbarkeit von Algorithmen zur Lösung algebraischer Probleme in benutzerfreundlichen Computer-Algebra-Softwaresystemen ist ein Ergebnis intensivster mathematischer und softwaretechnologischer Forschung in den letzten 25 Jahren. Dies eröffnet für den Ingenieur einen *grundsätzlich neuen und weiten Bereich*, in welchem seine Tätigkeit durch den Computer unterstützt und damit produktiver, genauer und schneller gemacht werden kann. Durch das Zusammenspiel von

Software-Systemen zum numerischen Rechnen (Methodenbanken, Algorithmenbibliotheken),
Software-Systemen der Computer-Algebra,
Software-Systemen zum Graphischen Rechnen (Computergraphik- und CAD-Syteme),
Software-Systemen zur Teilautomatisierung des Beweisens,
Software-Systeme zur Unterstützung des Software-Entwurfs-Prozesses und
Software-Systeme zum Ziehen von Schlüssen aus großen technischen Datenbanken (Expertensysteme)

entstehen in unserer Zeit mächtige Werkzeuge, die den *Arbeitsplatz des Ingenieurs der Zukunft* drastisch verändern werden, nämlich hin zu einer Befreiung des Ingenieurs von immer mehr der Routinearbeit, sodaß er sich immer mehr auf den kreativen Teil seiner Arbeit konzentrieren kann.

Computer-Algebra, algorithmische Geometrie, automatisches Beweisen und automatisches Programmieren verwachsen immer mehr zu einem Gebiet, nämlich "Symbolic Computation" (siehe die gleichnamige Zeitschrift, insbesondere das Editorial im Heft 1/1 dieser Zeitschrift). Gemeinsam mit "Numerical Computation" wird "Symbolic Computation" zum Gesamtgebiet des "Scientific Computation", das eine neue Dimension des Computer-unterstützten Problemlösens im technischen Bereich ermöglichen wird.

Für die praktischen Bedürfnisse des Ingenieurs ist es zunächst ausreichend, wenn er über die Existenz des neuen, mächtigen Werkzeuges, das die Computer-Algebra-Software-Systeme darstellen, informiert ist, und weiß, für welche Probleme diese Systeme fertige Lösungen anbieten und wie man mit ihnen umgeht. Diesem Zweck sind die nächsten beiden Abschnitte über *"Die Problemlösepotenz von Computer-Algebra-Systemen: Einige Beispiele"* und *"Übersicht über wichtige Computer-Algebra-Systeme"* gewidmet. Nach einigen praktischen Experimenten mit solchen Systemen entsteht aber bei den meisten Benutzern auch der Wunsch besser zu verstehen, "was hinter diesen Systemen steht". Damit werden auch geschicktere Anwendungen möglich und die Systeme können für den eigenen Gebrauch erweitert oder verbessert werden. Deshalb ist in diesem Kapitel noch ein längerer Abschnitt über *"Computer-Algebra-Algorithmen"* eingeschlossen. Den Abschluß des Kapitels bildet eine Übersicht über die Computer-Algebra Literatur.

3 Die Problemlösepotenz von Computer-Algebra-Systemen: Einige Beispiele

Im folgenden werden einige mit bestehenden (und im Abschnitt *Computer-Algebra-Systeme* genauer beschriebenen) Computer-Algebra-Systemen durchgeführten Berechnungen wiedergeben, die einen ersten Eindruck von den Fähigkeiten dieser Systeme geben sollen.

Fast alle Computer-Algebra-Systeme arbeiten *interaktiv*, d.h. in Form eines Dialoges mit dem Benutzer. Dabei wiederholt sich nach dem Start des Systems bis zum Ende der "Sitzung" immer wieder der Zyklus

Eingabe - Auswertung - Ausgabe.

Auf jede Eingabe des Benutzers erfolgt eine Auswertung dieser Eingabe (d.h. die Berechnung der gesuchten Lösung) und nachfolgend die Ausgabe des Ergebnisses. Dann wird wieder eine Eingabe erwartet usf.

Im Gegensatz dazu müssen bei Systemen, die im *Batch-Betrieb* arbeiten, alle Berechnungswünsche *vor* dem Start des Systems in eine Datei geschrieben werden. Beim Aufruf des Systems muß dieser Datenbestand als Eingabedatei mitgegeben werden, die Ergebnisse aller Berechnungen werden auf einer Ausgabedatei gesammelt, in die man *nach* Fertigstellung *aller* Berechnungen einsehen kann.

Der Vorteil von interaktiv arbeitenden Systemen gegenüber im Batch-Betrieb arbeitenden Systemen liegt vor allem darin, daß man bei ersteren unmittelbar auf das Ergebnis einer Berechnung reagieren kann, um die nachfolgenden Anweisungen (Berechnungswünsche) an das System dementsprechend zu wählen. Interaktive Systeme genügen also viel eher den Anforderungen für die Computerunterstützung des *unmittelbaren* (kreativen) mathematischen Problemlösens.

Wir geben zunächst eine größere Anzahl von typischen Grundrechenoperationen, die mit Computer-Algebra-Systemen ausgeführt werden können. Dann präsentieren wir vier durch bestimmte Ingenieursanwendungen motivierte Beispiele (Erzeugung von Unterprogrammen für das Newton-Verfahren; Roboterkinematik; Verhalten elektrischer Schaltungen; geometrisches Beweisen). Eine große Fülle weiterer Anwendungsbeispiele von Computer-Algebra-Systemen aus dem Ingenieurbereich finden sich in den Beispielsammlungen /Rand 1984/, /Pavelle 1985/ und ab 1985 regelmäßig in der Sektion "Application Letters" des Journal of Symbolic Computation.

3.1 Beispiele zu typischen symbolischen Grundoperationen

Die meisten in diesem Abschnitt angegebenen Beispiele benötigen nur wenige Sekunden Rechenzeit. Für die aufwendigeren Beispiele geben wir die Rechenzeiten explizit an.

Der folgende Dialog wurde mit dem auf Personal Computern verfügbaren System muMATH-83 geführt.

```
? 4/5 - (1/2 + 6/7)*(2/3)^3;

@: 376/945
```

In diesem System steht vor jeder Eingabe ein Fragezeichen und vor jeder Ausgabe ein "Klammeraffe" ("@"). Jede Eingabe muß mit einem Terminationszeichen (";" oder "$") abgeschlossen werden. "$" bewirkt eine Unterdrückung der Ausgabe des Ergebnisses. Computer-Algebra-Systeme rechnen grundsätzlich mit rationaler Arithmetik (d.h. mit Brüchen statt mit Gleitkommazahlen) und dadurch exakt. Man kann sich aber auf Wunsch die Ergebnisse dezimal mit wählbarer Genauigkeit (im Beispiel auf 40 Stellen nach dem Komma) ausgeben lassen. Die Rechnung erfolgt weiterhin mit rationalen Zahlen. (Zunächst weisen wir jedoch noch die letzte Ausgabe der Variablen T zu.)

```
? T: @ $ POINT: 40 $ T;

@: 0.3978835978835978835978835978835978835978
```

Man kann mit beliebig langen ganzen Zahlen rechnen. Im folgenden wird 200! berechnet (n! = 1.2.3.....(n-1).n):

```
? 200!;

@:
788657867364790503552363213932185062295135977687173263294742533244359449963403342
9203042840119846239041772121389196388302576427902426371050619266249528299311134
6285727076331723739698894392244562145166424Oß254033291864131227428294853277524242
0757390324032125740557956866022603190417032406235170085879617892222278962370389
737472000000000000000000000000000000000000000000000
```

Eine weitere Fähigkeit solcher Systeme ist die, mit "Buchstaben" zu rechnen.

```
? EXPAND((2 X - 3 Y^2)^3);
```

```
@: 54 X Y^4 - 36 X^2 Y^2 + 8 X^3 - 27 Y^6;
```

(Es genügt, statt des Zeichens "*" für die Multiplikation ein Leerzeichen zu schreiben ebenso, wie sich das auch für das händische Rechnen eingebürgert hat. EXPAND ist eine eingebaute Funktion, die den Argumentterm vollständig ausmultipliziert.)

Beim Buchstabenrechnen stellt sich häufig das Problem des *Simplifizierens*, d.h. des Vereinfachens von Termen. Ziel ist es dabei, zu einem gegebenen Term einen möglichst "einfachen" aber äquivalenten Term zu finden. Etwas Ähnliches wurde bereits im ersten Abschnitt erwähnt als das Problem des kanonischen Simplifizierens, d.h. der Berechnung einer eindeutigen Darstellung für ein Objekt eines algebraischen Bereiches. Jedoch muß eine solche kanonische Normalform, falls sie existiert, nicht unbedingt "einfach" im Sinn einer durch eine konkrete Anwendung vorgegebenen Kostenfunktion sein. (Eine sinnvolle Kostenfunktion könnte etwa die Länge eines Termes sein). Z.B. wäre für Polynome die sogenannte *distributive Darstellung* (d.h. die "voll ausmultiplizierte" Form) eine kanonische Normalform, aber $(x-1)^5$ würde im allgemeinen als "einfacher" als $x^5 - x^4 + x^3 - x^2 + x - 1$ betrachtet werden. Computer-Algebra-Systeme haben im allgemeinen eine Reihe von *Simplifikatoren* eingebaut, die für viele Klassen von Termen für die Praxis ausreichend "einfachste" Formen berechnen. Auf Wunsch können aber auch Teilschritte von Simplifikatoren (Anwendungen von Rechengesetzen) vom Benutzer einzeln aufgerufen werden.

```
? TRGSIMP( SIN(X) COS(X) ( TAN(X) + COT(X) );

@: 1

? TRGSIMP(1 - SIN(X)/(1 + COT(X)^2);

@: 1 - SIN(X)^3
```

Eine weitere Klasse von Aufgaben sind das symbolische Differenzieren und Integrieren sowie das symbolische Lösen von (Gleichungen und) Differentialgleichungen. Löst man Probleme dieser Art, d.h. Probleme, bei denen eine Funktion gesucht ist, mit rein numerischen Methoden, so erhält man als Resultat eine Folge von Zahlen, die mehr oder weniger gute *Näherungen der Funktionswerte* der tatsächlichen Lösungsfunktion an diskreten Stellen sind. Um dann Aussagen über die eigentliche Lösung machen zu können, müssen diese Zahlen "interpretiert" werden, wobei jedoch im allgemeinen sehr wesentliche Informationen über mathematische Eigenschaften der Lösungsfunktion aus den Zahlen nicht mehr wiedergewonnen werden können. Es ist oft wünschenswert, die Lösung *analytisch*, d.h. in Form eines die Lösungsfunktion beschreibenden Termes zu kennen. ("Der Sinn des Rechnens sind nicht die Zahlen, sondern Einsicht!") Dieses Ziel kann nun in vielen Fällen durch Computer-Algebra-Systeme erreicht werden.

Die folgenden Beispiele aus /Pavelle,Wang 1985/ und /Fateman 1981/ wurden mit MACSYMA, einem der derzeit größten und leistungsfähigsten Systeme, auf einer Symbolics 3600 LISP-Maschine bzw. einer DEC VAX 11/780 gerechnet. In MACSYMA werden alle Eingaben und Ausgaben durchnumeriert, damit sie an beliebiger Stelle referenziert werden können. Alle Eingaben fangen mit dem Buchstaben "C", alle Ausgaben mit "D" an. Außerdem erfolgt die Ausgabe in einem sogenannten "Prettyprint"-Format, das der menschlichen (zweidimensionalen) Schreibweise mathematischer Formeln entspricht.

Zunächst das Lösen einer kubischen Gleichung mit Parametern:

```
(C1) SOLVE(X^3+B*X^2+A^2*X^2-9*A*X^2+A^2*B*X-2*A*B*X-9*A^3*X
      +14*A^2*X-2*A^3*B+14*A^4=0,X);

                   2
(D1)  [X=7A-B, X=-A , X=2A]
```

Das folgende Polynom in vier Variablen wird in etwa 112 Sekunden faktorisiert (siehe Abschnitt *Computer-Algebra-Algorithmen* zum Problem des Faktorisierens):

```
(C2) FACTOR(-36*W^2*X^7*Y^4*Z^8+3*W^2*X^6*Y^3*Z^8-24*W^3*X^7*Y^4*Z^6+
  2*W^3*X^6*Y^3*Z^6+96*W^2*X^8*Y^6*Z^5-168*W^4*X^7*Y^6*Z^5+
  12*W^2*X^7*Y^6*Z^5-216*W^2*X^10*Y^5*Z^5-8*W^2*X^7*Y^5*Z^5+9*X^7*Y^5*Z^5+
  14*W^4*X^6*Y^5*Z^5-W^2*X^6*Y^5*Z^5+18*W^2*X^9*Y^4*Z^5+87*X^7*Y^3*Z^5-
  3*W^2*X^6*Y^3*Z^5+6*W*X^7*Y^5*Z^3+58*W*X^7*Y^3*Z^3-2*W^3*X^6*Y^3*Z^3-
  24*X^8*Y^7*Z^2+42*W^2*X^7*Y^7*Z^2-3*X^7*Y^7*Z^2+54*X^10*Y^6*Z^2-
  232*X^8*Y^5*Z^2+414*W^2*X^7*Y^5*Z^2-29*X^7*Y^5*Z^2-14*W^4*X^6*Y^5*Z^2+
  W^2*X^6*Y^5*Z^2+522*X^10*Y^4*Z^2-18*W^2*X^9*Y^4*Z^2);

        6 3 2   3         2     2 2   2     3
(D2)  -X Y Z (3Z  +2WZ-8XY  +14W Y  -Y  +18X Y)
                            2   3   2 3     2       2
                        (12W XYZ  -W Z  -3XY  -29X+W )
```

Das symbolische Differenzieren und Integrieren gehört zu den Standardanforderungen an universelle Computer-Algebra-Systeme. Das symbolische Differenzieren bereitet keine algorithmischen Schwierigkeiten. Hier kommt es fast ausschließlich auf den Einsatz guter Simplifikatoren zur Vereinfachung der entstehenden Resultate an. Das symbolische Integrieren wurde in befriedigender Form jedoch erst durch die Entdeckung von sehr viel neuem mathematischen (algorithmisch brauchbaren) Wissen ermöglicht (Algorithmus von /Risch 1970/).

```
(C3) DIFF(X^X^X,X);
```

```
                X
                X   X                      X - 1
(D3)            X   (X  LOG(X) (LOG(X) + 1) + X      )

(C4) INTEGRATE((LOG(X) - 1)/(LOG(X)^2-X^2);

             LOG( LOG(X) + X )    LOG( LOG(X) - X )
(D4)         ------------------ - ------------------
                     2                    2

(C5) INTEGRATE(1/(X^3+2),X);

                                                     1/3
                                                2 X - 2
                                       ATAN(-------------)
                  2   1/3     2/3                 1/3                    1/3
         LOG(X  - 2   X + 2    )                  2    √3        LOG(X + 2    )
(D5)   - ------------------------------ + -------------------- + ----------------
                    2/3                          2/3                    2/3
                 6 2                           2    √3               3 2
```

Es können nicht nur unbestimmte, sondern auch manche bestimmte Integrale exakt berechnet werden. Das folgende uneigentliche Integral wurde in etwa 138 Sekunden gefunden (%E steht für die Euler'sche Zahl e, %PI für π, %GAMMA für die Euler-Mascheroni Konstante 0.577215664....; INF bezeichnet die obere Grenze ∞):

```
(C6) INTEGRATE(X^2*%E^(-U*X^2)*LOG(X),X,0,INF);FACTOR;

          SQRT(%PI) (LOG(U) + 2 LOG(2) + %GAMMA - 2)
(D6)    - ------------------------------------------
                              3/2
                           8 U
```

Im folgenden demonstrieren wir die Anwendung eines Paketes zum Lösen von Systemen von gekoppelten Differentialgleichungen (Anfangswertproblemen) unter Verwendung der Laplace-Transformation. (Dabei werden mit ATVALUE die Anfangsbedingungen festgelegt.):

```
(C7) EQ1: 3*'DIFF(F(X),X,2) - 2*'DIFF(G(X),X) = SIN(X);

(D7)          3 F(X)     - 2 G(X)    = SIN(X)
                    X X          X

(C8) EQ2: A*'DIFF(G(X),X,2) + 'DIFF(F(X),X) = A*COS(X)

(D8)          A G(X)     + F(X)    = A COS(X)
                    X X        X

(C9) ATVALUE(G(X), X = 0, 1) $

(C10) ATVALUE('DIFF(F(X),X), X = 0, 0) $

(C11) ATVALUE('DIFF(G(X),X), X = 0, 1) $
```

```
(C12) EQ1: LAPLACE(EQ1,X,S);
                  2                                                        1
(D12)        3 (S  LAPLACE(F(X),X,S) - F(0) S) - 2 (S LAPLACE(G(X),X,S) - 1 ) = --------
                                                                            2
                                                                           S  + 1

(C13) EQ2: LAPLACE(EQ2,X,S);
                 2                                                       A S
(D13)        A (S  LAPLACE(G(X),X,S) - S - 1) + S LAPLACE(F(X),X,S) - F(0) = --------
                                                                          2
                                                                         S  + 1
```

Diese nun entstandenen linearen Gleichungen für LAPLACE(F(X),X,S) und LAPLACE(G(X),X,S) können mit der Funktion LINSOLVE gelöst werden:

```
(C14) LINSOLVE([EQ1,EQ2],['LAPLACE(F(X),X,S),'LAPLACE(G(X),X,S)]);

                                    4                              2
                          3 F(0) A S  + (F(0) (3 A + 2) + 2 A) S  + 3 A S + 2 A + 2 F(0)
(D14)        LAPLACE(F(X),X,S) = ----------------------------------------------------------------------
                                              5              3
                                         3 A S  + (3 A + 2) S  + 2 S

                                   4        3              2
                              3 A S  + 3 A S  + (6 A + 2) S  + 3 A S + 1
             LAPLACE(G(X),X,S) = ---------------------------------------------
                                            5              3
                                       3 A S  + (3 A + 2) S  + 2 S
```

Man beachte dabei, daß für F(0) kein Wert spezifiziert wurde, F(0) also in die Lösung als Parameter eingeht. Schließlich werden durch die inverse Laplace Transformation ILT die Lösungen für f und g berechnet.

```
(C15) MAP(LAMBDA([A],ILT(A,S,X)),"%);

(D15) IS A POSITIVE, NEGATIVE, OR ZERO?
      POSITIVE;
                      5/2       √6 X
                 27 A    SIN(----------)
                               3 √A        2       √6 X
                 ------------------------- - 3 A  COS(----------)
                       √6 (3 A - 2)                    3 √A        3 A SIN(X)
       [(F(X) = ----------------------------------------------------- - --------------- + A + F(0)),
                                   3 A                                    3 A - 2

                   3/2       √6 X                2       √6 X
                9 A    SIN(----------)     27 A   COS(---------)
                             3 √A                       3 √A
                ------------------------ + --------------------------
                          √6                      6 A - 4              (3 A + 1) COS(X)    1
        (G(X) = ----------------------------------------------------- - -------------------- + ----)]
                                   3 A                                     3 A - 2           2
```

Zum Abschluß noch eine gewöhnliche Differentialgleichung, die mit der eingebauten Funktion ODE (für "ordinary differential equation") gelöst wird. (Mit DEPENDS erklärt man Y als von X abhängig. %K1 und %K2 bezeichnen zwei bei der Lösung entstehende Integrationskonstante):

```
(C16) DEPENDS(Y,X)$

(C17) (1+X^2)*DIFF(Y,X,2)-2*Y=0;

                 2
(D17)          (X  + 1) Y   - 2 Y = 0
                         X X

(C18) ODE(D17,Y,X);

                         2       ATAN(X)         X              2
(D18)          Y = %K2 (X  + 1) (-------- + ----------) + %K1 (X  + 1)
                                    2             2
                                              2 X  + 2
```

3.2 Beispiel: Automatische Generierung eines Unterprogramms für das Newton-Verfahren

Im folgenden Abschnitt soll anhand des Problems der Bestimmung einer Nullstelle einer (reellen) Funktion das Zusammenspiel von Computer-Algebra und Numerik demonstriert werden. Das Ziel sei die Entwicklung eines FORTRAN-Programmes für das Newton-Verfahren. Dabei tritt als Unterproblem die Bestimmung von Ableitungen gegebener Funktionen auf. Mit vielen Computer-Algebra-Systemen kann man nicht nur die gesuchten Ableitungen bestimmen, sondern sie sogar als FORTRAN-Code ausgeben. Im folgenden ist nur die Lösung dieses Unterproblems (die /Lichtenberger 1981/ entnommen wurde) ausgeführt.

Das aus der numerischen Mathematik bekannte (eindimensionale) Newton-Verfahren gestattet es, zu einer gegebenen (Gleitkomma-) Zahl x_0 (die als "Näherungslösung" dient), einer Genauigkeitsschranke ε und einer reellen Funktion f (die "gewisse Eigenschaften" erfüllen muß) eine (Gleitkomma-) Zahl x' zu berechnen, sodaß $|f(x')| < \varepsilon$, d.h. x' ist im Rahmen der gewünschten Genauigkeit eine Nullstelle von f.

Der Grundgedanke des Newton-Verfahrens ist der folgende:

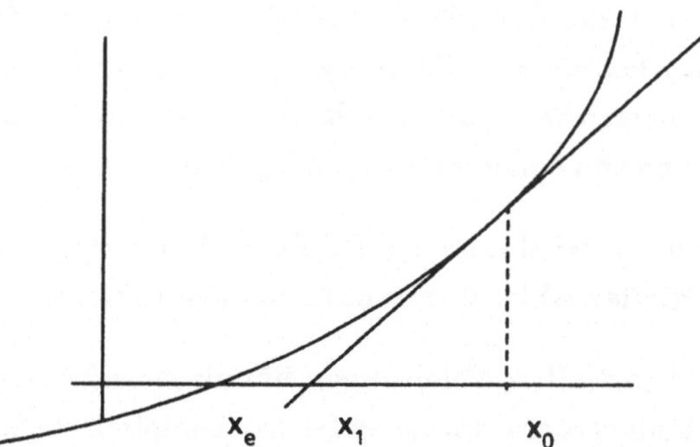

wenn f "gewisse Eigenschaften" erfüllt, dann ist der Schnittpunkt x_1 der Tangente an f in x_0 mit der x-Achse näher bei der exakten Nullstelle x_e als x_0.

Dies führt zum folgenden Algorithmus :

Ein-dimensionales Newton-Verfahren:

```
x := x0
while |f(x)|>ε do
    x := x - f(x)/f'(x)
x' := x
```

Dieses Verfahren läßt sich auf n Gleichungen in n Variablen verallgemeinern:

n-dimensionales Newton-Verfahren:

```
x := x0
while ||f(x)||>ε do
    h := so, daß D(f,x).h = f(x)
    x := x - h
x' := x
```

Hier bezeichnet f eine n-dimensionale, n-wertige Funktion (d.h. f: $\mathbb{R}^n \rightarrow \mathbb{R}^n$), x_0, x, h sind Spaltenvektoren und D(f,x) ist die sogenannte "Jacobi-Matrix" oder "Funktional-Matrix" für f an der Stelle x. Sie ist wie folgt definiert:

$D(f,x)_{i,j} = (\partial/\partial x_j)f_i(x)$,

wobei $(\partial/\partial x_j)f_i$ die Ableitung der Funktion f_i nach der j-ten Variable und f_i die i-te Komponentenfunktion von f bezeichnet

(d.h. $f(x) = (f_1(x),...,f_n(x))^T \in \mathbb{R}^n$).

Als $\|f(x)\|$ könnte z.B. $\Sigma_{i=1,...,n}|f_i(x)|$ genommen werden.

Im verallgemeinerten Newton-Verfahren ist also bei jedem Schleifendurchlauf ein lineares Gleichungssystem zu lösen. Dies bietet keine Schwierigkeiten, da numerische Algorithmen (z.B. die GAUSS-Elimination) in den meisten Programmbibliotheken gefunden werden können. Es müssen jedoch zunächst die Koeffizienten des Gleichungssystems berechnet werden, d.h. es müssen die Funktion f und alle n^2 partiellen Ableitungen von f an der Stelle x ausgewertet werden.

Zur Auswertung von f(x) wird man ein FORTRAN-Unterprogramm schreiben. Zur Auswertung der partiellen Ableitungen kann man verschiedene Wege gehen:

- Man bildet die n^2 partiellen Ableitungen händisch und codiert diese Formeln in ein FORTRAN-Unterprogramm. Dies ist bei komplizierteren Funktionen recht aufwendig und muß, wenn sich an f etwas ändert, wiederholt werden.

- Man bildet die Ableitungen durch numerisches Differenzieren (und nimmt an dieser Stelle Ungenauigkeiten in Kauf).

- Man differenziert die gegebene Funktion unter Zuhilfenahme eines Computer-Algebra-Systems symbolisch und generiert dann automatisch mit dem Computer-Algebra-System ein FORTRAN-Unterprogramm zur Auswertung der Jacobimatrix.

Wie bereits weiter oben angekündigt, wird im folgenden eine Lösung für die dritte Alternative vorgestellt. Das folgende Programm wurde in REDUCE geschrieben und generiert zu einer gegebenen Funktion f ein FORTRAN-Unterprogramm, das zu einem gegebenen Vektor x sowohl den Wert der Funktion f(x) als auch den Wert der Jacobi-Matrix D(f,x) berechnet. In diesem Beispiel sollen Nullstellen der Funktion

$$f(x_1,x_2,x_3) = ((1-x_3).\sin(1+x_1)+e^{x_2} - e \, , 2x_1{}^2.x_2 - x_2.x_3 - 1 \, , e^{x_1 x_2}+x_1.x_2 - 2)^T$$

gesucht werden:

```
(RESTORE (QUOTE REDUCE))
(BEGIN)
ARRAY FUN(10),VAR(10),BOUT(10),AOUT(10,10);
MAXDIM : = 10 $
NDIM : = 3 $
VAR(1) : = X1 $
VAR(2) : = X2 $
VAR(3) : = X3 $
FUN(1) : = (1-X3)*SIN(1 + X1) + E**X2-E $
FUN(2) : = 2*X1**2*X2-X2*X3-1 $
FUN(3) : = E**(X1*X2) + X1*X2-2 $
ON FORT ;
OFF ECHO ;
OUT DEMF2 ;
WRITE"     SUBROUTINE GENKOE(XIN,NDIM,BOUT,AOUT)";
WRITE"     DIMENSION XIN(NDIM),BOUT(NDIM),AOUT(NDIM,NDIM)" ;
WRITE"     E = 2.71828" ;
```

```
WRITE"    X1 = XIN(1)" ;
WRITE"    X2 = XIN(2)" ;
WRITE"    X3 = XIN(3)" ;
FOR I : = 1 : NDIM DO
  WRITE BOUT(I) : = FUN(I) ;
FOR I : = 1 : NDIM DO
  FOR J : = 1 : NDIM DO
    WRITE AOUT(I,J) : = DF(FUN(I),VAR(J)) ;
WRITE"    RETURN" ;
WRITE"    END" ;
END ;
```

Sollen Nullstellen einer anderen Funktion berechnet werden, so sind nur die fettgedruckten Teile des Programms zu ändern. Dieses REDUCE Programm erstellt folgendes FORTRAN-Unterprogramm mit dem Namen GENKOE:

```
SUBROUTINE GENKOE(XIN,NDIM,BOUT,AOUT)
DIMENSION XIN(NDIM),BOUT(NDIM),AOUT(NDIM,NDIM)
E = 2.71828
X1 = XIN(1)
X2 = XIN(2)
X3 = XIN(3)
BOUT(1.) = -E + E**X2-SIN(X1 + 1.)*X3 + SIN(X1 + 1.)
BOUT(2.) = -X3*X2 + 2.*X2*X1**2-1.
BOUT(3.) = (E**X1 + E**X2*X2*X1-2.*E**X2)/E**X2
AOUT(1.,1.) = COS(X1 + 1.)*(-X3 + 1.)
AOUT(1.,2.) = E**X2
AOUT(1.,3.) = -SIN(X1 + 1.)
AOUT(2.,1.) = 4.*X2*X1
AOUT(2.,2.) = -X3 + 2.X1**2
AOUT(2.,3.) = -X2
AOUT(3.,1.) = (E**X1 + E**X2*X2)/E**X2
AOUT(3.,2.) = (-E**X1 + E**X2*X1)/E**X2
AOUT(3.,3.) = 0
RETURN
END
```

Dieses Unterprogramm kann dann an geeigneter Stelle des Hauptprogrammes für das Newton-Verfahren (das hier nicht wiedergegeben wird) aufgerufen werden. Insgesamt reduziert sich also (wenn man die Ableitungen exakt rechnen möchte)

die Aufgabe des Bestimmens der n^2 partiellen Ableitungen sowie des Codierens der Funktion f und der partiellen Ableitungen als FORTRAN-Unterprogramm auf

die Aufgabe des Codierens der Funktion f in das obige REDUCE-Programm.

3.3 Beispiel: Roboterkinematik

Ein Industrieroboter ist ein allgemeiner Manipulator, der aus einer Reihe von starren Armen besteht, die jeweils durch Dreh- oder prismatische Gelenke miteinander verbunden sind. Das eine Ende dieser Kette von Armen ist fest mit einer Basis verbunden. Am anderen (freien) Ende ist ein *Endeffektor* befestigt, der es gestattet, die gewünschten Arbeiten durchzuführen (z.B. eine "Zange" zum Greifen, eine Spritzpistole zum Lackieren oder ein Punktschweißer). Jede Bewegung in den Gelenken (z.B. Rotation um die Drehachse bei einem Drehgelenk) bewirkt eine Bewegung der Arme relativ zueinander und insgesamt eine (absolute) Positionierung und Orientierung des Endeffektors (und damit des Werkzeuges) innerhalb eines (fix mit der Basis des Roboters verbundenen) Basiskoordinatensystems.

In der Kinematik von Robotern unterscheidet man folgende zwei Fragestellungen:

Das Problem der *direkten Kinematik*, d.h. der Bestimmung von Position und Orientierung des Endeffektors (innerhalb des Basiskoordinatensystems), wenn die relativen Bewegungen aller Gelenke (z.B. die Drehwinkel bei Drehgelenken) bekannt sind.

Das Problem der *inversen Kinematik*, d.h. der Bestimmung der notwendigen relativen Bewegungen aller Gelenke, um eine vorgegebene Positionierung und Orientierung des Endeffektors zu erreichen.

Grundsätzlich geht man zur Lösung dieser kinematischen Probleme so vor: Man "befestigt" zunächst im Gelenk eines jeden Roboterarmes sowie im Endeffektor ein Koordinatensystem. Die relativen Bewegungen zweier benachbarter Koordinatensysteme sowie auch jene zwischen dem Basiskoordinatensystem und dem Koordinatensystem des ersten Gelenkes beschreibt man durch Transformationsmatrizen (${}_{i-1}T^{i}$ für die Transformation von Gelenk i-1 nach Gelenk i) in homogenen Koordinaten. In die Transformationsmatrizen gehen die geometrischen Parameter des Roboters, wie z.B. die Länge der Gelenke und die Lage der Drehachsen zueinander, sowie die Bewegungen der Gelenke, wie z.B. die Drehwinkel, ein. Die relativen Bewegungen zweier nicht benachbarter Arme und damit auch die Bewegung des Endeffektors relativ zum Basiskoordinatensystem lassen sich dann als Produkte dieser Transformationsmatrizen beschreiben. Aus dem Matrixprodukt für die Bewegung des Endeffektors innerhalb des Basiskoordinatensystems und der (vorgegebenen bzw. gesuchten) Matrix P für Position und Orientierung des Endeffektors ergeben sich die sogenannten *kinematischen Gleichungen*

$$ {}_{\text{Basis}}T^{1} \cdot {}_{1}T^{2} \cdot \ldots \cdot {}_{n-1}T^{n} \cdot {}_{n}T^{\text{Endeffektor}} = P. $$

Das Problem der direkten Kinematik (d.h. unbekannter Matrix P und bekannten Transformationsmatrizen) läßt sich dann einfach durch Ausmultiplizieren der linken Seite dieser Gleichung lösen. Das Problem der inversen Kinematik (d.h. bekannter Matrix P und unbekannten Größen in den Transformationsmatrizen) führt auf das Problem des Lösens eines Systems von Gleichungen mit trigonometrischen Ausdrücken, welches sich aber nach Substitutionen der Art $u = \sin\delta$, $v = \cos\delta$ leicht als ein System von multivariaten Polynomgleichungen beschreiben läßt, für das im Abschnitt *Computer-Algebra-Algorithmen* ein Lösungsverfahren angegeben wird.

Wir wollen uns also zunächst mit der Aufstellung der kinematischen Gleichung beschäftigen, wofür noch eine Beschreibung der *Geometrie des Roboters* benötigt wird. Eine gebräuchliche Methode dafür stammt von /Denavit,Hartenberg 1955/. Diese Methode legt zunächst die genaue Lage der den einzelnen Roboterarmen/gelenken zugeordneten Koordinatensysteme fest und weist dann jedem Gelenk vier Werte δ, α, a, d zu, von denen drei durch die Konstruktion des Roboters bestimmt sind und einer die Bewegung des Gelenkes beschreibt, also je nach Art der Fragestellung ebenfalls bekannt oder unbekannt ist. (Die Bewegung von Drehgelenken wird durch den Drehwinkel δ, die Bewegung von prismatischen Gelenken wird durch die Verschiebung d beschrieben.) Aus dieser Denavit-Hartenberg-Darstellung eines Roboters läßt sich dann (durch Aufstellen und Ausmultiplizieren der Transformationsmatrizen) die linke Seiten der kinematischen Gleichungen gewinnen. Die notwendigen (Symbol-)manipulationen werden von dem folgenden Programm im Computer-Algebra-System SCRATCHPAD-II durchgeführt, das als Eingabe die Denavit-Hartenberg-Darstellung in Form einer Matrix DH erwartet (in der in der i-ten Zeile die Parameter des i-ten Gelenkes stehen) und als Ausgabe die linken Seiten der kinematischen Gleichungen liefert.

```
KINEMATICS(DH) = =
    RES : = 1
    FOR I IN 1..SIZE(DH) REPEAT RES : = RES*TRANS(DH(I-1))
    RETURN RES

TRANS(PL) = =
    DE : = PL(0)
    AL : = PL(1)
    A : = PL(2)
    D : = PL(3)
    [[COS(DE),-SIN(DE),0,0],[SIN(DE),COS(DE),0,0],[0,0,1,D],[0,0,0,1]]*
    [[1,0,0,A],[0,COS(AL),-SIN(AL),0],[0,SIN(AL),COS(AL),0],[0,0,0,1]]
```

(Das Hauptprogramm KINEMATICS führt die Multiplikation der vom Unterprogramm TRANS aus den Denavit-Hartenberg-Parametern erstellten Transformationsmatrizen benachbarter Gelenke durch.)

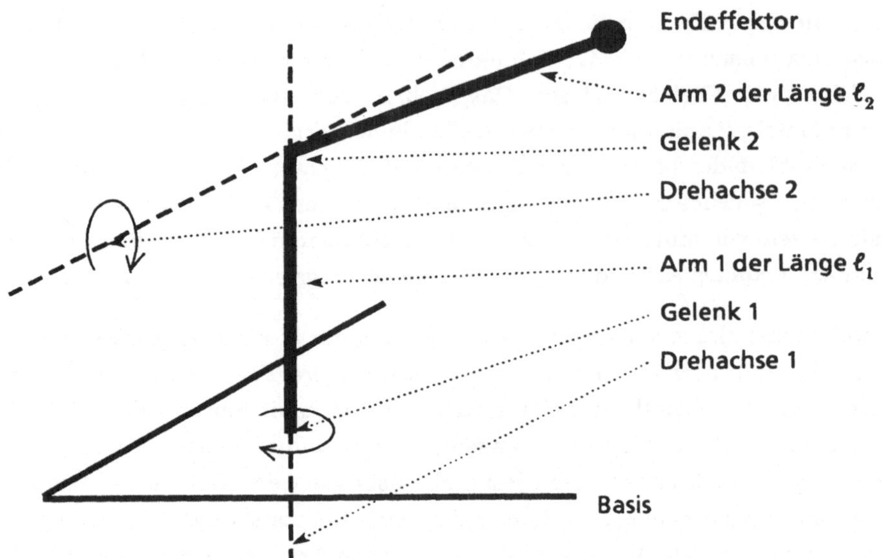

Der in obiger Skizze dargestellte zweiarmige Roboter werde durch folgende Denavit-Hartenberg Parameter beschrieben:

Gelenk 1:	δ_1	$\alpha_1=\pi/2$	$a_1=0$	$d_1=\ell_1$
Gelenk 2:	δ_2	$\alpha_2=0$	$a_2=\ell_2$	$d_2=0$

(Da beide Gelenke Drehgelenke sind, beschreibt jeweils der Parameter δ die Bewegung und ist daher variabel. α, a und d beschreiben jeweils die konkrete Geometrie des Roboterarmes.)

Beachte: Das Program KINEMATICS multipliziert Matrizen in welchen Terme mit *Variablen* vorkommen!

```
KINEMATICS([[D1,PI()/2,0,L1],[D2,0,L2,0]]

| COS(D1) COS(D2)    - COS(D1) SIN(D2)    SIN(D1)     L2*COS(D1) COS(D2)   |
| COS(D2) SIN(D1)    - SIN(D1) SIN(D2)    - COS(D1)   L2*COS(D2) SIN(D1)   |
|    SIN(D2)            COS(D2)             0          L2*SIN(D2) + L1      |
|      0                  0                 0               1.0             |
```

Möchte man jetzt für konkrete Drehwinkel δ_1 und δ_2 die Position und die Orientierung des Endeffektors berechnen, so muß man nur noch für D1 und D2 diese Werte einsetzen und die einzelnen Terme auswerten. Die Position wird durch den äußerst rechten Spaltenvektor angegeben. Die Orientierung wird durch die linke obere 3x3 Matrix dargestellt, aus der man leicht z.B. die Euler-Winkel ϕ,θ,ψ (d. h. eine Beschreibung der Orientierung durch eine Rotation ϕ um die z-Achse, dann eine Rotation δ um die y-Achse und zuletzt eine Rotation ψ um die neue z-Achse) ausrechnen kann.

Weitaus interessanter ist natürlich das Problem der inversen Kinematik, das von zentraler Bedeutung für die Robotersteuerung ist. Man unterscheidet dabei die folgenden Fälle:

IK1) Die Position und die Orientierung des Endeffektors sind bekannt (d.h. liegen als Gleitkommazahlen vor). Gesucht sind Gleitkommazahlen für die die Bewegung beschreibenden Größen (z.B. Drehwinkel).

IK2) Die Position und die Orientierung des Endeffektors sind variabel (d.h. gehen als Parameter in die Gleichung ein). Gesucht sind Lösungen (d.h. Terme) für die die Bewegung beschreibenden Größen, in denen diese Parameter vorkommen.

IK3) Wie IK2), zusätzlich sind aber die Längen der Gelenke variabel.

IK1 führt (nach geeigneter Substitution für die Winkelfunktionen) auf ein multivariates polynomiales Gleichungssystem, dessen Lösungen z.B. mit den im Abschnitt *Computer-Algebra-Algorithmen: Gröbner-Basen* besprochenen Methoden oder mit numerischen Verfahren berechnet werden können. Allerdings muß dieses Problem für jede neue Position und Orientierung neu gelöst werden. Viel interessanter ist eine Lösung von IK2, die für den *konkreten* Roboter eine generelle Lösung des Inverse-Kinematik-Problems bedeutet. Sobald man eine generelle Lösung hat bekommt man die speziellen Lösungen für eine konkrete Position durch einfaches Einsetzen. Eine Lösung von IK3 ist eine generelle Lösung des Inverse-Kinematik-Problems für eine ganze Roboter*klasse*.

Im Folgenden wollen wir für den obigen zweiarmigen Roboter das Problem IK3 lösen. Dies ist ebenfalls mit der Methode der Gröbner-Basen möglich. Zunächst setzen wir die rechte Seite der kinematischen Gleichungen unter Verwendung der Euler-Winkel zur Beschreibung der Orientierung und der Koordinaten px, py, pz für die Position des Endeffektors an. Dies führt auf ein Gleichungssystem, das zunächst noch trigonometrische Funktionen enthält. Durch die Einführung neuer Variablen (z.B. c1 für cos(δ1), s1 für sin(δ1), cf für cos(ϕ), etc..) sowie die Hinzunahme der zwischen diesen Variablen geltenden Beziehungen (c1**2 + s1**2 - 1 = 0, etc.) erhält man das folgende Gleichungssystem:

c1 c2 - cf ct cp + sf sp = 0,	ℓ2 c1 c2 - px = 0,
s1 c2 - sf ct cp - cf sp = 0,	ℓ2 s1 c2 - py = 0,

```
s2 + st cp = 0,
- c1 s2 - cf ct sp + sf cp = 0,
- s1 s2 + sf ct sp - cf cp = 0,
c2 - st sp = 0,
s1 - cf st = 0,
- c1 - sf st = 0,
ct = 0.
ℓ2 s2 + ℓ1 - pz = 0,
c1**2 + s1**2 - 1 = 0,
c2**2 + s2**2 - 1 = 0,
cf**2 + sf**2 - 1 = 0,
ct**2 + st**2 - 1 = 0,
cp**2 + sp**2 - 1 = 0,
```

Von den sechs Bestimmungsstücken aus Position und Orientierung können für diesen Roboter (der ja nur zwei Freiheitsgrade besitzt) nur zwei beliebig vorgegeben werden, z.B. px und pz. Außerdem sind noch ℓ1 und ℓ2 frei wählbar. Wir können also die Polynome als Polynome in den Variablen c1,c2,s1,s2,py,cf,ct,cp,sf,st,sp mit Koeffizienten aus dem rationalen Funktionenkörper Q(ℓ1,ℓ2,px,pz) betrachten. Die Gröbner-Basis des obigen Systems über diesem Bereich, (die die gleiche Lösungsmenge wie das ursprüngliche System besitzt), berechnet mit einer Implementierung des Algorithmus von /Buchberger 1970/ durch /Gebauer,Kredel 1982/ im Computer-Algebra-System SAC-2, hat dann die folgende Gestalt:

```
c1**2 + px**2 / (pz**2 - 2 ℓ1 pz - ℓ2**2 + ℓ1**2) = 0,
c2 + ((pz**2 - 2 ℓ1 pz - ℓ2**2 + ℓ1**2) / ℓ2) px c1 = 0,
s1**2 - (pz**2 - 2 ℓ1 pz + px**2 - ℓ2**2 + ℓ1**2) /
(pz**2 - 2 ℓ1 pz - ℓ2**2 + ℓ1**2) = 0,
s2 - (pz - ℓ1) / ℓ2 = 0,
py + ((pz**2 - 2 ℓ1 pz - ℓ2**2 + ℓ1**2) / px) c1 s1 = 0,
cf**2 - (pz**2 - 2 ℓ1 pz + px**2 - ℓ2**2 + ℓ1**2) /
(pz**2 - 2 ℓ1 pz - ℓ2**2 + ℓ1**2) = 0,
ct = 0,
cp + ((pz**3 - 3 ℓ1 pz**2 - ℓ2**2 pz + 3 ℓ1**2 pz + ℓ1 ℓ2**2 - ℓ1**3) /
(ℓ2 pz**2 - 2 ℓ1 ℓ2 pz + ℓ2 px**2 - ℓ2**3 + ℓ1**2 ℓ2)) s1 cf = 0,
sf + ((pz**2 - 2 ℓ1 pz - ℓ2**2 + ℓ1**2) /
(pz**2 - 2 ℓ1 pz + px**2 - ℓ2**2 + ℓ1**2)) c1 s1 cf = 0,
st + ((pz**2 - 2 ℓ1 pz - ℓ2**2 + ℓ1**2) /
(pz**2 - 2 ℓ1 pz + px**2 - ℓ2**2 + ℓ1**2)) s1 cf = 0,
sp + ((pz**4 - 4 ℓ1 pz**3 - 2 ℓ2**2 pz**2 + 6ℓ1**2 pz**2 + 4 ℓ1 ℓ2**2 pz -
4 ℓ1**3 pz + ℓ2**4 - 2 ℓ1**2 ℓ2**2 + ℓ1**4) / (ℓ2 px pz**2 - 2 ℓ1 ℓ2 px pz +
ℓ2 px**3 - ℓ2**3 px + ℓ1**2 ℓ2 px)) c1 s1 cf = 0.
```

Wir sehen, das dieses System "trianguliert" ist (d.h. die erste Gleichung hängt nur von der einen Variablen c_1 ab, die zweite nur von c_1 und c_2, usw; es werden nie mehrere Variable gleichzeitig von einem Polynom eingeführt), es erlaubt also eine Berechnung aller Lösungen für konkrete Werte px,pz,ℓ1,ℓ2 durch sukzessives Lösen von univariaten polynomialen Gleichungen und Einsetzen der gefundenen Werte in die nachfolgenden Gleichungen. Setzt man nämlich konkrete Werte für px,pz,ℓ1,ℓ2 in die erste Gleichung ein, so erhält man durch Lösen der ersten Gleichung alle Lösungen für c1. Setzt man px,pz,ℓ1,ℓ2 und c1 in die zweite Gleichung ein, so kann man alle Lösungen für c2 berechnen, usw. Es bleibt also das Lösen von Gleichungen in einer Variablen übrig, für das, falls eine "analytische" Lösung (mit "Radikalen") nicht möglich ist, numerische Verfahren oder exakte Verfahren in algebraischen Erweiterungskörpern von $\mathbb{Q}$ angewendet werden können. (Im hier behandelten Beispiel ist sogar eine analytische Lösung möglich, weil die Variablen c1,c2,s1,s2,py,cf, ct,cp,sf,st,sp höchstens quadratisch vorkommen.)

3.4 Beispiel: Verhalten einer elektrischen Schaltung

Anhand der Berechnung des Verhaltens des folgenden Schaltkreises demonstrieren wir die Fähigkeiten von Computer-Algebra-Systemen bei der Manipulation von Matrizen (Berechnung der Eigenwerte, Eigenvektoren, etc.). Das Beispiel wurde mit MACSYMA gerechnet und ist /Rand 1984/ entnommen.

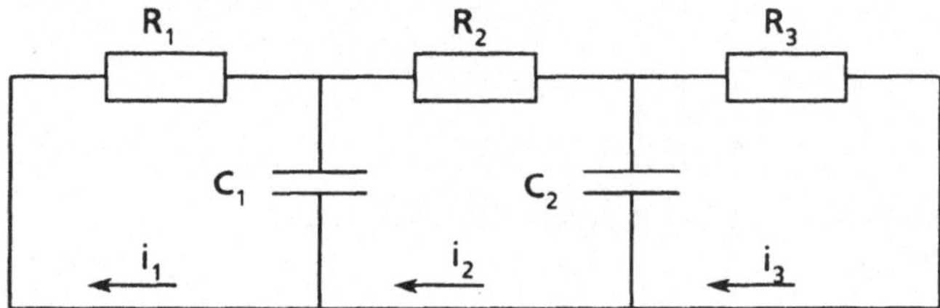

Gesucht sind die Lösungen für den Strom i (d.h. i_1,i_2,i_3) für die folgende Wahl der Parameter: $R_1 = R_3 = C_1 = C_2 = 1$, $R_2 = 1/p$. Dabei ergibt sich die Differentialgleichung

$$i' = A.i$$

wobei

$$A = \begin{pmatrix} -1 & 1 & 0 \\ p & -2p & p \\ 0 & 1 & -1 \end{pmatrix}, \; q = \begin{pmatrix} q_1 \\ q_2 \\ q_3 \end{pmatrix}.$$

Die Lösung hat dann die Gestalt

$$i(t) = u \,.\, e^{\lambda t},$$

wobei u ein Eigenvektor zum Eigenwert λ ist. Dies führt also auf das Eigenwertproblem

$$A.u = \lambda.u,$$

das mit der in MACSYMA zur Verfügung stehenden Funktion EIGENVECTORS gelöst werden kann:

```
(C1) A: MATRIX([-1,1,0],[P,-2*P,P],[0,1,-1]);

              [ -1     1      0  ]
              [                  ]
(D1)          [ P     -2 P    P  ]
              [                  ]
              [ 0      1     -1  ]

(C2) EIGENVECTORS(A);

(D2)         [[[-2 P - 1, -1, 0], [1, 1, 1]], [1, -2 P, 1], [1, 0, -1],[1, 1, 1]]
```

Im ersten Vektor stehen die drei Eigenwerte -2p-1, -1 und 0 gefolgt von einem Vektor, der ihre Vielfachheiten (je 1) angibt. Dann folgen die jeweils dazugehörenden Eigenvektoren. Im folgenden Dialog werden die Eigenwerte im Vektor EW gespeichert, die Eigenvektoren in der Matrix EV. Dann wird der Lösungsvektor I aus EW und EV konstruiert. (K_1,K_2,K_3 bezeichnen Integrationskonstante.)

```
(C3) EW:PART(PART(%,1),1)$
(C3) EV: ADDCOL(TRANSPOSE(PART(%,2)),TRANSPOSE(PART(%,3),TRANSPOSE(PART(%,4)));

              [ 1      1        1  ]
              [                    ]
(D3)          [ -2 P   0        1  ]
              [                    ]
              [ 1     -1        1  ]

(C4) I: 0 $ FOR J: 1 THRU 3 DO I: I + K[J]*%E**(COL(EV,J)*T)*EW(J);
(D4)          DONE
(C5) I;
              [          (-2P-1) T          -T        ]
              [ K %E                 + K %E     + K   ]
              [  1                      2          3  ]
              [                                       ]
              [                    (-2P-1) T          ]
(D5)          [    K  - 2 K  P %E                     ]
              [     3      1                          ]
              [                                       ]
              [          (-2P-1) T          -T        ]
              [ K %E                 - K %E     + K   ]
              [  1                      2          3  ]
```

Zu Demonstrationszwecken führen wir auch die Probe durch, die bei einem Computer-Algebra-System zu exakten Nullen führen muß:

```
(C6) EXPAND(DIFF(I,T) - A.I);

              [ 0 ]
              [   ]
(D6)          [ 0 ]
              [   ]
              [ 0 ]
```

3.5 Beispiel: Automatisches Beweisen geometrischer Sätze

Graphische Techniken zur Computerunterstützung des Problemlösens, wie z.B. Computergraphik und CAD (Computer Aided Design), haben in letzter Zeit die Geometrie wieder in den Mittelpunkt des Interesses gerückt. Und auch in diesem Gebiet sind viele Probleme mit Methoden aus der Computer-Algebra lösbar. Als ein anspruchsvolles Beispiel präsentieren wir eine Computer-Algebra-Methode zum automatischen Beweisen geometrischer Sätze.

Bei diesem Problem geht es darum, die Gültigkeit einer Aussage über einen geometrischen Sachverhalt (automatisch) zu beweisen. Als Beispiel betrachten wir den *Satz von Pappus* aus der *projektiven Geometrie*:

> "Liegen die Ecken eines Sechseckes abwechselnd auf zwei Geraden, dann sind die drei Schnittpunkte der drei Gegenseitenpaare kollinear."

Zunächst wird das geometrische Objekt in ein Koordinatensystem gelegt (das in der projektiven Geometrie nicht rechtwinkelig sein muß), um dann (mit Hilfe der den Eckpunkten zugeordneten Koordinaten) den geometrischen Sachverhalt algebraisch (und zwar durch polynomiale Gleichungen) auszudrücken:

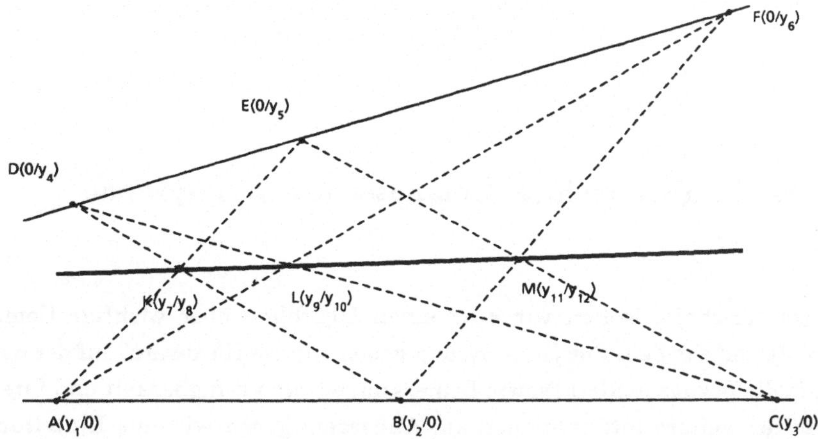

Eine algebraische Formulierung des Satzes von Pappus hätte dann die Gestalt:

$$(\forall y_1,\ldots,y_{12})(\,(y_7 - y_1)y_5 + y_8y_1 = 0 \wedge (y_7 - y_2)y_4 + y_8y_2 = 0 \wedge (y_9 - y_1)y_6 + y_{10}y_1 = 0 \wedge$$
$$(y_9 - y_3)y_4 + y_{10}y_3 = 0 \wedge (y_{11} - y_2)y_6 + y_{12}y_2 = 0 \wedge (y_{11} - y_3)y_5 + y_{12}y_3 = 0$$
$$\Rightarrow \ (y_9 - y_7)(y_{12} - y_8) - (y_{10} - y_8)(y_{11} - y_7) = 0\ )$$

Dabei entsprechen die sechs polynomialen Gleichungen vor dem Implikationspfeil den Hypothesen des Satzes, nämlich daß K der Schnittpunkt der Geraden AE und BD sei, etc. Die Gleichung nach dem Implikationspfeil entspricht der Behauptung des Satzes, nämlich daß K,L und M dann kollinear sind.

Formeln dieser Gestalt lassen sich sowohl mit der im nächsten Abschnitt besprochenen Methode der Gröbner-Basen als auch mit der dort ebenfalls besprochenen Methode von Collins zur zylindrisch-algebraischen Dekomposition entscheiden. Mit Gröbner-Basen gelingt die Entscheidung im wesentlichen auf folgende Art: Für die multivariaten Polynome vor dem Implikationspfeil wird die zugehörige Gröbner-Basis berechnet. Dann wird geprüft, ob das Polynom nach dem Implikationspfeil in Bezug auf die Gröbner-Basis auf 0 reduziert. Einzelheiten dazu (insbesondere den Beweis der Korrektheit) findet man in /Kutzler,Stifter 1986/. Im gegenständlichen Beispiel dauert die gesamte Rechenzeit 11 Sekunden auf einer IBM 4341 mit einer Implementierung des Algorithmus in SAC-2. Mit dieser Methode können heute bereits sämtliche in Standardgymnasiallehrbüchern behandelten geometrischen Sätze in wenigen Sekunden bewiesen werden. Darüberhinaus auch eine Reihe (bisher ca. 50) von sehr viel schwierigeren Sätzen aus verschiedenen Geometrien (u.a. der Satz von Pascal), sowie Beispiele aus den Bewerben der Internationalen Mathematikolympiaden mit Rechenzeiten von wenigen Sekunden bis zu einigen Stunden.

4 Übersicht über wichtige Computer-Algebra-Systeme

In diesem Abschnitt wollen wir kurz einen Überblick über wichtige Computer-Algebra-Systeme geben. Für jedes System geben wir die Hardware, auf der das System läuft, die Bezugsquelle(n) sowie Bemerkungen zur Verfügbarkeit und Literaturhinweise für weitere Informationen an. Außerdem geben wir eine Einteilung der

Systeme in wichtige Klassen, nämlich Interaktiv / Batch (siehe auch Abschnitt *Problemlösepotenz von Computer-Algebra-Systemen: Einige Beispiele*), Universell (d.h. mit Grundalgorithmen für Anwendungen in großen Bereichen) / Speziell (d.h. mit Algorithmen für Anwendungen in einem Spezialbereich), Großrechner / Microcomputer an. Eine ausführlichere Übersicht ist /VanHulzen, Calmet 1982/. Außerdem findet man laufend Beschreibungen von Software-Systemen in der Sektion *"Systems Descriptions"* des Journal of Symbolic Computation. Alle Systeme verfügen auch über eine Programmiersprache, mit der sowohl Erweiterungen des Systems als auch eigene Anwendungen realisiert werden können.

4.1 MACSYMA

Hardware: Symbolics 3600 LISP-Maschine; DEC VAX 11.

Bezugsquellen/Verfügbarkeit: Das wesentliche Grundgerüst des Systems wurde unter der Leitung von Prof. J. Moses (MIT) entwickelt. Für beide Maschinentypen ist MACSYMA von der Firma Symbolics GmbH, Frankfurter Str. 63-69, D-6236 Eschborn/Ts., BRD erhältlich. Eine etwas andere, nur für DEC VAX 11 erhältliche Version (DOE-MACSYMA) kann vom National Energy Software Center, Argonne Nat. Laboratory, 9700 South Cass Avenue, Argonne, Illinois 60439, USA bezogen werden.

Literatur: Eine Einführung in die Fähigkeiten des Systems gibt /Pavelle,Wang 1985/. Eine Sammlung zahlreicher Anwendungen dieses Systems auf Probleme aus den verschiedensten Sachgebieten bietet /Pavelle 85/, einer Zusammenfassung der interessantesten Arbeiten der Proceedings der drei bisherigen MACSYMA-Benutzerkonferenzen (1977, 1979 und 1984). Zahlreiche Informationen findet man auch im "MACSYMA Newsletter" der Firma Symbolics sowie im "MACSYMA Applications Newsletter", der monatlich von der Firma Paradigm Associates, Inc., 29 Putnam Avenue, Suite 6, Cambridge, MA 02139, USA herausgegeben wird.

Charakterisierung: MACSYMA ist derzeit eines der größten und leistungsfähigsten Computer-Algebra-Systeme. Es gehört zu den universellen Systemen und arbeitet interaktiv.

4.2 MAPLE

Hardware: DEC VAX bzw. MicroVAX mit VMS oder Berkeley Unix; DEC 20; IBM mit VM/CMS; TOPS-20; sowie auf verschiedenen Mini-Computern mit dem Betriebssystem Unix, wie z.B. MASSCOMP, Cadmus.

Bezugsquellen/Verfügbarkeit: MAPLE wurde unter der Leitung von Prof. K.O. Geddes in der Symbolic Computation Group, Department of Computer Science, University of Waterloo, Waterloo, Ontario, Kanada N2L 3G1, entwickelt.

Literatur: Eine Einführung in die Fähigkeiten des Systems gibt /Char et al. 1986/.

Charakterisierung: Maple gehört zu den wenigen auf Kleinrechnern verfügbaren Systemen. Der Speicherplatzbedarf ist mit wenigen hundert KByte deutlich unter dem der großen Systeme. Ein Hauptziel bei der Entwicklung war die durch die Wahl des Betriebssystems erreichte Portabilität und die Benutzung im Studienbetrieb großer Universitäten.

4.3 muMATH-83

Hardware: IBM PC / MS-DOS (und kompatible); Sony und Hewlett-Packard / MS-DOS (mit 3½ Zoll Disketten); fast alle Microcomputer mit CP/M-80 einschließlich jenen mit 8 Zoll Disketten sowie Apple II und IIe mit SoftCard.

Bezugsquellen/Verfügbarkeit: muMATH-83 wurde von Prof. D. Stoutemyer, Soft Warehouse Inc., P.O.Box 11174, Honolulu, Hawaii 96828, USA, entwickelt.

Literatur: Eine Einführung in das System gibt /Stoutemyer 1985/. Laufende Neuigkeiten bietet der von Soft Warehouse Inc. herausgegebene "muMATH Newsletter".

Charakterisierung: muMATH ist das einzige auf Microcomputern verfügbare Computer-Algebra-System. Es zeichnet sich wegen seiner modularen Bauweise durch wenig Speicherplatzbedarf (mindestens 128 KByte unter MS-DOS, mindestens 56 KByte unter CP/M-80) bei hoher Leistungsfähigkeit aus. (Nur die für die konkrete Anwendung notwendigen Module werden in den Hauptspeicher geladen). muMATH ist ein universelles, interaktiv arbeitendes System.

4.4 REDUCE 3.2

Hardware: IBM Serie 360 und ähnliche; DEC 10 und 20; DEC VAX; SUN; HP9000 Serie 200; HP Integral; Sage; Pinnacle; HLH Orion; Acorn 32016; GEC System 63; Apollo Domain; CRAY-1; Symbolics 3600 LISP-Maschine; Xerox Dolphin und Dandelion; DG Exlipse MV; Honeywell 68/DPS; CDC Cyber Serie; UNIVAC 1100; Burroughs B6000 und B7000; Tektronix Work Station.

Bezugsquellen/Verfügbarkeit: REDUCE wurde von Dr. A.C. Hearn und seiner Gruppe entwickelt und wird jetzt von The Rand Corporation, 1700 Main Street, P.O.Box 2138, Santa Monica, California 90406, USA, vertrieben.

Literatur: Eine Einführung in die Fähigkeiten des Systems gibt /Fitch 1985/. Laufend neue Informationen über das System findet man im "Reduce Newsletter", der von der Rand Corporation herausgegeben wird.

Charakterisierung: REDUCE gehört wegen seiner allgemeinen Verfügbarkeit zu den am weitesten verbreiteten Computer-Algebra-Systemen. REDUCE ist ein universelles, interaktiv arbeitendes System.

4.5 SAC-2

Hardware: prinzipiell alle Rechner, auf denen FORTRAN verfügbar ist.

Bezugsquellen/Verfügbarkeit: SAC-2 wurde von Prof. G.E. Collins, University of Wisconsin-Madison, Computer Science Department, 1210 West Dayton Street, Madison, Wisconsin 53706, USA und Prof. R. Loos, Universität Karlsruhe, Institut für Informatik I, Zirkel 2, D-7500 Karlsruhe, BRD entwickelt. Das System wird nicht kommerziell vertrieben, ist jedoch für wissenschaftliche Zwecke auf Anfrage bei den obigen Adressen erhältlich.

Literatur: Eine kurze Beschreibung des Systems gibt /Collins 1985/.

Charakterisierung: SAC-2 ist ein für das Arbeiten mit Polynomen entwickeltes System. Es sind die meisten der wichtigen Algorithmen für Polynome, einschließlich des Algorithmus von Collins zur zylindrisch-algebraischen Dekomposition implementiert. SAC-2 ist ein spezielles, im Batch-Betrieb arbeitendes System und war eines der ersten Computer-Algebra-Systeme. Seine Algorithmen sind die Grundlage vieler

Algorithmen in anderen Systemen. Das System ist eines der wenigen, bei denen man auch die zugrundeliegende mathematischen Ideen studieren kann.

4.6 SCRATCHPAD II

Hardware: IBM Rechner mit VM Betriebssystem.

Bezugsquellen/Verfügbarkeit: Scratchpad wird von der Computer Algebra Group, Knowledge Systems, Computing Technology Department, IBM Thomas J. Watson Research Center, Box 218, Yorktown Heights, New York 10598, USA unter der Leitung von Dr. R.D. Jenks entwickelt. Das System ist derzeit noch nicht allgemein verfügbar.

Literatur: Eine Einführung in die Fähigkeiten des Systems gibt /Jenks 1984/. Eine kurze Beschreibung gibt /Sutor 1985/. Neue Informationen über das System sowie Berichte über Anwendungen findet man im "Scratchpad II Newsletter", der von IBM herausgegeben wird.

Charakterisierung: Scratchpad II zeichnet sich durch eine besondere Philosophie für die vom Benutzer verwendeten "Datentypen" aus, die es ermöglichen, Programme für sehr allgemeine Bereiche zu schreiben, um sie dann für viele konkrete Bereiche zu verwenden. (Z.B. kann ein Algorithmus zur Berechnung des größten gemeinsamen Teilers, der für den Bereich "Euklidischer Ring" geschrieben wurde, sowohl auf ganze Zahlen als auch auf Polynome mit rationalen Koeffizienten angewandt werden.) Scratchpad II ist ein universelles, interaktiv arbeitendes System.

4.7 SMP

Hardware: DEC VAX 11 Serie mit VMS

Bezugsquellen/Verfügbarkeit: SMP wurde im wesentlichen von S. Wolfram entwickelt und wird jetzt von der Inference Corporation, Suite 501, 5300 W. Century Blvd., Los Angeles, California 90045, USA, vertrieben.

Literatur: Eine Einführung in die Fähigkeiten des Systems gibt der von Inference Corp. erhältliche "SMP Primer".

Charakterisierung: SMP ist ein universelles, interaktiv arbeitendes System.

5 Computer-Algebra-Algorithmen

5.1 Vorbemerkung: Computer-Algebra versus reine Mathematik

"Reine" Mathematiker sind manchmal der Meinung, daß die Lösung von mathematischen, insbesondere algebraischen Problemen mit dem Computer darin besteht, "unintelligente" Einzelschritte sehr oft und sehr schnell hintereinander auszuführen, wogegen der Mathematiker bei der "händischen" Lösung von mathematischen Problemen bei jedem Schritt seine mathematischen Einsichten einsetzt (und damit oft durch wenige, langsame, aber "intelligente" Schritte im gesamten oft schneller zum Ziel kommt). Das heißt also: es wird manchmal gleichgesetzt

> Computer-Mathematik = Anwenden *unintelligenter Verfahren* (z.B. "Probieren aller endlich vielen Möglichkeiten") auf *unintelligenter*, aber schneller *Hardware* (dem Computer) (und beobachten, was für Resultate entstehen; "Experimentalmathematik").

> Reine Mathematik = Anwenden *intelligenter Verfahren* auf *intelligenter*, aber langsamer Hardware (dem Mathematiker) (und a priori beweisen, welche Eigenschaften die Resultate haben müssen; "Beweisende Mathematik").

Dies ist ein grobes Mißverständnis. Genau das Gegenteil ist der Fall:

> Um mit *unintelligenter* Hardware mathematische Probleme lösen zu können, muß man mit *intelligenteren* Verfahren arbeiten (PRINZIP *der Erhaltung der Summe von Verfahrensintelligenz und Hardwareintelligenz).*

Woher kommen intelligentere Verfahren? Intelligentere Verfahren inkorporieren mehr mathematisches Wissen, mehr mathematische Einsicht. Allgemein bewiesene mathematische Aussagen bilden die Grundlage für *effektive* (d.h. auf völlig unintelligenter Hardware überhaupt ausführbare) und *effiziente* (d.h. mit wenig Rechenzeit und Speicher ausführbare) Verfahren (Algorithmen). Es gilt das PRINZIP:

> *Mehr mathematisches Wissen ⇒ Effizientere Algorithmen.*

Um zu effizienten (algebraischen) Algorithmen zu gelangen, muß man also noch tiefer in der Mathematik einsteigen, als wenn man nur an "prinzipiellen", im allgemeinen nicht algorithmisch ausführbaren Lösungen mathematischer Probleme interessiert ist, d.h. man muß in dem betrachteten Problembereich versuchen, *neues algorithmisch brauchbares Wissen zu beweisen.*

Die ganze algorithmische Kraft steckt dabei in den Beweisen. Die Kraft der Beweise beruht auf dem PRINZIP:

> Ein einmal (*in endlich vielen Schritten) geführter Beweis* für einen nicht-trivialen mathematischen Satz führt bei den *unendlich vielen Angaben* für das entsprechende Problem zur *schnelleren* algorithmischen Bestimmung der Lösung.

(Die Beschleunigung, die durch einen mathematischen Satz für die algorithmische Lösbarkeit eines mathematischen Problems erzielt werden kann, könnte geradezu als ein Maß für die Brauchbarkeit, die "Interessantheit" des betreffenden Satzes betrachtet werden.) Demgegenüber ist es oft beim *"händischen" Bearbeiten von Problemen* nicht notwendig, sehr tiefe allgemeine mathematische Gesetzmäßigkeiten anzuwenden. Beim händischen Bearbeiten kann man oft sowieso nicht sehr große Beispiele betrachten und bei den einfachen Angaben sieht man oft Vereinfachungen, die allgemein gar nicht gelten müssen. Oder man kommt tatsächlich mit dem Durchprobieren aller Möglichkeiten aus. (Oft betrachtet die reine Mathematik ein Problem als "gelöst", wenn man gezeigt hat, daß es "nur" endlich viele Möglichkeiten gibt.)

5.2 Ein einfaches Beispiel für obige Prinzipien:

Wir betrachten das

Problem:

Gegeben: Zwei natürliche Zahlen x,y.
Gesucht: Der größte gemeinsame Teiler z von x und y. ∎

Die Definition des Begriffs "größter gemeinsamer Teiler" legt folgenden, *einfachen* ("unintelligenten") *Algorithmus* zur Bestimmung von z nahe:

```
for u := 1 to Minimum von x und y do
  if (u teilt x) und (u teilt y)
  then z := u ∎
```

Zusätzliches mathematisches Wissen (W):

$ggT(x,0) = x$

$ggT(x,y) = ggT(y,Rest(x,y))$ (falls $y \neq 0$)

(Hier steht "ggT(x,y)" für "größter gemeinsamer Teiler von x und y" und "Rest(x,y)" für "Rest bei der (ganzzahligen) Division von x durch y".) ▮

Beweis dieses Wissens:
Man zeigt in ein paar Zeilen (endlich vielen Zeilen!), daß (im Fall $y \neq 0$):

für alle z: z teilt x und y genau dann wenn z teilt y und Rest(x,y)

Das zusätzliche Wissen (W) über den Begriff des größten gemeinsamen Teilers legt folgenden *besseren* ("intelligenteren") *Algorithmus* nahe (Algorithmus von Euklid, ca. 300 v. Chr.):

```
while y≠0 do
  (x,y) := (y,Rest(x,y))
z := x ▮
```

Während das erste einfache Verfahren, sehr grob betrachtet, maximal $c_1.x.L(y)^2$ viele Schritte braucht, braucht das zweite Verfahren maximal $c_2.L(x).L(y)$ viele Schritte. (Hier sei ein "Schritt" eine Operation auf einer Ziffer; L(x) ist die "Länge" der Zahl x, d.h. die Anzahl der Ziffern von x; c_1 und c_2 sind Konstante, die durch die verwendete Maschine und die Implementierung der Algorithmen bestimmt sind; wir haben hier vorausgesetzt, daß L(x) kleiner oder gleich L(y) ist).

Die Abschätzungen über die Rechenzeiten der beiden Algorithmen zeigen, daß das zweite Verfahren "grundsätzlich", d.h. unabhängig von den Konstanten c_1 und c_2, d.h. unabhängig von den verwendeten Maschinen, besser ist. Das heißt genauer: Wie klein auch c_1 ist und wie groß auch c_2, d.h. wie gut auch die Maschine ist, auf der der erste Algorithmus implementiert wird und wie schlecht auch die Maschine ist, auf der der zweite Algorithmus implementiert wird, so gibt es immer eine Länge, ab welcher der zweite Algorithmus weniger Rechenzeit braucht als der erste. Man sagt kurz auch: Die *(Komplexitäts-) Ordnung* des ersten Algorithmus ist größer als die Ordnung des zweiten Algorithmus oder

$$O(x.L(y)^2) > O(L(x).L(y)).$$

Für das händische Rechnen bei kleinen Eingaben ist das starke mathematische Wissen (W) ein "overkill". Wenn man z.B. den größten gemeinsamen Teiler von 28 und 36 rechnet, "sieht man gleich", daß beide Zahlen 2 als Teiler enthalten, sogar zweimal und daß die verbleibenden Teiler 7 und 9 teilerfremd sind. "Also" ggT(28,36) = 4.

Die kurze Betrachtung über die Komplexitätsordnung von Algorithmen zeigt noch ein weiteres: Je größer die *Fortschritte in der Hardwaretechnologie* werden, (d.h. z.B.

je schneller die verfügbaren Maschinen werden), desto wichtiger werden Fortschritte in der Verbesserung, d.h. *Beschleunigung von Algorithmen* auf der Basis von mehr mathematischem Wissen. Denn:

> Ein schlechter Algorithmus (mit hoher Komplexitätsordnung) erlaubt bei der Erhöhung der Rechenleistung der verfügbaren Maschinen nur eine geringe Ausdehnung des Eingabebereiches des Algorithmus.
>
> Ein guter Algorithmus erlaubt auf besseren Maschinen hingegen die Ausdehnung des Eingabebereiches um ein Beträchtliches.

(Man überlege z.B.: Ein Algorithmus mit Rechenzeit 2^n, der auf einer schlechten Maschine Eingaben bis zur "Größe" $n=20$ zuläßt, läßt auf einer 64 mal so schnellen Maschine Eingaben bis zur Größe 26 zu, also nur 1.3 mal so große Eingaben. Ein Algorithmus mit Rechenzeit n^2, der auf derselben schlechten Maschine Eingaben bis zur Größe 1024 zuläßt, läßt auf der 64 mal so schnellen Maschine immerhin Eingaben bis zur Größe 8192 zu, also 8 mal so große Eingaben.)

<u>Zusammenfassend also:</u>

Die Bedeutung der Entwicklung neuen mathematischen, algorithmisch brauchbaren Wissens für die Computer-Mathematik, insbesondere Computer-Algebra, wird in der Zukunft nicht abnehmen, sondern immer mehr steigen. Echte Fortschritte in der Lösung der Probleme der Computer-Algebra werden nur durch Kombination bester mathematischer Techniken mit den besten Errungenschaften der Softwaretechnologie erzielt werden können.

In diesem Abschnitt werden wir anhand einiger ausgewählter Beispiele von Algorithmen der Computer-Algebra die obigen Prinzipien demonstrieren und vor allem die jeweiligen zusätzlichen mathematischen Erkenntnisse skizzieren, auf denen der algorithmische Fortschritt beruht.

Wir müssen hier jedoch bemerken, daß es im begrenzten Umfang dieses Abschnittes unmöglich ist, einen Eindruck von der Reichhaltigkeit der mathematisch/algorithmischen Ideen zu vermitteln, die hinter den heutigen Computer-Algebra-Systemen stehen. Immerhin sollte die getroffene Auswahl jedoch unter anderem auch die Einsicht liefern, daß für die Lösung schwieriger Probleme in der Computer-Algebra die Lösung einer Reihe von Unterproblemen und Unterunterproblemen notwendig ist, sodaß heute ein hierarchisch gegliedertes Netz von Algorithmen vorliegt, wo algorithmische Verbesserungen an einer Stelle zahlreiche Konsequenzen für die Lösung hierarchisch übergeordneter Probleme haben. Wohl eines der besten Beispiele dafür ist das Problem der "Quantoren-Elimination" (siehe später den Collins-Algorithmus). Dieses Problem hat durch die grundlegenden Arbeiten von G. Collins seit Anfang der sechziger Jahre die Forschung für fast alle derzeitigen Grundprobleme und Unterprobleme der Computer-Algebra (Arithmetik in verschiedenen algebraischen Bereichen, exaktes Lösen von polynomialen Gleichungen, Faktorisieren von Polynomen etc.) stimuliert bzw. initiiert.

Wir zeigen den Gedanken des hierarchisch gegliederten Netzes von Algorithmen durch Auswahl einiger markanter Punkte steigender Problemallgemeinheit in diesem Netz:

- der Karatsuba-Ofman-Algorithmus zur Multiplikation von Zahlen,
- der Berlekamp-Hensel-Algorithmus zum Faktorisieren von Polynomen,
- die Methode der Gröbner-Basen für Probleme mit multivariaten Polynomen,
- der Collin'sche Algorithmus zur zylindrisch-algebraischen Dekomposition.

Ein anderes derartiges, hierarchisch sehr globales Problem ist das symbolische Integrieren und Summieren bzw. die symbolische Lösung von Differentialgleichungen, auf das wir hier nicht einmal skizzenhaft eingehen können.

5.3 Der Algorithmus von Karatsuba-Ofman zur Multiplikation

Wir betrachten zunächst ein sehr einfaches, grundlegendes Problem, nämlich die Multiplikation beliebig langer ganzer Zahlen in der üblichen Darstellung als Ziffernfolge z.B. zur Basis 10 oder zu irgend einer anderen Basis. In Computer-Algebra-Systemen nimmt man meist als Basis eine Zahl, die in etwa in einem Computerwort Platz hat, z.B. 2^{31} o.ä., weil man dann Darstellungen der Zahlen mit relativ wenig Ziffern bekommt und trotzdem die elementaren Operationen auf Ziffern noch in einer Zeiteinheit möglich sind. Man wird an diesem Problem sehen, daß man selbst bei einfachen und "im Prinzip" längst behandelten Problemen durch Einbringen von zusätzlichem mathematischem Wissen noch entscheidende algorithmische Verbesserungen erzielen kann.

Problem:

Gegeben:	x,y	zwei Ziffernfolgen.
Gesucht:	z	eine Ziffernfolge, sodaß die durch z dargestellte Zahl = das Produkt der durch x und y dargestellten Zahlen. ∎

Einfacher Algorithmus:
Die bekannte Methode, wo "jede Ziffer von x mit jeder Ziffer von y multipliziert wird mit geeigneten Überträgen und Verschiebungen". Die Anzahl der Schritte dieser Methode ist $O(L(x).L(y))$ (also $O(L(x)^2)$, wenn $L(x) = L(y)$).

Analyse des Multiplikationsbegriffs:
Wir schreiben x' für die durch die Ziffernfolge x dargestellte Zahl. Der Einfachheit halber nehmen wir als Basis der Darstellung 10 und betrachten zwei gleich lange Ziffernfolgen x und y, die beide gerade Länge n haben mögen. Die Ziffernfolgen lassen sich dann in zwei gleich lange Ziffernfolgen zerschlagen:

[x]	=	[a | b]
[y]	=	[c | d]
Länge n		Länge (n/2) Länge (n/2)

Es gilt:

$$x'.y' = (a'.10^{(n/2)} + b').(c'.10^{(n/2)} + d') =$$
$$= (a'.c').10^n + (a'.d' + b'.c').10^{(n/2)} + b'd' \qquad (*).$$

Die Multiplikation von x' und y' ist damit also reduziert auf die 4 Multiplikationen a'.b', a'.d', b'.c' und b'.d', sämtlich von halber Länge. Durch Fortführung dieser Reduktion würde man schließlich zu lauter Multiplikationen von einzelnen Ziffern kommen. Allerdings zeigt eine leichte Komplexitätsanalyse, daß damit keine Beschleunigung erreicht wird, man kommt im wesentlichen genau zur üblichen Methode, d.h. die Komplexitätsordnung bleibt $O(L(x)^2)$.

Zusätzliches mathematisches Wissen:
Es gilt:

$$(a'.d' + b'.c') = (a' + b').(c' + d') - a'.c' - b'.d' \qquad (**).$$

Dies zeigt, daß man in (*) die *zwei* Multiplikationen a'.d' und b'.c' durch die *eine* Multiplikation (a' + b').(c' + d') der Zahlen (a' + b') und (c' + d') ersetzen kann, weil die in (**) benötigten Produkte a'.c' und b'.d' in (*) sowieso schon einmal zu berechnen sind. Die Zahlen (a' + b') und (c' + d') haben aber (im wesentlichen) die Länge (n/2). Es gilt also:

Die Multiplikation x'.y' läßt sich zurückführen auf nur 3 Multiplikationen von halber Länge!

Diese Beobachtung stammt von /Karatsuba,Ofman 1962/. Rekursive Fortführung dieser Reduktion liefert einen entscheidend besseren Algorithmus, für den man

durch leichte Analyse feststellt, daß seine Komplexitätsordung nur mehr $O(L(x)^{ld3})$ ist. Dieser Algorithmus wird in der Tat in Computer-Algebra-Systemen für die Multiplikation langer Zahlen (die mehr als nur einige Computerworte einnehmen) angewandt.

Besserer Algorithmus (Karatsuba-Ofman 1962):

z = x ⊗ y:

Bestimme a,b,c,d, sodaß

[x] = [a | b], [y] = [c | d]

u := a ⊗ c

v := b ⊗ d

w := (a ⊕ b) ⊗ (c ⊕ d) ⊖ u ⊖ v

z := [u |] ⊕ [| w |] ⊕ [| | v]

Länge: n n n (n/2) (n/2) n (n/2) (n/2)

(hier stehen ⊕, ⊖, ⊗ für die Operationen auf den Ziffernfolgen, sodaß z.B. (x ⊕ y)' = x'+y', etc.) ▮

***Bemerkung:* Der Grundgedanke des Karatsuba-Ofman-Algorithmus läßt sich auch für die Multiplikation von Polynomen anwenden.**

5.4 Der Berlekamp-Hensel-Algorithmus zur Faktorisierung von Polynomen

Problem:

Gegeben: f — ein Polynom in einer Variablen mit ganzzahligen Koeffizienten

Gesucht: $p_1,\ldots,p_t$ — ganzzahlige Polynome, sodaß $p_1,\ldots,p_t$ irreduzibel und $f = \Pi_{i=1,\ldots,t}\, p_i$ ("irreduzibel" heißt hier: nicht weiter zerlegbar in Faktoren mit ganzzahligen Koeffizienten) ▮

So einfach dieses Problem zu formulieren ist, so schwierig ist es, einen effizienten Algorithmus zur Lösung dieses Problems zu finden. Das Problem hat eine lange Geschichte mit drei wesentlichen Etappen:

Kronecker's Methode (1882; in der Tat war Kroneckers Arbeit eine Wiederentdeckung einer bereits früher entwickelten Methode),

die Methode von Berlekamp und Zassenhaus (1967 bzw. 1969) und zahlreiche davon ausgehende Arbeiten,

die Methode von A. Lenstra, H. Lenstra, L. Lovász (1982 ff.) und davon ausgehende Arbeiten.

Die zweite und dritte dieser Etappen ist dadurch gekennzeichnet, daß wesentlich neues mathematisches Wissen entwickelt wurde, das eine drastische Effizienzverbesserung bei der Lösung des Problems zuläßt, während die erste Etappe durch ein sehr einfaches mathematisches Wissen charakterisiert ist, welches den Übergang von einem reinen Existenzbeweis (für die irreduziblen Faktoren) zu einem Algorithmus zur Bestimmung der irreduziblen Faktoren erlaubt. Das Faktorisierungsproblem ist also ein schönes Beispiel für das Prinzip "Mehr mathematisches Wissen ⇒ Besserer Algorithmus". Wir besprechen hier beispielhaft nur die erste Etappe und einen Teil der zweiten. (Die dritte Etappe hat (noch) nicht zu praktischen Rechenzeitverbesserungen geführt, weil der organisatorische Overhead der Methode bei "kleinen" Polynomen die prinzipielle Effizienzverbesserung erschlägt.) Für eine ausführlichere Übersicht über Faktorisierungsmethoden siehe /Kaltofen 1982/.

Einfaches Wissen:

(Homomorphie)

Seien f,g,h ganzzahlige Polynome, sodaß $f=g.h$, und sei a eine ganze Zahl. Dann gilt auch $f(a)=g(a).h(a)$.

(Interpolationspolynom)

Seien $x_0,...,x_n,y_0,...,y_n$ reelle (z.B. ganze) Zahlen. Dann kann man ein Polynom f n-ten Grades konstruieren, sodaß $f(x_i)=y_i$ (für $i=0,...,n$) (das "Interpolationspolynom" zu den Punkten $(x_0,y_0),...,(x_n,y_n)$). Dieses Polynom ist eindeutig bestimmt. ∎

Aus diesen zwei Tatsachen ergibt sich unmittelbar folgender Algorithmus:

Einfacher Algorithmus (Kronecker 1882):

(Initialisiere)

Wähle beliebige, verschiedene ganze Zahlen $a_0,...,a_n$, wo n die größte ganze Zahl kleiner oder gleich $\frac{1}{2}$(Grad von f) ist. Faktorisiere jede der ganzen Zahlen $f(a_0),...f(a_n)$ vollständig in Primfaktoren.

(Interpoliere)

Für jede Kombination $r_0,...,r_n$,

wo r_0 Primfaktor von $f(a_0)$, ..., r_n Primfaktor von $f(a_n)$ ist,

bestimme das Interpolationspolynom g zu den Punkten $(a_0,r_0),...,(a_n,r_n)$.

Wenn g ein Teiler von f ist:

Wende den Algorithmus rekursiv auf g und f/g an. Dann ist $\{p_1,..,p_t\}$ die Vereinigung der Mengen der irreduziblen Faktoren von g und f/g (und der Algorithmus kann verlassen werden).

(Irreduzibler Fall)

Wenn für keine Kombination ein Faktor g von f erzeugt wurde:

Antwort "f ist irreduzibel". ∎

Die Betrachtung "aller Kombinationen" im Schritt (Interpoliere) ist ein "exponentieller " Vorgang. Das Verfahren ist daher nicht sehr effizient.

Zusätzliches mathematisches Wissen:

(Hensel-Lemma)

Siehe für dieses Lemma über univariate Polynome die Lehrbücher über Algebra. Unter Verwendung (einer algorithmischen Version) dieses Lemmas hat /Zassenhaus 1969/ das obige Faktorisierungsproblem zurückgeführt auf das Faktorisierungsproblem von Polynomen mit Koeffizienten in den endlichen Körpern Z_p. (Diese Reduktion des Problems kann in besonders ungünstigen Fällen allerdings immer noch zu "exponentiellen" Rechenzeiten führen.)

(Lemma über quadratfreie Faktoren)

Ein Polynom a ist genau dann quadratfrei, wenn a und die Ableitung a' relativ prim sind.

Mit diesem einfachen Lemma kann das Faktorisierungsproblem "einfach" (nämlich nur durch die Bestimmung von größten gemeinsamen Teilern) auf die Faktorisierung von quadratfreien Polynomen zurückgeführt werden. (Quadratfreie Polynome sind Polynome, in welchen jeder Faktor nur einmal vorkommt.)

Problem der Faktorisierung quadratfreier Polynome über Z_p:

Gegeben: f ..... ein quadratfreies Polynom mit Koeffizienten in Z_p
(Für eine Primzahl p ist Z_p der algebraische Bereich, der aus den Objekten 0,...,(p-1) besteht, mit den Operationen $\oplus$, $\ominus$, $\otimes$, $\oslash$ (Division) "modulo p", die wie folgt definiert sind:
$x \oplus y :=$ Rest bei der Division von $x + y$ durch p,
$x \ominus y :=$ Rest bei der Division von $x - y$ durch p,
$x \otimes y :=$ Rest bei der Division von $x . y$ durch p,
$x \oslash y :=$ das Element $z \in Z_p$, sodaß $y \otimes z = x$; dieses z kann mit dem Euklid'schen Algorithmus bestimmt werden.)

Gesucht: $p_1,...,p_t$ ... irreduzible Polynome mit Koeffizienten in Z_p
sodaß $f = \Pi_{i=1,...,t}\, p_i$. ∎

Zusätzliches mathematisches Wissen (Berlekamp 1969):
(Faktorentrennung)

Seien $p_1,...,p_t$ die irreduziblen Faktoren eines Polynoms f über Z_p und sei v ein Polynom mit folgender Eigenschaft (ein "Trennpolynom"):

Grad von v < Grad von f und
f teilt $v^p - v$ (FT1)

Dann gilt:

Jeder irreduzible Faktor p_j von f teilt eines der Polynome
v-0, v-1, ..., v-(p-1). (FT2)

Außerdem:

Es gibt $s_1,...,s_t \in Z_p$, sodaß
für alle i = 1,...,t: p_i teilt $(v-s_i)$ und
für alle i,j = 1,...,t mit $s_i \neq s_j$:
p_i teilt den größten gemeinsamen Teiler von f und $v-s_i$,
p_j teilt den größten gemeinsamen Teiler von f und $v-s_i$ nicht.
($v-s_i$ "trennt" also p_i und p_j!)

(Vektorraum der Trennpolynome)

Die Trennpolynome für f bilden einen Vektorraum. ∎

Der Beweis dieser Hilfssätze ist nicht schwer (unter Verwendung einiger grundliegender Rechengesetze zum Rechnen modulo p). Mit Hilfe des Wissens (Vektorraum der Trennpolynome) und einigen leichten Beweisschritten kann man zeigen, daß man eine Basis $v^{[1]},...,v^{[r]}$ für den Vektorraum aller (Koeffizientenvektoren der) Trennpolynome durch den Gauß'schen Algorithmus als Basislösungsvektoren aus folgendem homogenen linearen Gleichungssystem erhält:

$v.(Q - I) = 0$,

wobei I die Einheitsmatrix ist und Q eine Matrix ist, deren Elemente $Q_{k,\ell}$ wie folgt gebildet werden:

$Q_{k,\ell}$:= der Koeffizient, der bei der Division von $x^{p(k-1)}$ durch f bei der Potenz $x^{\ell-1}$ steht ($1 \leq k,\ell \leq n$, n: = Grad von f).

(In der Tat kann man auch zeigen, daß die Anzahl r der linear unabhängigen Basisvektoren gleich der Anzahl r der Faktoren von f ist.)

Die Kenntnis der durch die Koeffizientenvektoren $v^{[1]},...,v^{[r]}$ bestimmten Trennpolynome (deren Bestimmung durch den Gauß'schen Algorithmus in polynomialer, nämlich kubischer Zeit möglich ist) ermöglicht nun im wesentlichen unter Anwendung des Wissens (FT1) und (FT2) die Bestimmung der Primfaktoren durch folgenden "Faktorentrennvorgang", den wir zunächst anschaulich erklären ("ggt" steht für "größten gemeinsamen Teiler"):

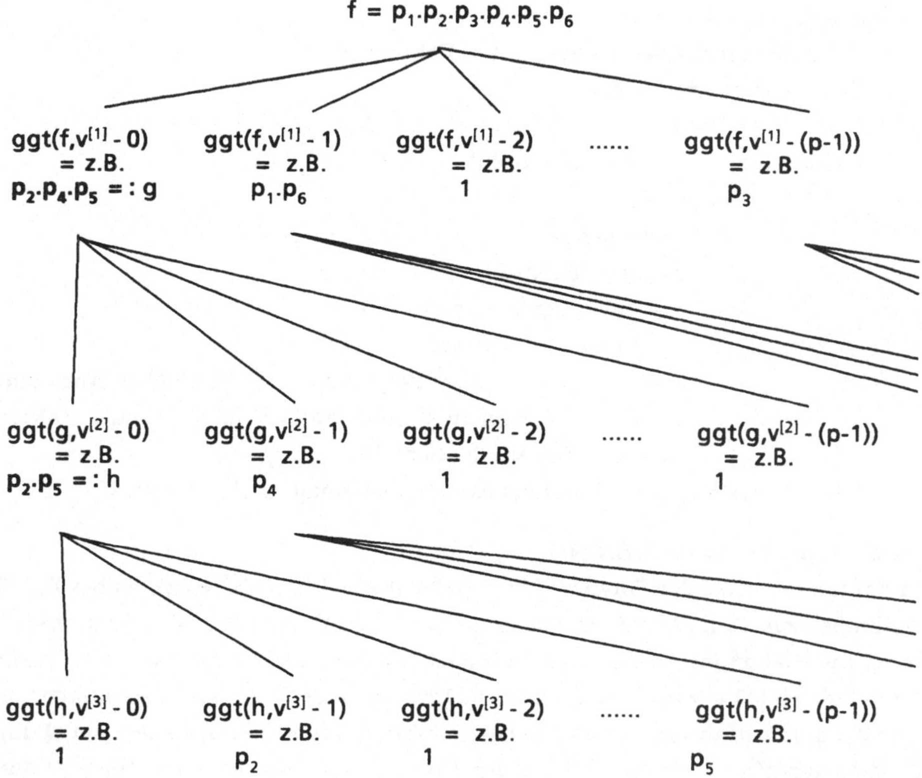

D.h. die einzelnen Primfaktoren von f werden nach und nach durch Bildung des grössten gemeinsamen Teilers mit den Trennpolynomen $v^{[1]},...,v^{[r]}$ wie in einer Kaskade mit "Trennfiltern" getrennt. Die genauen Überlegungen, warum diese Kaskade, im wesentlichen auf der Grundlage des Wissens (FT2) und (FT3), die Trennung tatsächlich immer leistet, können wir hier aus Platzgründen nicht geben. Der geübte Leser ist vielleicht in der Lage, die Detailüberlegungen in die obige Skizze einzufüllen. Zusammenfassend ergibt sich folgender Algorithmus, dessen Komplexität im wesentlichen von der Ordnung $O(pn^3)$ ist, wobei n der Grad des Eingabepolynoms f ist.

Algorithmus (Berlekamp 1969)
zur Faktorisierung von quadratfreien Polynomen über Z_p:
(Bestimmung von Trennpolynomen)

Bestimme wie oben angegeben die Matrix Q
und dann mit dem Gauß'schen Algorithmus eine Basis für den Vektorraum aller Lösungen der homogenen linearen Gleichung $v(Q - I) = 0$. Sei r die Anzahl der Vektoren in der Basis und seien $v^{[1]},...,v^{[r]}$ die Basisvektoren selbst.

(Trennen der Primfaktoren)

F := {f} (Menge der bereits bekannten Faktoren)

Falls r = 1 (f ist irreduzibel):

$p_1 := f$.

Falls r > 1 (f zerfällt in Primfaktoren):

Für j := 2,...,r:

Für alle h∈F:

Für s := 0,...,p-1 :

$g := ggt(h, v^{[j]} - s)$.

Füge g zu F hinzu.

Streiche aus F alle Polynome, die Vielfaches von einem anderen Polynom in F sind. Falls F jetzt genau r Faktoren enthält, gehe aus der Schleife.

Als $p_1,...,p_r$ kann man nun die Polynome in F nehmen. ∎

Beispiel (aus /Knuth 1969, S.424/):

Zu Faktorisieren sei das Polynom $f := x^8 + x^6 + 10x^4 + 10x^3 + 8x^2 + 2x + 8$ über $\mathbf{Z}_{13}$. Wir bestimmen zuerst die Matrix Q. Die erste Reihe von Q ist (1,0,...,0), weil x^0 dividiert durch f wieder x^0 ist. Die nächste Reihe ist (2,1,7,11,10,12,5,11), weil x^{13} dividiert durch f gleich $(11x^7 + 5x^6 + 12x^5 + 10x^4 + 11x^3 + 7x^2 + x + 2)$ ist (alle Rechnungen sind über $\mathbf{Z}_{13}$ durchzuführen!). Genau so bestimmt man die weiteren Zeilen von Q durch Division von x^{26}, x^{39} etc. durch f. (In der Tat kann man das Ergebnis für x^{k+1} durch sehr einfache Rechnung aus dem Ergebnis für x^k erhalten!) Insgesamt erhält man so

$$Q := \begin{pmatrix} 1 & 0 & 0 & 0 & 0 & 0 & 0 & 0 \\ 2 & 1 & 7 & 11 & 10 & 12 & 5 & 11 \\ 3 & 6 & 4 & 3 & 0 & 4 & 7 & 2 \\ 4 & 3 & 6 & 5 & 1 & 6 & 2 & 3 \\ 2 & 11 & 8 & 8 & 3 & 1 & 3 & 11 \\ 6 & 11 & 8 & 6 & 2 & 7 & 10 & 9 \\ 5 & 11 & 7 & 10 & 0 & 11 & 7 & 12 \\ 3 & 3 & 12 & 5 & 0 & 11 & 9 & 12 \end{pmatrix}.$$

Durch Anwenden des Gauß'schen Algorithmus erhält man z.B. die folgenden drei linear unabhängigen Lösungsvektoren für das Gleichungssystem $v.(Q - I) = 0$:

$v^{[1]} = (1\,0\,0\,0\,0\,0\,0\,0)$,

$v^{[2]} = (0\,5\,5\,0\,9\,5\,1\,0)$,

$v^{[3]} = (0\,9\,11\,9\,10\,12\,0\,1)$.

Diese Vektoren spannen den gesamten Lösungsraum auf. Es gibt genau so viele irreduzible Faktoren von f als linear unabhängige Lösungsvektoren im Lösungsraum von $v.(Q - I) = 0$, also 3. Man berechnet nun den $ggT(f, v^{[2]} - s)$ für $0 \le s < 13$, wo $v^{[2]}$

$= x^6+5x^5+9x^4+5x^2+5x$. ($v^{[1]}$ braucht man nicht zu betrachten!) Das ergibt

$f_1:=x^5+5x^4+9x^3+5x+5$ für $s=0$ und

$f_2:=x^3+8x^2+4x+12$ für $s=2$.

Alle anderen ggT sind 1. Damit hat man zwei Faktoren und muß noch ggT(f_1,$v^{[3]}$ -s) betrachten für $0 \le s < 13$, wo $v^{[3]} = x^7+12x^5+10x^4+9x^3+11x^2+9x$. Das ergibt

$f_3:=x^4+2x^3+3x^2+4x+6$ für $s=6$ und

$f_4:=x+3$ für $s=8$.

Alle anderen ggT sind wieder 1. f_1 kann man jetzt streichen. Die vollständige Faktorisierung von f ist also

$$f=(x^4+2x^3+3x^2+4x+6)(x^3+8x^2+4x+12)(x+3).$$

5.5 Die Methode der Gröbner-Basen für Probleme mit Systemen multivariater Polynome

Allgemeine Strategie:

Gegeben sei eine (endliche) Menge F von multivariaten Polynomen mit Koeffizienten aus einem Körper (z.B. $\mathbb{Q}$). In der algebraischen Geometrie (die u.a. die mathematischen Grundlagen für CAD, Computer-Geometrie, geometrische Probleme der Roboterprogrammierung etc. liefert) studiert man die Lösung verschiedener grundlegender Probleme für solche Polynommengen F: z.B. die Bestimmung aller Lösungen des durch F gegebenen Systems algebraischer Gleichungen (die Lösungen mögen dabei in gewissen Erweiterungskörpern liegen); die Zerlegung der Lösungsmannigfaltigkeit des Gleichungssystems in "irreduzible" Teilmannigfaltigkeiten (Problem der "Primärdekomposition", das als eine Verallgemeinerung des Faktorisierungsproblems univariater Polynome betrachtet werden kann; geometrisch entspricht das der Zerlegung geometrischer Gebilde in einfachste Teilgebilde); Aussagen über die Dimension der Lösungsmannigfaltigkeit; Bestimmung einer endlichen Basis für den "Modul" aller Polynomlösungen von linearen Gleichungen, die als Koeffizienten die Polynome aus F haben; vollkommene Beherrschung der Arithmetik in den algebraischen Bereichen, die aus dem Grundkörper durch Hinzunahme der Lösungen von Gleichungssystemen F entsteht; usw.

Mit der Methode der Gröbner-Basen werden diese Probleme in folgenden zwei Schritten gelöst:

1. Transformation der gegebenen Polynommenge F in eine "Standardform" G (eine *"Gröbner-Basis"*), ohne die wesentlichen algebraischen Eigenschaften (z.B. die Lösungsmannigfaltigkeit) von F zu verändern.

2. Lösung des entsprechenden Problems für G (wobei die Lösung der angeführten Probleme für Gröbner-Basen meist "leicht" ist im Vergleich zur Lösung für beliebige F).

Die Methode der Gröbner-Basen wurde in /Buchberger 1965,1970/ eingeführt und seither in einer Reihe von Arbeiten weiter ausgebaut. Für eine Zusammenfassung mit ausführlichen Literaturhinweisen siehe /Buchberger 1985/.

Definitionen:

(Im folgenden verwenden wir folgende Variablen:

f,g,h ... Polynome mit n Variablen und Koeffizienten aus einem Grundkörper K,

F,G ...(endliche) Mengen von Polynomen,

a,b,c ... Elemente aus dem Grundkörper,

s,t,u,v ... Potenzprodukte (das sind spezielle Polynome der Gestalt $x_1^{i1}...x_n^{in}$,

z.B. $x_1^3x_2x_3^5x_4^2$))

(Reduktion):

$g \rightarrow_F h$ (lies: g *reduziert* modulo F auf h) : ⇔

es existiert ein f∈F und ein Potenzprodukt t, das in g vorkommt, sodaß

t ein Vielfaches u.s des größten Potenzproduktes s von f ist

und h = g - (a/b).u.f, wobei

a der Koeffizient von t in g ist und

b der führende Koeffizient von f ist. ∎

(Die Begriffe "größtes Potenzprodukt" und "führender Koeffizient" beziehen sich dabei auf eine fixe totale Ordnung der Potenzprodukte, die in gewissen Grenzen willkürlich gewählt werden kann. Z.B. ist - für drei Variable x,y,z - eine mögliche Anordnung: $1,x,y,z,x^2,xy,xz,y^2,yz,z^2,x^3,...$. D.h. es wird hier zuerst nach dem Grad und innerhalb eines Grades lexikographisch geordnet.)

Beispiel: $F := \{2x^2y - x + 1, xy^2 + 3y\}$, $g := x^3y^2 - 5x^2y^2 + 3x$:

$g \rightarrow_F h_1 := x^3y^2 - 5/2\, xy + 5/2\, y + 3x$ (mit $f := 2x^2y - x + 1$ und $t := x^2y^2$).

Aber auch $g \rightarrow_F h_2 := x^3y^2 + 15xy + 3x$ (mit $f := xy^2 + 3y$ und $t := x^2y^2$).

(Zum Vergleich: Ein Schritt in der Division eines univariaten Polynoms g durch ein Polynom f ist ein Spezialfall des obigen sehr allgemeinen Reduktionsschrittes. Während jedoch fortgesetzte Divisionsschritte bei der bekannten univariaten Division zu einem eindeutigen "Rest" führen, kommt man durch fortgesetzte Reduktion ausgehend von einem multivariaten f im allgemeinen zu vielen verschiedenen "Resten", d.h. Polynomen, die modulo F nicht mehr weiter reduziert werden können.

Sicher ist lediglich, daß jede fortgesetzte Reduktion nach endlich vielen Schritten abbricht, wie man unschwer beweisen kann.)

(Gröbner-Basen)

Eine (endliche) Polynommenge F ist eine *Gröbner-Basis* :⇔

für alle Polynome g:

bei fortgesetzter Reduktion von g modulo F entsteht immer derselbe Rest.

Beispiel: Das F im vorherigen Beispiel ist keine Gröbner-Basis, denn z.B. $g := x^2y^2$ reduziert auf die zwei verschiedenen Reste $h_1 := \frac{1}{2}xy - \frac{1}{2}y$ und $h_2 := -3xy$. (Überlege anhand der Definition (Reduktion), daß weder h_1 noch h_2 weiter reduzierbar sind modulo F.)

Beispiel eines Problems, das man mit Gröbner-Basen lösen kann: Systeme von algebraischen Gleichungen.

Gegeben: F ... eine endliche Menge von Polynomen in n Variablen über einem Körper K (z.B. $\mathbb{Q}$).

Gesucht:
1. Entscheide, ob F (in einem geeigneten Erweiterungskörper E des Grundkörpers, z.B. in $\mathbb{C}$) lösbar ist.
2. Falls F lösbar ist, entscheide, ob F endlich viele oder unendlich viele Lösungen hat.
3. Falls F endlich viele Lösungen hat, Bestimmung aller Lösungen von F.

(Eine Lösung von F ist dabei ein n-Tupel $(a_1,...a_n)$ von Elementen aus E, sodaß für alle $f \in F$: $f(a_1,...,a_n) = 0$.)

Mathematisches Wissen:

Für Gröbner-Basen gilt:

(GB: Lösbarkeit)

Das durch G bestimmte Gleichungssystem ist lösbar (im algebraischen Abschluß des Grundkörpers) ⇔ In G kommt kein konstantes Polynom vor.

(GB: Endliche Lösungsmenge)

Das durch G bestimmte Gleichungssystem hat nur endliche viele Lösungen (im algebraischen Abschluß des Grundkörpers) ⇔ Für alle $i = 1,...,n$ existiert ein e, sodaß x_i^e kommt als größtes Potenzprodukt in einem der $g \in G$ vor.

(GB: Elimination)

(Falls die Potenzprodukte lexikographisch angeordnet werden ohne Berücksichtigung des Grades, wobei x_1 vor x_2, x_2 vor x_3, ..., x_{n-1} vor x_n kommen möge und falls G nur endlich viele Lösungen besitzt:)

G enthält einige Polynome $g_1^{(1)}, g_2^{(1)}, ..., g_{k1}^{(1)}$, welche nur von x_1 abhängen,

darunter ein Polynom niedrigsten Grades, von dem alle anderen Vielfache sind,

G enthält einige Polynome $g_1^{(2)},g_2^{(2)},...,g_{k2}^{(2)}$, welche nur von x_1,x_2 abhängen,

...

G enthält einige Polynome $g_1^{(n)},g_2^{(n)},...,g_{kn}^{(n)}$, welche von $x_1,x_2,...,x_n$ abhängen.

(Diese Aussagen könnte man, unter Verwendung von mehr algebraischer Terminologie, viel genauer machen. Die Beobachtung (GB: Elimination) wurde das erstemal in /Trinks 1978/ gemacht. Eine Alternative dazu, die für beliebige Anordnungen der Potenzprodukte gilt, findet sich in /Buchberger 1970/.)

Aus diesem Wissen ergibt sich folgender "Algorithmus" zur Lösung des obigen Problems:

Algorithmus:

(Gröbner-Basis herstellen)

Transformiere die gegebene Menge F in eine zugehörige Gröbner-Basis G.

(Endlichkeit der Lösungsmenge testen)

Falls für ein $i=1,...,n$ kein Potenzprodukt der Gestalt x_i^e unter den höchsten Potenzprodukten der $g \in G$ vorkommt:

Antwort "F hat unendlich viele Lösungen".

(Endlich viele Lösungen bestimmen)

Wähle das Polynom g niedrigsten Grades in G, welches nur von x_1 abhängt und bestimme alle Nullstellen des Polynoms.

Für alle Nullstellen a_1 von g:

Setze a_1 in alle übrigen Polynome von G ein. Man erhält ein Gleichungssystem in (n-1) Variablen, das man rekursiv nach derselben Methode lösen kann. Jede Lösung $(a_2,...,a_n)$ dieses Gleichungssystems kann man mit a_1 zusammensetzen zu einer Lösung $(a_1,...,a_n)$ von G (und damit F). ∎

Der letzte Schritt (Endlich viele Lösungen bestimmen) läßt sehr viele Varianten und Verfeinerungen zu, die für die Effizienz und praktische Durchführung wichtig sind, auf die wir hier aber unmöglich eingehen können. Wir haben "Algorithmus" mit Anführungszeichen geschrieben, weil wir vom ersten Schritt (Gröbner-Basis herstellen) ja noch nicht gezeigt haben, ob er tatsächlich algorithmisch durchführbar ist. In der Tat gibt es einen einfachen, inkonstruktiven Existenzbeweis für Gröbner-Basen, der in seiner Idee für den analogen Fall der Standard-Basen bei Potenzreihen bereits (/Hironaka 1964/) vor Einführung der Gröbner-Basen bekannt war. Dieser Beweis geht im wesentlichen so: Man wählt als Gröbner-Basis G zu F

$G := \{g \in \mathrm{Ideal}(F) \mid g$ kann nicht durch ein anderes Polynom $f \in \mathrm{Ideal}(F)$ reduziert werden$\}$

und zeigt alle gewünschten Eigenschaften. Hier ist Ideal(F) das durch "F erzeugte Polynomideal" (zu diesem Begriff siehe die Algebra-Lehrbücher). Dieser Beweis gibt aber keine Möglichkeit zur algorithmischen Bestimmung von Gröbner-Basen, denn man müßte "alle" (unendlich vielen) $g \in$Ideal(F) durchsuchen und für jedes solche g für die unendlich vielen f untersuchen, ob g durch f reduziert werden kann oder nicht. Erst das folgende zusätzliche mathematische Wissen erlaubt die algorithmische Konstruktion von Gröbner-Basen:

Mathematisches Wissen (Buchberger 1965):
(Endliche Charakterisierung von Gröbner-Basen)

Sei "Rest(f,F) ein Algorithmus, der durch Iterieren des Reduktionsschrittes ein beliebiges Polynom f modulo einem beliebigen F zu einem Rest (nicht mehr weiter reduzierbaren Polynom) reduziert. Dann gilt:

G ist eine Gröbner-Basis $\Leftrightarrow$

Für alle $g_1,g_2 \in G$: Rest(S-Polynom(g_1,g_2),G) = 0.

(Hier ist das "S-Polynom von g_1 und g_2" wie folgt definiert:

S-Polynom(g_1,g_2) = a_2.(kgV(s_1,s_2)/s_1).g_1 - a_1.(kgV(s_1,s_2)/s_2)).g_2,

wobei a_i der führende Koeffizient von g_i
und s_i das höchste Potenzprodukt von g_i ist ($i = 1,2$);
kgV steht für "kleinstes gemeinsames Vielfaches".) ∎

Der Beweis dieses Satzes ist bedeutend schwieriger als der inkonstruktive Existenzbeweis und ist im wesentlichen kombinatorisch, siehe /Buchberger 1965,1970/. Man beachte, das dieses Wissen nunmehr eine algorithmische Charakterisierung der Gröbner-Basen erlaubt, denn es ist nur mehr der Test von *endlich vielen* Paaren $\{g_1,g_2\}$ von Polynomen notwendig und jeder einzelne Test besteht einfach in der Anwendung von zwei Algorithmen, nämlich "S-Polynom" und "Rest". Das obige Wissen gestattet aber nicht nur einen algorithmischen Test, ob eine gegebene Polynommenge G eine Gröbner-Basis ist, sondern auch die Konstruktion von Gröbner-Basen G zu beliebig vorgegebenen Polynommengen F. Genauer kann man damit folgendes Problem algorithmisch lösen:

Problem:

Gegeben: F ... eine endliche Menge multivariater Polynome.
Gesucht: G ... eine endliche Menge multivariater Polynome,
sodaß F und G dasselbe Ideal erzeugen (und damit insbesondere dieselbe Lösungsmenge haben) und G eine Gröbner-Basis ist. ∎

Algorithmus (Buchberger 1965):

G := F

$B := \{\{f_1,f_2\} \mid f_1,f_2 \in G, \neg(f_1 = f_2)\}$
<u>while</u> $B \neq \emptyset$ <u>do</u>
    $\{f_1,f_2\}$:= ein Paar aus B
    $B := B - \{\{f_1,f_2\}\}$
    $h :=$ Rest(S-Polynom(f_1,f_2),G)
    <u>if</u> $h \neq 0$ <u>then</u>
        $B := B \cup \{\{g,h\} \mid g \in G\}$
        $G := G \cup \{h\}$ ∎

Der Block nach der Abfrage "$h \neq 0$?" sorgt dafür, daß, wenn ein S-Polynom nicht auf 0 reduziert, der entsprechende Rest zur Basis hinzugenommen wird, um damit die Reduktion auf 0 zu erzwingen. Es ist ein nicht-triviales Problem zu beweisen, daß diese "Vervollständigung" der Basis nur endlich oft geschehen kann, der Algorithmus also nach endlich vielen Schritten abbricht. (Eine kombinatorisch befriedigende Lösung dieses Problems ist mit dem Lemma von /Dickson 1913/ möglich.) Auch dieser Algorithmus läßt viele Varianten und Verfeinerungen zu.

Beispiel:
Für das folgende Gleichungssystem $F := \{4x^2 + xy^2 - z + \frac{1}{4},\ 2x + y^2z + \frac{1}{2},\ x^2z - \frac{1}{2}x - y^2\}$ ergibt sich durch Anwenden des obigen Algorithmus als zugehörige Gröbner-Basis G (wenn man z vor y vor x anordnet):

$$G := \{ z^7 - 1/2\, z^6 + 1/16\, z^5 + 13/4\, z^4 + 75/16\, z^3 + 171/8\, z^2 + 133/8\, z - 15/4,$$
$$y^2 - 19188/497\, z^6 + 318/497\, z^5 - 4197/1988\, z^4 - 251555/1988\, z^3 - 481837/1988\, z^2 + 1407741/1988\, z - 297833/994,$$
$$x + 4638/497\, z^6 - 75/497\, z^5 + 2111/3976\, z^4 + 61031/1988\, z^3 + 232833/3976\, z^2 - 85042/497\, z + 144407/1988 \}$$

(Man beachte: alle Schritte in obigem Algorithmus sind über dem ursprünglichen Grundkörper, z.B. $\mathbb{Q}$, möglich. Bis hierher ist also noch keine Körpererweiterung notwendig!)

Ein Gleichungssystem dieser Art kann man durch "sukzessive Elimination" lösen wie im Schritt (Endlich viele Lösungen bestimmen) beschrieben. Hier beachte man aber, daß man nun entweder numerisch rechnen muß (d.h. mit Gleitkommazahlen und damit mit Rundungsfehlern, die sich beim Einsetzen in die nächsten Gleichungen fortpflanzen) oder man muß in entsprechenden Körpererweiterungen algebraisch weiterrechnen. Für letzteres sind die algorithmischen Techniken zwar bekannt, siehe /Loos 1982/ für eine Übersicht und zum Teil neue Algorithmen, im allgemeinen ist das Rechnen in algebraischen Körpererweiterungen jedoch relativ aufwendig. Die Berechnung von Gröbner-Basen selbst ist grundsätzlich ein aufwendiges

Problem, da sich, wie anfangs erwähnt, viele sehr komplexe Probleme, nämlich "inhärent" komplexe Probleme, auf die Berechnung von Gröbner-Basen zurückführen lassen. Man muß bei solchen Problemen mit "exponentiellen" Rechenzeiten rechnen (siehe /Mair,Meyer 1981/). Trotzdem ist noch ein weites Feld für praktische Verbesserungen offen, insbesondere in der Kombination dieser algebraischen Techniken mit numerischen. Ein weiteres Beispiel wurde im Abschnitt *"Problemlösepotenz von Computer-Algebra-Systemen: Einige Beispiele"* gegeben, welches zeigt, daß man Gröbner-Basen auch für Gleichungssysteme mit "Parametern" berechnen kann, was grundsätzlich den Bereich der numerischen Mathematik übersteigt.

5.6 Der Collins-Algorithmus zur zylindrisch-algebraischen Dekomposition

Motivation:

In der Roboter-Programmierung ist eines der (derzeit wichtigsten) Probleme die Bestimmung von kollisionsfreien Wegen von Objekten in der Gegenwart von Hindernissen. Ein sehr einfaches Beispiel einer solchen Aufgabe (in der Ebene) ist:

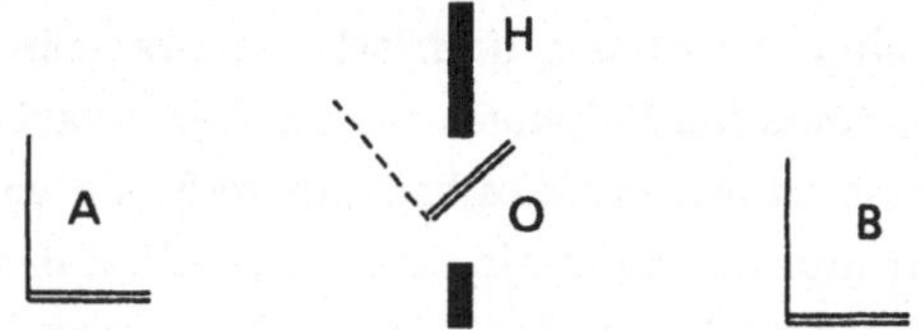

Das Objekt L soll von der Position A durch die Öffnung O hindurch in die Position B gebracht werden, ohne mit dem Hindernis H zu kollidieren.

Jede Zwischenposition des Objektes kann durch die Translation des Objektemittelpunkes von der Ausgangslage und durch (z.B. Sinus und Cosinus des) Drehwinkels gegenüber seiner Ausgangsorientierung beschrieben werden:

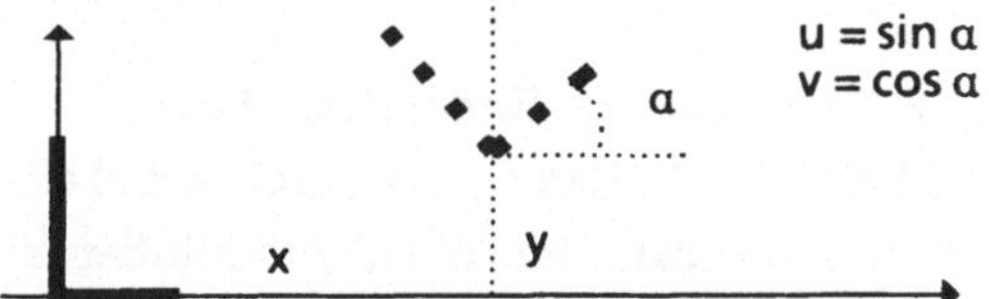

also im wesentlichen durch vier Zahlen x,y,u,v (mit der Zusatzbedingung $u^2+v^2=1$). Betrachten wir z.B. folgende konkrete Angaben für obiges Problem:

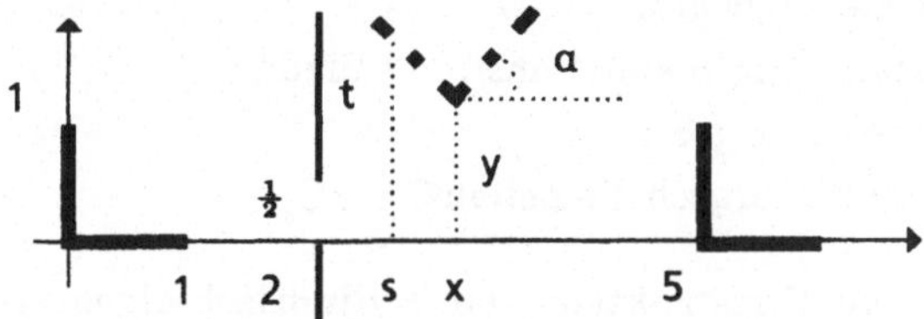

Die Eigenschaft "das Objekt kollidiert in der durch x,y,u,v bestimmten Position nicht mit dem Hindernis" kann durch folgende Formel beschrieben werden:

$$F := \neg(\exists s,t)\,(B'(s,t,x,y,u,v) \wedge H(s,t))$$

d.h. kein Punkt liegt zugleich auf dem Objekt in der durch x,y,u,v bestimmten Position und dem Hindernis, wobei

$$B'(s,t,x,y,u,v) := (\exists s',t')\,(B(s',t') \wedge (s,t)=(s',t').\begin{pmatrix} v & u \\ -u & v \end{pmatrix}+(x,y) \wedge u^2+v^2=1)$$

d.h. ein Punkt liegt auf dem Objekt in der durch x,y,u,v bestimmten Position, wenn er aus einem Punkt des Objektes in Ausgangslage durch Anwendung der durch x,y,u,v bestimmten Transformation entsteht, wobei

$$B(s',t') := (0 \le s' \le 1 \wedge t'=0) \vee (s'=0 \wedge 0 \le t' \le 1)$$

und

$$H(s,t) := (s=2 \wedge (t \le 0 \vee t \ge \tfrac{1}{2}))$$

Es kann nun gezeigt werden, siehe /Schwarz,Sharir 1982/, daß das Problem, einen kollisionsfreien Weg zu finden (d.h. (x,y,u,v) durch eine stetige Transformation von der Ausgangsposition (0,0,0,1) in die Endposition (5,0,0,1) überzuführen), reduziert werden kann auf das Problem, eine "zylindrisch-algebraische Dekomposition" des $\mathbb{R}^m$ bzw. $\mathbb{R}^k$ zu finden. (m ist die Anzahl der in F vorkommenden Variablen, in unserem Beispiel m=6; k ist die Anzahl der in F vorkommenden freien Variablen, in unserem Beispiel k=4; nämlich x,y,u,v sind frei.) Die zylindrisch-algebraische Dekomposition muß dabei für die in F vorkommenden Polynome "vorzeicheninvariant" sein. (Um kein Mißverständnis aufkommen zu lassen: Man beachte, daß es hier um eine Dekomposition des $\mathbb{R}^m$ bzw. $\mathbb{R}^k$ geht und nicht um eine Dekomposition des $\mathbb{R}^2$ oder $\mathbb{R}^3$, in welchem sich die ursprünglichen Objekte befinden!). Dann muß man folgende Schritte ausführen:

1. Bestimme die "Zelle" A der Dekomposition von $\mathbb{R}^k$, in welcher die Ausgangsposition liegt.
2. Bestimme die "Zelle" E, in welcher die Endposition liegt.
3. Entscheide, ob es eine Folge von Zellen $C_1,\ldots,C_k$ gibt, sodaß alle C_i die Formel F "erfüllen" (d.h. nur Positionen enthalten, die nicht kollidieren), (für i=1,...,k)
   $C_1=A$, $C_k=E$,
   C_i ist zu C_{i+1} "benachbart" (für i=1,...,k-1).
4. Wenn es keine solche Folge gibt:
   Antworte "Es existiert kein kollisionsfreier Pfad".
5. Wenn es eine solche Folge gibt:
   Konstruiere einen Pfad durch die Zellen $C_1,\ldots,C_k$.

Man sieht hier, daß die Konstruktion von "zylindrisch-algebraischen Dekompositionen" für höherdimensionale Räume zu einem zentralen Problem wird. In der Tat lassen sich noch eine ganze Reihe von anderen grundliegenden Problemen der Roboterprogrammierung auf diese Konstruktion zurückführen.

Viel allgemeiner läßt sich diese Konstruktion verwenden, um eine beliebige Formel der "Theorie der reell abgeschlossenen Körper" in eine äquivalente quantorenfreie Formel umzuwandeln und dann für konkrete Werte der freien Variablen zu entscheiden. Die Formeln dieser Theorie sind aber allgemein genug, um eine ungeheure Fülle von interessanten Sätzen über (geometrische) Sachverhalte im $\mathbf{R}^n$ auszudrücken. Unter anderem sind Aussagen über die Lösbarkeit in $\mathbf{R}$ von beliebigen algebraischen Gleichungs- und Ungleichungssystemen in dieser Theorie möglich. Der Begriff der "zylindrisch-algebraischen Dekomposition" und ein Algorithmus zur Konstruktion solcher Dekompositionen wurde 1973 von G. Collins eingeführt, siehe /Arnon,Collins,McCallum 1984/ für die neueste und ausführlichste Version. Der Collins'sche Algorithmus ist beweisbar besser (d.h. komplexitätsordnungsmäßig besser) als ein älteres Verfahren von /Tarski 1948/. Der Collins'sche Algorithmus löst wohl eine der allgemeinsten Problemstellungen der Computer-Algebra und greift in seinen algorithmischen Details auf faktisch alle anderen algebraischen Algorithmen zurück. Er war und ist somit sicher einer der für die Entwicklung der Computer-Algebra wichtigsten Algorithmen. Seine praktische Relevanz für eine breite Klasse von modernen Ingenieurproblemen wird erst in den allerletzten Jahren erkannt und es ist zu erwarten, daß in nächster Zeit aufbauend auf diesem Verfahren einige Durchbrüche in der Anwendung erzielt werden. Im Augenblick setzt die große Komplexität des Verfahrens der Anwendung noch Grenzen.

Wir geben jetzt eine Formulierung des durch den Collins-Algorithmus gelösten Problems und dann eine sehr grobe Skizze des Algorithmus und des zugrundeliegenden mathematischen Wissens.

Problem:

Gegeben: A ... eine Menge von Polynomen (in r Variablen) mit ganzzahligen Koeffizienten.

Gesucht: I ... eine endliche Menge von (Beschreibungen für) "Zellen" (zusammenhängende Punktmengen) im $\mathbf{R}^r$,

sodaß die Zellen von I zusammen eine "zylindrisch-algebraische Dekomposition" des $\mathbf{R}^r$ ergeben , auf welcher alle Polynome von A "vorzeicheninvariant" sind. ∎

Bevor wir die Definitionen für wenigstens einige der vorkommenden Begriffe angeben, geben wir folgendes

Beispiel (aus /Arnon,Collins,McCallum 1984/):
Sei $A := \{y^4 - 2y^3 + y^2 - 3x^2y + 2x\}$. Das Nullstellengebilde von A hat in etwa folgende Gestalt:

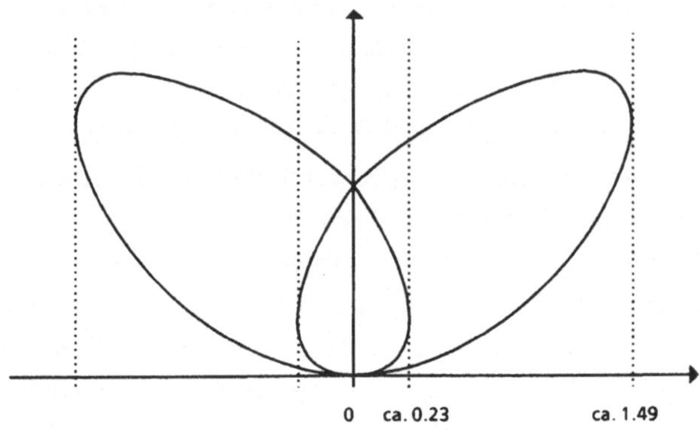

Eine zugehörige "zylindrisch-algebraische Dekomposition" des $\mathbf{R}^2$, auf welcher A "vorzeicheninvariant" wäre, besteht aus folgenden Zellen: den dick gezeichneten Punkten, den Kurvenstücken, sowie den zusammenhängenden weissen Flächen zwischen den Punkten und Kurvenstücken in folgender Zeichnung:

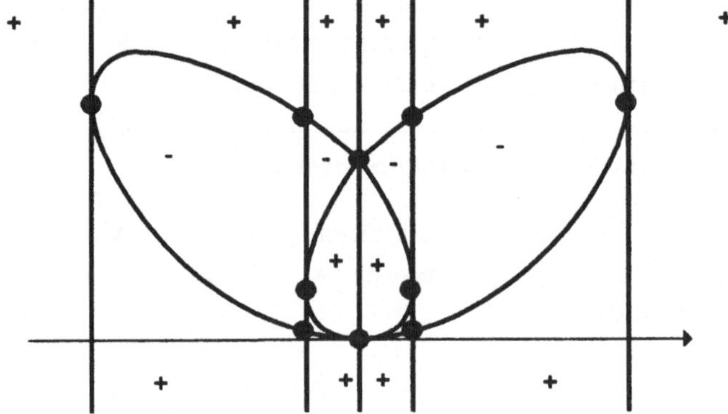

Man beachte, daß das obige Problem nicht einfach durch numerisches, approximatives Ausrechnen von Punkten der Kurve an einigen Stellen gelöst werden kann, weil es hier um globale Eigenschaften der Kurve geht, z.B. Anzahl der Zellen, Nachbarschaft von Zellen, etc. Ein noch so leichtes "Verrutschen" von Werten, z.B. Verschieben einer der eingezeichneten vertikalen Linien würde diese Eigenschaften drastisch verändern. Eine Möglichkeit, mit irrationalen Zahlen im Computer zu rechnen, ist die Darstellung von solchen Zahlen (falls sie "algebraisch" sind, d.h. einer Polynomgleichung mit rationalen Koeffizienten genügen) durch Angabe eines Intervalls mit rationalen Endpunkten, in welchem die Zahl liegt, und eines Polynoms, welches diese Zahl als Wurzel hat (siehe z.B. /Loos 1982/). So kann z.B. $\sqrt{2}$ durch die Intervallendpunkte 1 und 2 und durch das Polynom $x^2 + 0x - 2$ dargestellt werden, d.h. insgesamt durch die 5 rationalen Zahlen (1,2,-2,0,1). Diese Information ist endlich und bestimmt $\sqrt{2}$ eindeutig (d.h. keine andere reelle Zahl liegt im Intervall (1,2) und erfüllt das Polynom $x^2 - 2$). Für das Rechnen mit so dargestellten reellen Zahlen muß man dann Algorithmen angeben, die aus den Darstellungen von zwei reellen Zahlen die Darstellung der Summe dieser beiden Zahlen rechnen etc. (Allerdings kann man hier wesentliche Vereinfachungen treffen, die darauf hinauslaufen, daß man das darstellende Polynom nicht jedesmal neu berechnen muß.) Auch ist ein Problem, wie man nun die einzelnen Zellen (oder wenigstens die interessierenden Eigenschaften der Zellen) einer vorzeicheninvarianten zylindrisch-algebraischen Dekomposition durch ein endliches Stück an Information darstellen kann. Solche Informationen sind z.B.

Die Angabe eines "*Testpunktes*" $\alpha \in \mathbf{R}^r$, der in der Zelle liegt, und dessen Komponenten sämtlich algebraische Zahlen sind. (Für viele Fragen genügt diese Darstellung, z.B. für die Frage, ob eine Zelle C eine Formel F erfüllt - weil wegen der Vorzeicheninvarianz die Erfüllung der Formel ja nicht vom gewählten Punkt innerhalb der Zelle abhängt.)

Die Angabe, durch welche Vereinigungs-, Durchschnitts- und Komplementbildung die Zellen aus Mengen der Art
$\{x \in \mathbf{R}^r \mid A(x) \geq 0\}$, wo A ein Polynom ist,
gebildet werden kann (Darstellung der Zellen als "*semialgebraische*" Mengen).

Die Angabe systematischer Namen ("*Indizes*") für Zellen und die Angabe, welche der so benannten Zellen in den Zylindern übereinander liegen und welche Zellen mit welchen benachbart sind.

Definitionen:
Ein Polynom (in r Variablen) A heißt auf einer Menge $M \subseteq \mathbf{R}^r$ *vorzeicheninvariant* :⇔
für alle $(a_1,\ldots,a_r) \in M$: $A(a_1,\ldots,a_r) > 0$ oder
für alle $(a_1,\ldots,a_r) \in M$: $A(a_1,\ldots,a_r) = 0$ oder
für alle $(a_1,\ldots,a_r) \in M$: $A(a_1,\ldots,a_r) < 0$.

Eine Dekomposition D (Partition) von $\mathbf{R}^r$ ist eine *zylindrische Dekomposition* von $\mathbf{R}^r$
:⇔ Entweder $r = 1$ und
D besteht aus
$(-\infty,\alpha_1), \{\alpha_1\}, (\alpha_1,\alpha_2), \{\alpha_2\}, (\alpha_2,\alpha_3), \ldots, (\alpha_{k-1},\alpha_k), \{\alpha_k\}, (\alpha_k,\infty)$
für gewisse reelle Zahlen $\alpha_1 < \alpha_2 < \ldots < \alpha_k$

(d.h. D besteht aus offenen Intervallen und einzelnen Punkten in der folgenden Art

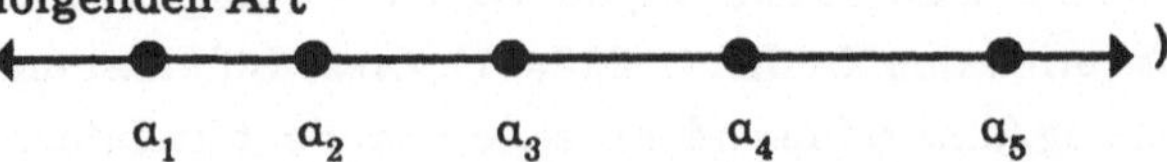

)

oder $r>1$ und

D ist die Vereinigung von "Stacks" S_i, die zu den "Zylindern" $Z(D'_i)$ einer zylindrischen Dekomposition $D'=(D'_1,\ldots,D'_\ell)$ von $\mathbf{R}^{r-1}$ gehören $(i=1,\ldots,\ell)$.

($Z(M):=M\times\mathbf{R}$ für $M\subseteq\mathbf{R}^{r-1}$. Ein "Stack" S über einer "Zelle" $D'\subseteq\mathbf{R}^{r-1}$ ist eine Dekomposition von Z(D') in die folgenden Mengen

$\{(x,y) \mid x\in D', f_k(x)<y\}$,
$\{(x,f_k(x)) \mid x\in D'\}$,
$\{(x,y) \mid x\in D', f_{k-1}(x)<y<f_k(x)\}$,
$\{(x,f_{k-1}(x)) \mid x\in D'\}$,
$\{(x,y) \mid x\in D', f_{k-2}(x)<y<f_{k-1}(x)\}$,
...
$\{(x,y) \mid x\in D', f_1(x)<y<f_2(x)\}$,
$\{(x,f_1(x)) \mid x\in D'\}$,
$\{(x,y) \mid x\in D', y<f_1(x)\}$,

für gewisse reelle, stetige, auf D' definierte Funktionen $f_1<f_2<\ldots<f_k$, die "Sektionen" des Stacks.

Man gehe die Definition in der Zeichnung durch für
D' = das zweite Intervall von links auf der x-Achse und für
D' = der zweite Einzelpunkt. Es ergeben sich anschaulich die Stacks

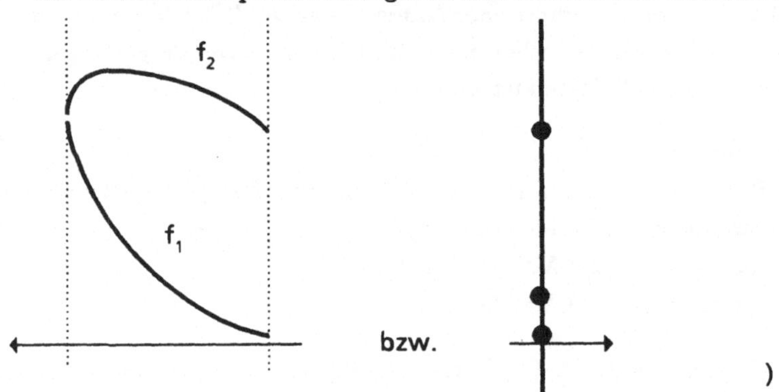

)

Sei A eine endliche Menge von Polynomen in r Variablen mit rationalen Koeffizienten und sei PROJ(A) die folgende Menge von Polynomen in (r-1) Variablen:

PROJ(A) := $\bigcup_{F \in A} \bigcup_{G \in RED(F)} (\{ldcf(F)\} \cup PSC(G,G'))$
$\cup$
$\bigcup_{F1,F2 \in A} \bigcup_{G1 \in RED(F1), G2 \in RED(F2)} PSC(G1,G2)$

(wobei

ldcf(F) ... der *höchste Koeffizient* des Polynoms F
(ldcf(F) ist ein Polynom in (r-1) Variablen!)

RED(F) ... die Menge der ***Redukta*** von F, das ist die Menge der Teilpolynome kleineren Grades in F

PSC(F,G) ... die Menge der *Haupt-Subresultanten-Koeffizienten* von F und G, das sind gewisse Unterdeterminanten der Sylvester-Determinante von F und G
(alle Elemente in PSC(F,G) sind Polynome in (r-1) Variablen!))

Eine *zylindrisch-algebraische Dekomposition* von $\mathbb{R}^r$ ist eine zylindrische Dekomposition, bei welcher alle in der Dekomposition vorkommenden Mengen M semialgebraisch sind. ▮

Mathematisches Wissen (Collins 1973ff):
(Intuition: Wie man an obigem Beispiel sieht, sind die "wesentlichen" Stellen, bei denen man die Begrenzungen der zylindrischen Streifen errichten muß, die Stellen, wo das Nullstellengebilde Kreuzungspunkte, Spitzen, isolierte Punkte oder vertikale Tangenten hat. Es geht darum, eine algebraische Charakterisierung dieser wesentlichen Stellen im $\mathbb{R}^r$ zu finden und zu beweisen, daß man damit das Problem eine zylindrisch-algebraische Dekomposition in $\mathbb{R}^r$ zu finden, zurückführen kann auf dasselbe Problem im $\mathbb{R}^{r-1}$. Ein zentrales Instrument dafür ist der folgende Satz.)

Sei nun R eine Zelle einer zylindrisch (algebraischen) Dekomposition von $\mathbb{R}^{r-1}$, auf welcher alle Polynome von PROJ(A) vorzeicheninvariant sind. Dann sind alle Polynome F von A delineierbar (oder identisch 0) über R und für je zwei Polynome F,G∈A gilt: Eine F-Sektion und eine G-Sektion in Z(R) sind entweder disjunkt oder identisch.

(F heißt *delineierbar* über R, wenn der Teil des Nullstellengebildes von F, der in Z(R) liegt, in $k \geq 0$ disjunkte Sektionen, die "F-Sektionen", zerfällt - und damit auf natürliche Weise einen Stack über R erzeugt.) ▮

Dieser Satz gibt die Grundlage für folgenden Algorithmus zur Lösung des Problems der Konstruktion einer zylindrisch-algebraischen Dekomposition I des $\mathbb{R}^r$, die für eine vorgegebene Menge A von Polynomen mit r Variablen vorzeicheninvariant ist:

Algorithmus (Collins 1973ff):

Falls r=1:

Löse das Problem durch Isolierung der reellen Nullstellen der irreduziblen Faktoren der Polynome in A.

Falls r>1:

Löse das Problem (durch rekursive Anwendung des Algorithmus) für die Menge PROJ(A) von Polynomen in (r-1) Variablen. Sei I' die dadurch erhaltene zylindrisch-algebraische Dekomposition von $\mathbf{R}^{r-1}$, auf welcher alle Polynome von PROJ(A) vorzeicheninvariant sind.

Für jede Zelle R von I':

Errichte über R den durch A bestimmten Stack (unter Verwendung des obigen Satzes, dessen Beweis konstruktiv ist).

Nimm diesen Stack in I auf. ∎

(Die sehr komplizierten Details des Algorithmus, die insbesondere ein subtiles Umgehen mit algebraischen Zahlen erfordern, gehen weit über den Rahmen dieser Übersichtsarbeit.)

Übersicht über die Literatur zur Computer-Algebra

Lehrbücher

Es gibt zwei Lehrbücher, die sich vor allem mit den Polynomalgorithmen beschäftigen:

KNUTH D.E., 1969: The Art of Computer Programming - Volume 2 / Seminumerical Algorithms. Addison-Wesley Publishing Company.

LIPSON J.D., 1981: Elements of Algebra and Algebraic Computing. Addison-Wesley Publishing Company.

Das folgende Buch versucht, einen Überblick über das Gesamtgebiet der Computer-Algebra zu geben (Algorithmen aus allen Teilgebieten der Computer-Algebra, Software-Systeme und Anwendungen) und gibt bis 1982 einen ziemlich vollständigen Hinweis auf die Literatur:

BUCHBERGER B., COLLINS G.E., LOOS R.(Hsg.), 1982: Computer Algebra - Symbolic and Algebraic Computation. Springer Verlag.

Ein wirkliches Lehrbuch über Computer-Algebra, das Überblick und Details des gesamten Gebietes bietet, steht jedoch derzeit noch aus. Ein Buch, das einen Eindruck von den mannigfaltigen Anwendungen gibt, ist:

PAVELLE R., 1985: Applications of Computer Algebra. Kluwer Academic Publishers.

Übersichtsartikel

Die folgenden Artikel geben einen Überblick über das gesamte Gebiet der Computer-Algebra:

CAVINESS B.F., 1985: Computer Algebra: Past and Future. Proc. EUROCAL 1985, Linz, Austria, Lecture Notes in Computer Science, vol. 203, S. 1-18, Springer Verlag.

WINKLER F., 1986: Computer Algebra. In R.A. Meyers (ed.): 'The Encyclopedia of Physical Science and Technology', Academic Press, 1986, erscheint demnächst.

PAVELLE R., ROTHSTEIN M., FITCH J, 1982: Computer-Algebra. Spektrum der Wissenschaft, Februar 1982, S. 71-78.

Die folgende Arbeit gibt vor allem einen Überblick über Computer-Algebra-Software-Systeme:

YUN D.Y.Y., STOUTEMYER R.D., 1980: Symbolic Mathematical Computation. In J. Belzer, A.G. Holzman, A. Kent (eds.): Encyclopedia of Computer Science and Technology, vol. 15, S. 235-310. Marcel Dekker.

Originalliteratur

Seit 1985 gibt es eine wissenschaftliche Zeitschrift, die sich ausschließlich mit Symbolic Computation, insbesondere mit Computer-Algebra befaßt:

Journal of Symbolic Computation (B. BUCHBERGER et al., Hsg.), Academic Press.

Den größten Teil des Umfanges des Journal of Symbolic Computation machen Originalarbeiten aus (mathematische Grundlagen neuer und verbesserter Algorithmen zur Computer-Algebra und anderen Bereichen des Symbolic Computation). In diesem Journal erscheinen aber auch laufend - in einer eigenen Sektion - Übersichtsartikel über Teilgebiete der Computer-Algebra und - in einer anderen Sektion - kurze Berichte über erfolgreiche Anwendungen der Computer-Algebra in allen Ingenieursbereichen.

Bis zum Erscheinen des Journal of Symbolic Computation war die Originalliteratur zur Computer-Algebra verstreut in verschiedenensten Zeitschriften. Insbesondere aber findet man einen Niederschlag fast aller wichtigen Beiträge zur Computer-Algebra seit 1966 in den Konferenzberichten der internationalen Konferenzen, die seit 1966 von der SIGSAM-Gruppe (Special Interest Group in Symbolic and Algebraic Manipulation) von ACM (Association for Computing Machinery) und SAME (Symbolic and Algebraic Manipulation in Europe) veranstaltet wurden. Eine vollständige Liste aller Konferenzen mit den bibliographischen Angaben für die Konferenzberichte findet sich in /Buchberger,Collins,Loos 1982,S.4ff/.

Seit 1982 haben folgende große internationale Computer-Algebra-Konferenzen mit Proceedings stattgefunden:

EUROCAM 82, Marseille, Frankreich, April 1982.
Proceedings (J. Calmet, Hsg.): Lecture Notes in Computer Science, vol. 144, Springer Verlag.

EUROCAL 83: London, England, März 1983.
Proceedings (J.A. van Hulzen, Hsg.): Lecture Notes in Computer Science, vol. 162, Springer Verlag.

RIKEN 84: Wako-shi, Saitama, Japan, Juni 1984.
Proceedings (N. Inada, T. Soma, Hsg.): Series in Computer Science, vol. 2, World Scientific Publ. Comp.

EUROSAM 84: Cambridge, England, Juli 1984.
Proceedings (J. Fitch, Hsg.): Lecture Notes in Computer Science, vol. 174, Springer Verlag.

EUROCAL 85: Linz, Österreich, April 1985.
Proceedings Vol. 1 (Invited Lectures) (B. Buchberger, Hsg.): Lecture Notes in Computer Science, vol. 203, Springer Verlag.
Proceedings Vol. 2 (Research Contributions) (B.F. Caviness, Hsg.): Lecture Notes in Computer Science, vol. 204, Springer Verlag.

SYMSAC 86: Waterloo, Kanada, Juli 1986.

Eine Konferenz zum speziellen Thema der algorithmischen Gruppentheorie fand im August 1982 in Durham, England, statt. Die zugehörigen Proceedings sind

ATKINSON A.,1984: Computational Group Theory. Academic Press.

Zitierte Literatur

ARNON D.S., COLLINS G.E., MCCALLUM S., 1984: Cylindrical Algebraic Decomposition I: The Basic Algorithm. SIAM Journal of Computing, vol. 13, no. 4, S. 865-877.

BUCHBERGER B., 1965: Ein Algorithmus zum Auffinden der Basiselemente des Restklassenringes nach einem nulldimensionalen Polynomideal. Dissertation, Universität Innsbruck und Aequationes Mathematicae, vol. 4, fasc. 3, S. 374-383 (1970).

BUCHBERGER B., 1985: Gröbner Bases: An Algorithmic Method in Polynomial Ideal Theory. In N.K. Bose (Hsg.): 'Multidimensional Systems Theory', S. 184-232, D.Reidel Publishing Company.

CAVINESS B.F., 1967: On Canonical Forms and Simplifikation. Ph.D. Diss., Pittsburgh, Carnegie-Mellon University, 1967 and Journal of the ACM, vol. 17, no. 2, S. 385-396 (1970).

CAVINESS B.F., 1985: Computer Algebra: Past and Future. Proc. EUROCAL 85, Linz, Austria, Lecture Notes in Computer Science, vol. 203, S. 1-18, Springer Verlag.

CHAR B.W., FEE G.J., GEDDES K.O., GONNET G.H., MONAGAN M.B., 1986: A Tutorial Introduction to Maple. Journal of Symbolic Computation, vol. 2, no. 2.

COLLINS G.E., 1985: The SAC-2 Computer Algebra System. Proc. EUROCAL 85, Linz, Austria, Lecture Notes in Computer Science, vol. 204, S. 34-35, Springer Verlag.

DICKSON L.E., 1913: Finiteness of the Odd Perfect and Primitive Abundant Numbers with n Distinct Prime Factors. American Journal of Mathematics, vol. 35, S. 115-138.

FATEMAN R.J., 1981: Symbolic and Algebraic Computer Programming Systems: SIGSAM Bulletin, vol. 15, no. 1, S. 21-32.

GEBAUER R., KREDEL H., 1983: Buchberger Algorithm System. SIGSAM Bulletin, vol. 18, no. 1.

HIRONAKA H., 1964: Resolution of Singularities of an Algebraic Variety over a Field of Characteristic Zero: I,II. Annals of Math., vol. 79, S. 109-327.

FITCH J., 1985: Solving Algebraic Problems with REDUCE. Journal of Symbolic Computation, vol. 1, no. 2, S. 211-227.

JENKS R.D., 1984: A Primer - 11 Keys to New SCRATCHPAD. Proc. EUROSAM 84, Cambridge, England, Lecture Notes in Computer Science, vol. 174, S. 123-147, Springer Verlag.

KALTOFEN E., 1982: Factorization of Polynomials. In B. Buchberger, G.E. Collins, R. Loos (Hsg.): 'Computer Algebra - Symbolic and Algebraic Computation', Springer Verlag, S. 95-113.

KARATSUBA A., OFMAN Y., 1963: Multiplication of Multidigit Numbers on Automata, Soviet Phys. Dokl. 7, S. 595-596.

KNUTH D.E., 1969: The Art of Computer Programming - Volume 2 / Seminumerical Algorithms. Addison-Wesley Publishing Company.

KUTZLER B., STIFTER S., 1986: Automated Geometry Theorem Proving using Buchberger's Algorithm. Proc. SYMSAC'86, Waterloo, Kanada, erscheint demnächst.

LICHTENBERGER F., 1981: REDUCE - Ein Beispiel eines Software-Systems für symbolisches und algebraisches Rechnen. Universität Linz, Institut für Mathematik, CAMP-Publ.81-11.0.

LOOS R., 1982: Computing in Algebraic Extensions. In B. Buchberger, G.E. Collins, R. Loos (Hsg.): 'Computer Algebra - Symbolic and Algebraic Computation', Springer Verlag, S. 173-188.

MAYR E.W., MEYER A.R., 1981: The Complexity of the Word Problems for Commutative Semigroups and Polynomial Ideals. Report LCS/TM-199, MIT Laboratory of Computer Science.

PAVELLE R., 1985: Applications of Computer Algebra. Kluwer Academic Publishers.

PAVELLE R., WANG P.S., 1985: MACSYMA from F to G. Journal of Symbolic Computation, vol. 1, no. 1, S. 69-100.

RAND R.H., 1984: Computer Algebra in Applied Mathematics: An Introduction to MACSYMA. Research Notes in Mathematics, vol. 94, Pitman Publishing Inc.

RISCH R.H., 1970: The Solution of the Problem of Integration in Finite Terms. Bulletin AMS 76, S. 605-608.

SCHWARTZ J.T., SHARIR M., 1983: On the 'Piano Movers' Problem - II. General Techniques for Computing Topological Properties of Real Algebraic Manifolds. Advances in Applied Mathematics, vol. 4, S. 298-351.

STOUTEMYER D.R., 1985: A Preview of the Next IBM-PC Version of muMATH. Proc. EUROCAL 85, Linz, Austria, Lecture Notes in Computer Science, vol. 203, S. 33-44.

SUTOR R.S., 1985: The Scratchpad II Computer Algebra Language and System. Proc. EUROCAL 85, Linz, Austria, Lecture Notes in Computer Science, vol. 204, S. 32-33.

TARSKI A., 1948: A Decision Method for Elementary Algebra and Geometry. Univ. of Calif. Press.

TRINKS W., 1978: On B. Buchberger's Method for Solving Systems of Algebraic Equations. J. Number Theory, vol. 10, no. 4, S. 475-488.

VAN HULZEN J.A., CALMET J., 1982: Computer Algebra Systems. In B. Buchberger, G.E. Collins, R. Loos (Hsg.): 'Computer Algebra - Symbolic and Algebraic Computation', Springer Verlag, S. 221-243.

ZASSENHAUS H., 1969: On Hensel Factorization . International Journal of Number Theory, vol. 1, S. 291-311.

Ausbildung

An vielen Computer Science Departments in den USA und einigen Informatik-Instituten in Deutschland gibt es die Möglichkeit, sich in Computer-Algebra zu spezialisieren. An der Universität Linz wird für den gesamten Bereich des Symbolic Computation ein systematischer Studienschwerpunkt (ca. 30 Einzelkurse) angeboten, der sowohl für Studenten der Informatik als auch für Studenten der Mathematik offen steht. Eine Detailbeschreibung dieses Studienschwerpunktes kann beim ersten Autor dieses Beitrages bezogen werden.

Unser besonderer Dank gilt Prof. D.R. Stoutemyer für das Überlassen einer Kopie von muMATH-83, sowie IBM Wien und IBM Yorktown Heights für die Möglichkeit eines Besuches des Forschungsinstitutes in Yorktown Heights, um dort SCRATCHPAD zu benützen. Die Arbeit an diesem Manuskript erfolgte im Rahmen eines von SIEMENS München geförderten Forschungsprojektes. Das Manuskript wurde mit dem Arbeitsplatzsystem 5815 der Firma SIEMENS erstellt.

ALGORITHMEN ZUR METHODE DER FINITEN ELEMENTE FÜR VEKTORRECHNER

Matthias Kratz
(Rechenzentrum, Technische Universität Braunschweig)

> "Now the engineer has to watch both the clock and the cash box. He is not able to try every possible combination of design parameters, but must strike an economic balance between the information he would like and the time and cost of getting it. In practice, the ease with which a final design can be modified will determine how closely the final product approaches the 'best possible' design. The automatic computer, by making calculations cheap and easy, enables the hard-pressed engineer to extend the range and depth of his design studies; not only can he examine a greater number of alternative designs, he can examine each of them much more thoroughly."
>
> S.H. HOLLINGDALE, High Speed Computing (1959)

Einleitung

Zur numerischen Lösbarkeit umfangreicher Feldprobleme, die auf herkömmlichen Universalrechnern nicht oder nur unter kaum vertretbarem Aufwand (Laufzeiten von vielen Stunden) angegangen werden konnten, haben Computer mit einer neuen Architektur, sog. *Vektorrechner*, entscheidend beigetragen. Pioniere dieser Technik und erste Hersteller solcher Anlagen waren um die Mitte der siebziger Jahre zwei amerikanische Firmen, die Control Data Corporation (CDC) und Cray Research Inc. mit ihren Modellreihen CYBER 200 bzw. CRAY-1. Inzwischen bieten weitere Produzenten ähnliche Maschinen an; die Rechner und ihre Compiler sind wesentlich verbessert worden, sie haben sich im Markt durchgesetzt. Ihre Funktionsweise beruht auf dem *Pipelineprinzip*, das eine effiziente Bearbeitung langer Folgen von Daten erlaubt, die alle der gleichen Operation zu unterwerfen sind. Allerdings müssen die Operanden auch in solchen Folgen (sog. *Vektoren*) dem jeweiligen Prozessor zugeführt werden, weil dessen Geschwindigkeit anders nicht nutzbar ist. Daraus folgen weitreichende Konsequenzen bezüglich der Software, denn für die vektororientierten Datenbasen benötigt man neue Algorithmen. Die Maschinen fanden daher auch zunächst nur dort Interesse, wo die Bereitschaft zur Entwicklung entsprechender Programme bestand. Sie waren also meist bei Universitäten oder Forschungseinrichtungen installiert, ihre Anwendungen lagen hauptsächlich im Umfeld der Strömungs- und Plasmaphysik. Seit kurzem findet man nun Käufer aus der Industrie, vor allem in den Sparten Luft- und Raumfahrttechnik, Fahrzeugbau und Seismik. Die Automobilindustrie, zum Beispiel, benötigt extrem leistungsfähige Computer für aufwendige aerodynamische und strukturmechanische Simulationen, um die Zahl realer Experimente, z.B. Versuche im Windkanal oder 'Crash Tests', zu verringern und so die Optimierung von Bauteilen preiswerter zu gestalten. Viele Ingenieure stoßen allerdings auf ein Problem, das generell die Verbreitung von Vektorrechnern behindert: relativ zum Fortschritt der Hardware befindet sich die Software-Entwicklung deutlich im Rückstand. Beispielsweise wurden alle bekannten Programmpakete zur Methode der finiten Elemente über mehr als zwei Jahrzehnte hinweg für Universalrechner geschrieben und mit Rücksicht auf deren Eigenheiten und Beschränkungen verbessert, um große Strukturen auf relativ langsamen Prozessoren mit wenig Speicher berechnen zu können. Die Architektur der Vektorrechner hingegen erfordert zur effizienten Nutzung ihrer Pipeline-Arithmetik ganz andere Algorithmen und Datenbasen, die überdies gelegentlich dem jeweiligen Typ anzupassen sind.

Das Ziel ist dabei immer, eine dem Problem gemäße Datenstruktur zu finden, die es gestattet, möglichst lange Folgen voneinander unabhängiger Operanden zu verarbeiten. Alle Rechenschritte werden dann so organisiert, daß ein kontinuierlicher *Operandenstrom* durch die Prozessoren fließt ohne Sprünge und Rekursionen (*Datenflußalgorithmus*). Eine untergeordnete Rolle spielt die Größe des zur Verfügung stehenden Platzes, weil moderne Hochleistungsrechner Zentralspeicher von mehreren Millionen Worten (zu 64 bit) enthalten. Eher muß die Art, in welcher die Werte im Speicher angeordnet sind, beachtet werden, weil *Zugriffskonflikte* den Operandenfluß unterbrechen. Ganz allgemein stellt sich die Aufgabe, schnelle Prozessoren ihrer Geschwindigkeit entsprechend mit Daten zu versorgen.

An dieser Stelle sei betont, daß sich Vektorrechner in aller Regel mit neuen *Algorithmen* begnügen; die zugrundeliegenden *mathematischen Methoden* bleiben unverändert. Im Gegensatz dazu stellen 'echte' Parallelrechner (Mehrprozessorsysteme) viel weitergehende

Anforderungen.

Nun wird sicher niemand daran denken, bekannte Produkte wie *ADINA* oder *NASTRAN* von einigen zehntausend bzw. hunderttausend Zeilen Quelltext neu zu schreiben. Die Anbieter derartiger Software stellen zum Teil Versionen für Vektorrechner bereit mit überarbeitetem FORTRAN-Code, der im Programm versteckte Vektoroperationen dem Compiler kenntlich macht. Diese durch *Tuning* entstandenen Varianten schöpfen die Möglichkeiten der Maschinen jedoch nicht wirklich aus, weil die alten Algorithmen bestehen bleiben. Wer für aufwendige Modelle eine hohe Rechenleistung benötigt (zur Vorhersage von Rißausbreitungen wird zur Zeit eine Beschleunigung um etwa den Faktor 100 gegenüber der Kombination aus schnellem Universalrechner und üblichem FE-Paket verlangt), muß demnach neue Programme erstellen – wenigstens in den rechenintensiven Kernen der Analysen. An solche Leser, bei denen die Methode der finiten Elemente als bekannt vorausgesetzt werden darf, richtet sich der vorliegende Beitrag.

Mit welchen grundlegenden Ideen man zu besser geeigneten Verfahren gelangt, soll im folgenden dargestellt werden am Beispiel von einfachen Analysen für statische Probleme aus der Strukturmechanik bei linearem Materialgesetz. Geschwindigkeit ist dabei das einzige Ziel. Ebenso wichtig wäre allerdings die Prüfung der numerischen Stabilität, denn angesichts der großen Datenmengen, die moderne Hochleistungscomputer verarbeiten können, erhält die Frage nach Rundungsfehlern und ihren Auswirkungen ein besonderes Gewicht. Zu diesem Thema gibt es bisher kaum Untersuchungen; hier muß ein Verweis genügen, z.B. auf die Arbeiten von W. Rönsch [11, 12]. Die im weiteren vorgeschlagenen Algorithmen zeigten bei Testläufen auf allen signifikanten Stellen keine Unterschiede der Ergebnisse im Vergleich zu herkömmlichen Programmen.

"Perhaps it is in order to comment on the fact that there are now a large number of people interested in large-scale calculating machines. To Professor Aiken, as well as to others of us who have been campaigning for large-scale machines for quite a while, that is one of the remarkable and important features of this meeting. It shows how interest is - to use the expression someone used a little earlier - 'snowballing'. Interest in such a field is bound to gather momentum as more people learn of its potentialities."

– JOHN W. MAUCHLY, Preparation of Problems for EDVAC-Type Machines, Symposium on Large Scale Digital Calculating Machinery (1947)

1. Vektorrechner und Vektorisierung

1.1 Das Pipelineprinzip

Die als Vektorrechner bezeichneten Anlagen unterscheiden sich in ihrer Architektur zum Teil erheblich. Gemeinsam ist ihnen jedoch die neuartige Anwendung des Pipelineprinzips auf die *rechnenden* Prozessoren; im Gegensatz dazu kennt man eine segmentierte *Befehlsinterpretation* schon recht lange. R.W. Hockney und C.R. Jesshope [17] haben die technischen Details der 'Pioniere' CYBER 205 bzw. CRAY-1 übersichtlich zusammengestellt. In ihrem Buch findet man auch eine gute Abgrenzung gegen andere Rechnerarchitekturen. Jüngere Modelle sind z.B. in [18] oder [19] beschrieben. Hier sollen nur kurz die für den Entwurf der später präsentierten Algorithmen wesentlichen Merkmale dieser Maschinen eingeführt werden:

Definition 1.1

Als Speichervektor *wird eine endliche Folge* $\mathbf{a} = (\mathbf{a}_1, \mathbf{a}_2, \mathbf{a}_3, \ldots, \mathbf{a}_n)$ *von Maschinenzahlen* $\mathbf{a}_i$ *bezeichnet, die in einem Bereich des zentralen Speichers unter aufeinanderfolgenden Adressen abgelegt sind. Deren Anzahl n heißt die* Länge *des Speichervektors* $\mathbf{a}$*, und die Maschinenzahlen* $\mathbf{a}_i$ *sind seine* Komponenten. *Im Gegensatz dazu heißt eine einzelne Maschinenzahl s* Skalar.

Da man die $\mathbf{a}_i$ als Wiedergabe in Maschinenform der Komponenten $\mathbf{x}_i$ eines Vektors $\mathbf{x} \in R^n$ auffassen kann, wird im weiteren oft nur der Terminus *Vektor* benutzt und – wo nötig – das mathematische Objekt mit seiner Darstellung im Speicher der Rechenanlage identifiziert. Verwechslungen sind ausgeschlossen, weil die Bedeutung im Sinne von *Speichervektor* nur im Zusammenhang mit Algorithmen auftritt. Man wird jedoch noch sehen, daß damit nicht unbedingt die in vielen Formeln vorgegebenen Vektoren bzw. Zeilen und Spalten von Matrizen gemeint sind, sondern lange Operandenfolgen, die nur selten durch eine direkte Programmierung der Formel entstehen.

Definition 1.2

Es seien $\mathbf{a} = (\mathbf{a}_1, \ldots, \mathbf{a}_n)$, $\mathbf{b} = (\mathbf{b}_1, \ldots, \mathbf{b}_n)$, $\mathbf{c} = (\mathbf{c}_1, \ldots, \mathbf{c}_n)$ *Speichervektoren und s ein Skalar. Als* elementare Vektoroperationen *werden Laufanweisungen (Schleifen) bezeichnet, die alle Komponenten zweier Vektoren nacheinander mit derselben arithmetischen Grundoperation verknüpfen. Sinngemäß gelte dies auch, wenn statt des zweiten Vektors ein skalarer Operand vorkommt:*

für $i = 1$ bis n		für $i = 1$ bis n		für $i = 1$ bis n
$\mathbf{c}_i = \mathbf{a}_i + \mathbf{b}_i$	*oder*	$\mathbf{c}_i = \mathbf{a}_i * \mathbf{b}_i$	*bzw.*	$\mathbf{b}_i = \mathbf{a}_i \,/\, s$

Im Text werden einfache Schleifen auch verkürzt geschrieben in der Form

$$\mathbf{c} = \mathbf{a} + \mathbf{b} \quad \text{oder} \quad \mathbf{a} = s * (\mathbf{b}_1, \ldots, \mathbf{b}_n)$$

Mit Pipelineprozessoren ausgestattete Rechenanlagen sind in besonderer Weise geeignet, elementare Vektoroperationen auszuführen. Beispielsweise läßt sich die Addition von

Fließpunktzahlen folgendermaßen zerlegen:

Phase 1 :	Kontrolle der Vorzeichen
Phase 2 :	Vergleich der Exponenten
Phase 3 :	Shift
Phase 4 :	Addition
Phase 5 :	Normalisierung

Versieht man einen Prozessor für die Addition mit ebensovielen Segmenten seg_1 bis seg_5 derart, daß seg_j nur die Phase j ausführt, $1 \leq j \leq 5$, so darf beim Ablauf einer Folge von Additionen gemäß Definition 1.2 der Teil seg_j nach Übergabe der Daten an seg_{j+1}, $1 \leq j \leq 4$, freigegeben und der nächsten Operation zur Verfügung gestellt werden:

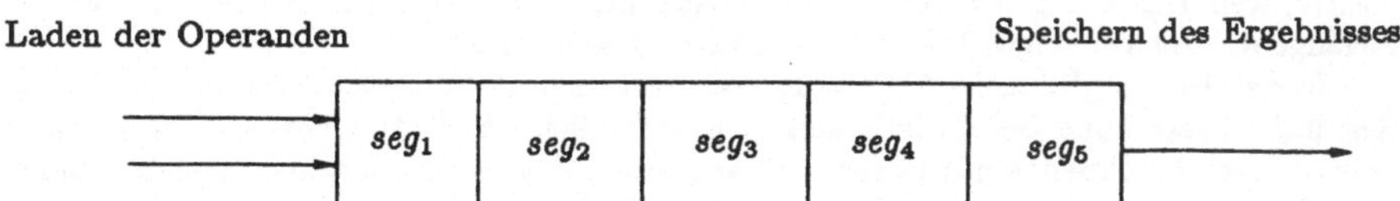

Es befinden sich also bei diesem ***pipelining*** genannten Vorgehen bis zu fünf Additionen gleichzeitig in Bearbeitung; einen solchen Prozessor nennt man auch ***Pipeline***. In den hier betrachteten Maschinen sind für die einzelnen Typen von Operationen unterschiedliche, an ihre Funktion gebundene Pipelines vorhanden, z.B. für Addition und Multiplikation. Die Schleifenkontrolle erfolgt jeweils parallel zur Arithmetik, weshalb sie nicht in die Rechenzeit eingeht (s.u.).

Es sei T^a_{add} die zur Aktivierung der Additionspipeline (dazu gehört etwa die Initialisierung der Schleifenkontrolle) sowie die zum Laden der ersten beiden Operanden $\mathbf{a}_1$, $\mathbf{b}_1$ nötige Anzahl von Maschinentakten (***Zyklen***). T^j_{add} sei die Anzahl von Takten für Phase j, $1 \leq j \leq 5$. Dann erscheint die erste Summe $\mathbf{c}_1$ nach

$$T^{vs}_{add} = T^a_{add} + \sum_{j=1}^{5} T^j_{add} \tag{1.1}$$

Zyklen. Diese Größe nennt man ***Aufsetzzeit*** (***vector startup time***) der Operation. Anschließend folgt alle $T^{v0}_{add} = max\{T^j_{add} \mid 1 \leq j \leq 5\}$ Takte ein weiteres Resultat $\mathbf{c}_i$, $2 \leq i \leq n$, vorausgesetzt, die Lade- und Speichervorgänge sind schnell genug. Der gesamte Zeitbedarf in Zyklen errechnet sich dann aus

$$T^v_{add} = T^{vs}_{add} + (n-1) * T^{v0}_{add} \tag{1.2}$$

Derartige Formeln gelten jedoch nur für Folgen gleicher arithmetischer Operationen, die in ***einer*** Pipeline ablaufen:

Definition 1.3

Es seien T_{op}^{v}, T_{op}^{vs} und T_{op}^{v0} die oben erklärten Größen für eine elementare Vektoroperation der Länge n. Deren Ablauf heißt vektoriell, *wenn sich die benötigte Zeit (in Maschinentakten) ergibt aus*

$$T_{op}^{v} = T_{op}^{vs} + (n-1) * T_{op}^{v0}.$$

Er heißt skalar, *wenn sich sein Zeitbedarf errechnet als*

$$T_{op}^{s} = n * (T_{op}^{s0} + T_{sl}).$$

Dabei ist T_{op}^{s0} die von der entsprechenden Verknüpfung zweier Skalare und T_{sl} die von der Schleifenkontrolle (Berechnung des aktuellen Wertes der Schleifenvariable, Vergleich und Rücksprung) für einen Durchlauf verbrauchte Zeit.

Für jede Art von Operation existiert eine durch die Aufsetzzeit T_{op}^{vs} bestimmte Vektorlänge n_{op}^{0} mit $T_{op}^{s} - T_{op}^{v} > 0$, falls $n \geq n_{op}^{0}$ ist. Die Differenz wird als Folge des *pipelining* positiv, weil $T_{op}^{v0} < T_{op}^{s0}$ ist und die Schleifenkontrolle entfällt. Sie wächst mit der Vektorlänge n, weshalb lange Operandenströme zu bilden sind.

In der Praxis gilt meist $T_{op}^{v0} = 1$, also nach dem Aufsetzen erscheint pro Takt ein Resultat. Diese hohe Geschwindigkeit stellt erhebliche Anforderungen in Bezug auf die 'Versorgung' der Pipeline mit Daten, da nach jedem Zyklus ein Wertepaar geladen und ein Resultat gespeichert werden muß. Die dafür erforderliche Zeit darf nicht größer sein als T_{op}^{v0}. Bei den Rechnern der ersten Generation wirkt sich die Technik, mit der man diese Forderung erfüllt, aus der Sicht des Benutzers wie folgt aus:

Aus dem zentralen Speicher der CYBER 205 gelangen alle Daten unmittelbar zu den Prozessoren und wieder zurück. Die Operanden sind daher in Vektoren gemäß Definition 1.1 bereitzustellen, denn anders läßt sich kein stetiger Datenstrom erzielen (auf die genauen Ursachen wird noch einzugehen sein). Entsprechendes gilt für die Resultate. Folgen von Operanden, die nicht 'dicht' im Speicher liegen, können auf dieser Maschine nur unter Verlust an Effizienz verarbeitet werden.

Im CRAY-1 befinden sich zwischen den Pipelines und dem Zentralspeicher acht Register für je 64 Werte (sog. *Vektorregister*), auf die von den Prozessoren genügend schnell zugegriffen werden kann (einmal pro Takt). Alle Operanden müssen jedoch aus dem Speicher in die Register geladen und die ebenfalls dort erscheinenden Ergebnisse wieder zurückgebracht werden, so daß die Vektoroperationen in Teilschritten der Länge 64 ablaufen. Weil auch der Datentransfer zwischen Speicher und Registern mit entsprechender Geschwindigkeit ablaufen soll, wird vorausgesetzt, daß die Operanden unter äquidistant verteilten Adressen abgelegt sind. Im Hinblick auf die später folgenden Algorithmen bringt dies keine signifikante Abschwächung der für die CYBER 205 nötigen Forderung, daher reicht im weiteren die Definition 1.1 aus – mit nur einer Verallgemeinerung:

Gelegentlich möchte man die Komponenten eines Speichervektors nicht in ihrer 'natürlichen' Reihenfolge verwenden, sondern in einer anderen, welche durch auf die Daten weisende Zeiger festgelegt ist, wie z.B. bei folgender FORTRAN-Schleife:

$$\begin{aligned} &DO\ 10\ J = 1, N \\ &\quad C(J) = A(J) + B(INDEX(J)) \\ &10\ CONTINUE \end{aligned} \tag{1.4}$$

Das Feld *INDEX* enthält hier Zeiger auf die Komponenten von *B*, d.h jede der *N* Komponenten von *INDEX* hat einen der Werte 1 bis *N*. An sich widerspricht dies dem Pipelineprinzip, weil die Daten über eine längliche Adreßrechnug aufgesucht werden müssen, was den Datenfluß zum Prozessor unterbrechen kann. Neuere Modelle unter den mit Vektorregistern ausgestatteten Maschinen sammeln in diesen jedoch auch derart verteilte Operanden so schnell (und verarbeiten sie dann seriell wie einen einfachen Speichervektor), daß eine Erweiterung des Begriffes aus Definition 1.1 gerechtfertigt ist:

Definition 1.4

Wird in einer elementaren Vektoroperation die Reihenfolge der zu verarbeitenden Komponenten eines Operanden vermittels eines weiteren Speichervektors als Zeigerfeld *nach Art der obigen FORTRAN-Schleife bestimmt, so spricht man von dem Operanden als einem* indirekt adressierten Speichervektor *und vom Füllen der Register als* indirektem Laden.

In Anlehnung an die FORTRAN-Notation stellen hier geschachtelte Indizes den Zusammenhang dar, etwa mit einem Vektor $\mathbf{b} = (\mathbf{b}_1, \mathbf{b}_2, \mathbf{b}_3, \ldots, \mathbf{b}_n)$ und dem zugehörigen Zeigerfeld $\mathbf{ib} = (\mathbf{ib}_1, \mathbf{ib}_2, \mathbf{ib}_3, \ldots, \mathbf{ib}_n)$ bei Schleifen der Form

$$\begin{array}{ccc} \text{für } j = 1 \text{ bis } n & & \text{für } j = 1 \text{ bis } n \\ \mathbf{c}_j = \mathbf{a}_j \ * \ \mathbf{b}_{\mathbf{ib}_j} & \textit{oder} & \mathbf{a}_j = \mathbf{b}_{\mathbf{ib}_j} \ / \ s \end{array}$$

Wie eine hinreichend schnelle Versorgung der Pipelines (bzw. ein schnelles Nachladen der Register bei langen Vektoren) gewährleistet wird, beeinflußt den Entwurf von Algorithmen für Vektorrechner erheblich; die Technik wirkt sich nämlich bis zur Datenbasis aus. Plant man diese nicht sorgfältig, kann das *pipelining* ganz verhindert werden. Der Datentransport zwischen dem Zentralspeicher und den Prozessoren (bzw. den Registern) nimmt pro Wert mehrere Takte in Anspruch. Nach dem Anlaufen einer Vektoroperation ist aber die Verarbeitungsgeschwindigkeit wesentlich höher. Man hat daher auch den Zentralspeicher in Segmente (sog. *Bänke*) unterteilt und eine Art von *pipelining* für die Zugriffe eingeführt. An einem einfachen Modell, dem Zugriff auf eine 8 × 8-Matrix bei acht Speicherbänken, sollen das Vorgehen und die Folgen daraus erläutert werden:

Als Konsequenz aus der Speicherabbildungsfunktion in FORTRAN wird eine Matrix spaltenweise abgelgt, und zwar so, daß sich aufeinanderfolgende Komponenten in benachbarten Bänken befinden, die überdies zyklisch gefüllt sind, d.h. Bank 1 folgt wieder auf Bank 8:

(1)	(2)	(3)	(4)	(5)	(6)	(7)	(8)
$\mathbf{A}_{1,8}$	$\mathbf{A}_{2,8}$	$\mathbf{A}_{3,8}$	$\mathbf{A}_{4,8}$	$\mathbf{A}_{5,8}$	$\mathbf{A}_{6,8}$	$\mathbf{A}_{7,8}$	$\mathbf{A}_{8,8}$
⋮	⋮	⋮	⋮	⋮	⋮	⋮	⋮
$\mathbf{A}_{1,3}$	$\mathbf{A}_{2,3}$	$\mathbf{A}_{3,3}$	$\mathbf{A}_{4,3}$	$\mathbf{A}_{5,3}$	$\mathbf{A}_{6,3}$	$\mathbf{A}_{7,3}$	$\mathbf{A}_{8,3}$
$\mathbf{A}_{1,2}$	$\mathbf{A}_{2,2}$	$\mathbf{A}_{3,2}$	$\mathbf{A}_{4,2}$	$\mathbf{A}_{5,2}$	$\mathbf{A}_{6,2}$	$\mathbf{A}_{7,2}$	$\mathbf{A}_{8,2}$
$\mathbf{A}_{1,1}$	$\mathbf{A}_{2,1}$	$\mathbf{A}_{3,1}$	$\mathbf{A}_{4,1}$	$\mathbf{A}_{5,1}$	$\mathbf{A}_{6,1}$	$\mathbf{A}_{7,1}$	$\mathbf{A}_{8,1}$

Nehmen wir an, das Übertragen eines Wertes aus einer Bank zum Prozessor dauert acht Maschinentakte. Während des Transfers kann auf die Bank nicht mehr zugegriffen werden, sie bleibt nach dem Lesen sieben weitere Zyklen lang gesperrt. Andere Segmente dagegen, die im Verlauf der letzten acht Zeiteinheiten nicht benutzt wurden, stehen schon beim nächsten Takt zur Verfügung. Liest man die Matrix nun spaltenweise, so folgt, nachdem der erste Wert beim Prozessor angelangt ist, pro Takt ein weiterer, und alle Stufen der Pipeline sind stets beschäftigt. Andererseits führt zeilenweises Laden der Komponenten auf den schlechtesten Zugriff, weil alle Daten in einer Bank liegen. Werden noch gesperrte Speichersegmente benötigt, so spricht man von *Bankkonflikten*. Es leuchtet unmittelbar ein, daß Vektorrechner mit Programmen, in denen solche Situationen häufig vorkommen, ihre mögliche Spitzenleistung nicht erreichen.

Man erkennt jetzt den Grund für die enge Auslegung des Begriffes 'Vektor' auf der CYBER 205: Speichervektoren nach Definition 1.1 vermeiden Bankkonflikte. Gelangen die Daten vor der Einspeisung in den Prozessor zunächst in Vektorregister (wie beim CRAY-1), läßt sich die Forderung scheinbar lockern (die Adressen der Komponenten einer Zeile im obigen Beispiel sind äquidistant verteilt) – aber das Füllen der Register wird dann evtl. beträchtlich verzögert.

Spezielle Aufmerksamkeit sollte vor diesem Hintergrund dem indirekten Laden gelten, wo die Wahrscheinlichkeit von Bankkonflikten besonders hoch ist. Wer also seine Datenbasis nicht nur aus einfachen Speichervektoren zusammensetzt, muß unbedingt die Anzahl von Bänken sowie deren Zugriffszeiten in der jeweils verwendeten Maschine beachten.

Wie erwähnt, zeichnen sich Vektorrechner dadurch aus, daß für jede der Grundoperationen ein eigener Prozessor (*Funktionseinheit*) zur Verfügung steht. Bei allen Typen können mindestens die Additions- und Multiplikationseinheit hintereinandergeschaltet eine 'Hyperpipeline' bilden, die drei Datenströme in einer Operation verknüpft. Zwei Fälle sind in der Praxis besonders wichtig:

Definition 1.5

Es seien **a**, **b**, **c**, **d** *Speichervektoren und* s *ein Skalar. Die folgenden beiden Schleifen heißen* Triaden*:*

$$\text{für } i = 1 \text{ bis } n \qquad\qquad \text{für } i = 1 \text{ bis } n$$

$$\mathbf{d}_i = \mathbf{a}_i + \mathbf{b}_i * \mathbf{c}_i \quad \textit{oder} \quad \mathbf{c}_i = \mathbf{a}_i + s * \mathbf{b}_i$$

Läßt man die verschiedenen technischen Realisierungen außer acht, so wird bei allen Anlagen etwa folgendermaßen verfahren: Die Ausführung beginnt in der Multiplikationspipeline, z.B. mit $\mathbf{b}_1$ und $\mathbf{c}_1$. Steht an deren Ende das erste Ergebnis bereit, wird es unmittelbar, d.h. ohne den Zentralspeicher zu durchlaufen, in T_{trans} Takten zur Additionspipeline geleitet und mit $\mathbf{a}_1$ verknüpft, so daß dort nach $T^{vs}_{tri} = T^{vs}_{mult} + T^{vs}_{add} + T_{trans}$ Zyklen der erste Summand $\mathbf{d}_1$ erscheint. Alle weiteren Resultate $\mathbf{d}_i$, $1 \leq i \leq n$, folgen dann im Abstand von $T^{v0}_{tri} = max\{T^{v0}_{add}, T^{v0}_{mult}, T_{trans}\}$ Takten. Insgesamt gilt demnach

$$T^{v}_{tri} = T^{vs}_{tri} + (n-1) * T^{v0}_{tri}, \tag{1.5}$$

d.h. die schon bekannte Pipelineformel. Diesen Vorgang nennt man bei Cray *chaining*, bei Control Data *linking* und bei der IBM *compound*. Üblicherweise erfordert jeder Teilschritt wieder einen Takt, womit sich diese Kombination wie eine normale Pipeline mit höherer Aufsetzzeit verhält. Bei dem Modell CYBER 205 gestattet allein die rechte Triade das *linking*, daher ist dieser Spezialfall eigens aufgeführt.

1.2 Zur Vektorisierung

Triaden spielen beim Entwurf von Algorithmen für Vektorrechner eine wichtige Rolle, da sie gelegentlich Skalarprodukte ersetzen können, die man in der linearen Algebra sehr häufig findet. Für Pipelineprozessoren sind diese in je zwei Vektoroperationen aufzuspalten, die komponentenweise Multiplikation und – nachfolgend – die Summation der Komponenten des Resultatvektors. Letztere ist aber nicht auf jeder Anlage als Vektoroperation möglich, so etwa nicht auf dem CRAY-1. Den entsprechenden Prozessor der CYBER 205 hat man mit einer Rückkoppelung, *shortstop* genannt, versehen, welche das *pipelining* auch dafür nutzbar macht – jedoch ohne *linking* mit der vorausgehenden Multiplikation. Folglich sind Skalarprodukte als oft auszuführende innere Kerne von Algorithmen meist ungünstiger als Triaden.

Der Übergang zur jeweils anderen Berechnungsweise kann überraschend einfach sein, wie die Multiplikation zweier $n \times n$-Matrizen zeigt:

Skalarprodukte	**Triaden**
$\mathbf{C}_{i,j} = 0, \ 1 \le i,j \le n$	$\mathbf{C}_{i,j} = 0, \ 1 \le i,j \le n$
für $i = 1$ bis n	für $j = 1$ bis n
für $j = 1$ bis n	für $k = 1$ bis n
für $k = 1$ bis n	für $i = 1$ bis n
$\mathbf{C}_{i,j} = \mathbf{C}_{i,j} + \mathbf{A}_{i,k} * \mathbf{B}_{k,j}$	$\mathbf{C}_{i,j} = \mathbf{C}_{i,j} + \mathbf{A}_{i,k} * \mathbf{B}_{k,j}$

Tatsächlich vertauscht man nur die Schleifen. Links werden in der üblichen Weise Zeilen von **A** mit Spalten von **B** verknüpft, um je eine Komponente aus **C** zu erhalten; rechts wird mit jedem Schritt eine ganze Spalte von **C** modifiziert unter Zugriff auf eine Spalte von **A** und einen Skalar aus **B**.

Zu allen Vektorrechnern gehören Funktionseinheiten für die Verarbeitung von Skalaren. Es ist immer möglich, ein Programm nur in diesem Teil der Maschinen ablaufen zu lassen; sie verhalten sich dann wie schnelle Universalrechner. Man entnimmt dem Pipelineprinzip, daß der Übergang zur Vektorarithmetik nur lohnt, wenn eine gewisse minimale Länge n_{op}^0 der Operandenfolge vorliegt.

Definition 1.6

Ein Rechenverfahren heißt Vektoralgorithmus, *wenn es überwiegend aus einer Folge elementarer Vektoroperationen oder Triaden besteht, wobei für die Länge n der beteiligten Speichervektoren jeweils* $n \geq n_{op}^0$ *gilt. Es heißt* skalarer Algorithmus, *wenn nur wenige dieser Operationen vorkommen oder überwiegend* $n < n_{op}^0$ *ist. Die Umformung eines skalaren in einen Vektoralgorithmus nennt man* Vektorisierung. *Als* vektoriell *wird der Ablauf des Rechenverfahrens in den Pipelineprozessoren bezeichnet, seine Ausführung durch die anderen Funktionseinheiten heißt* skalar.

Unter dem Begriff *Vektorisierung* faßt man allgemein die Reorganisation eines gegebenen Rechenverfahrens in eine Folge von elementaren Vektoroperationen zusammen. Zur Vektorisierung einer gegebenen Rechenvorschrift genügen wenige Techniken:

1. Ganz wesentlich bestimmt die Datenbasis, ob sich ausreichend viele und lange Vektoroperationen finden lassen, daher steht am Beginn immer die Suche nach 'parallelen' Datenstrukturen, d.h. nach Gruppen voneinander unabhängiger Größen, die in Speichervektoren zusammengefaßt zur gleichen Zeit *einer* arithmetischen Operation unterworfen werden.

2. Wie die Multiplikation von Matrizen zeigt, können Triaden in vielen Fällen Skalarprodukte ersetzen. Wo immer eine Matrix-Vektor-Multiplikation auftritt – sie ist der Kern vieler mathematischer Verfahren, z.B. auch der Lösung linearer Gleichungssysteme mit einem Gauß-Schema – sollte man davon Gebrauch machen. Den Erfolg zeigt Kapitel 4.

3. Die Verarbeitungsgeschwindigkeit steigt mit der Vektorlänge, folglich wird man versuchen, lange Operandenströme durch Reihung oder Wiederholung von Vektoren zu bilden, mindestens dann, wenn eine schnelle Hardware dafür vorhanden ist – wie im Falle des CDC-Typs CYBER 205. Ein einfaches Beispiel bietet die Matrix-Vektor-Multiplikation bei geringer Dimension: Es sei $\mathbf{A}$ eine $n \times n$-Matrix und $\mathbf{b}$ ein Vektor der Länge n mit $n < n^0_{mult}$. Unabhängig davon, ob die Multiplikationen nun zeilen- oder spaltenweise vorgenommen werden, d.h. mit Skalarprodukten oder Triaden, bleibt diese kurze Vektorlänge bestehen. Hat man aber die Möglichkeit, $\mathbf{A}$ zeilenweise in einem Vektor

$$\mathbf{a} = (\mathbf{A}_{1,1}, \ldots, \mathbf{A}_{1,n} \mid \mathbf{A}_{2,1}, \ldots, \mathbf{A}_{2,n} \mid \cdots \mid \mathbf{A}_{n,1}, \ldots, \mathbf{A}_{n,n})$$

aufzubauen, so ist $\mathbf{b}$ nur n-fach zu wiederholen – $\mathbf{bl} = (\mathbf{b}, \mathbf{b}, \mathbf{b}, \ldots, \mathbf{b})$, damit alle Multiplikationen in *einer* Operation der Länge n^2 zusammengefaßt werden können: $\mathbf{ab} = \mathbf{a} * \mathbf{bl}$. Die jeweils n Komponenten der Teilstücke von $\mathbf{ab}$ sind dann zu summieren, womit man die Einträge des Resultatvektors erhält. Dieses kleine Beispiel dient allein der Illustration; im Abschnitt 3.5 wird die Idee bei den Element-Steifigkeitsmatrizen jedoch mit Erfolg verwendet.

4. Die Zahl der Wiederholungen läßt sich oft durch *rekursives Doppeln* verkleinern, was die Vorbereitungszeit der eigentlichen Rechenoperationen gering hält: Ein Speichervektor $\mathbf{a}$ der Länge n sei m-fach mit $m = 2^l$ in einem Vektor $\mathbf{b}$ zu wiederholen. Statt der Anweisungsfolge

```
k = 0
für j = 1 bis m
    für i = 1 bis n
        k := k + 1
        b_k = a_i
```

mit m Shifts verwendet man

$$
\begin{aligned}
&(\mathbf{b}_1, \ldots, \mathbf{b}_n) = (\mathbf{a}_1, \ldots, \mathbf{a}_n)\\
&\mathrm{k} = \mathrm{n}\\
&\text{für } j = 1 \text{ bis } l\\
&\qquad \text{für } i = 1 \text{ bis } 2^{j-1} * n\\
&\qquad\qquad k := k + 1\\
&\qquad\qquad \mathbf{b}_k = \mathbf{b}_i
\end{aligned}
$$

mit $l + 1$ Shifts. Ist m keine Zweierpotenz, wird $l = [log_2\, m]$, wobei $[x]$ die größte ganze Zahl i mit $i \leq x$ bezeichnet. Es bleibt dann eine abschließende Wiederholung. Recht gut eignet sich das rekursive Doppeln für Situationen, in denen das Wiederholungsmuster, also Anzahl bzw. Länge der Shifts, schon vorliegt – wie im Abschnitt 3.5 – und nicht über den Logarithmus berechnet werden muß.

5. Lädt die Hardware ohne großen Zeitverlust auch indirekt adressierte Vektoren, kann der Einsatz von Zeigerfeldern, die das Wiederholungsschema enthalten, effektiver sein als tatsächliche Wiederholungen – speziell in Fällen, wo das Schema schon vorher feststeht (wie im Abschnitt 3.10) und die Zeiger als bekannte Daten in die Rechnung eingehen.

6. Allerdings muß man bei indirekter Adressierung stets auf Speicherbankkonflikte achten, weil die Komponenten nicht in ihrer 'natürlichen' Reihenfolge angesprochen werden. Einfache Speichervektoren (als Konsequenz der *FORTRAN array element successor function* sind dies eindimensionale Felder und Spalten von zweidimensionalen) führen dagegen nicht auf solche Zugriffsprobleme.

7. Sind an einer Stelle im Gang der Rechnung mehr als zwei Operandenströme zu verknüpfen, wählt man die Abfolge der Schritte nach Möglichkeit so, daß dies mit unterschiedlichen arithmetischen Grundoperationen geschieht. Es wird dann das *chaining* nutzbar.

8. Schließlich bleibt ein Hinweis auf die Rekursionen: Zwar verarbeitet der Vektorrechner 'parallele' Daten – jedoch in einer seriellen Weise. Auf Komponenten, die eine Pipeline bereits passiert haben, kann folglich während der laufenden Operation nicht mehr zugegriffen werden. Tritt ein derartiger Fall ein, muß man die Berechnung in mindestens zwei Schritte aufteilen.

"A non-sequential computer is somewhat more difficult
to programme for – and usually rather more difficult
to design – than a sequential machine."

S.H. HOLLINGDALE, High Speed Computing (1959)
(Bemerkung zum 1955 gebauten DEUCE-Rechner)

2. Ein Anwendungsbeispiel

An einem kleinen Beispiel aus der Praxis soll – zur Motivation – der durch geeignete Algorithmen erreichbare Laufzeitgewinn demonstriert werden. Die folgende Struktur zeigt das FE-Modell einer Zwischendecke, deren Durchbiegung unter verschiedenen Lasten als Teil eines baustatischen Gutachtens zu berechnen war.

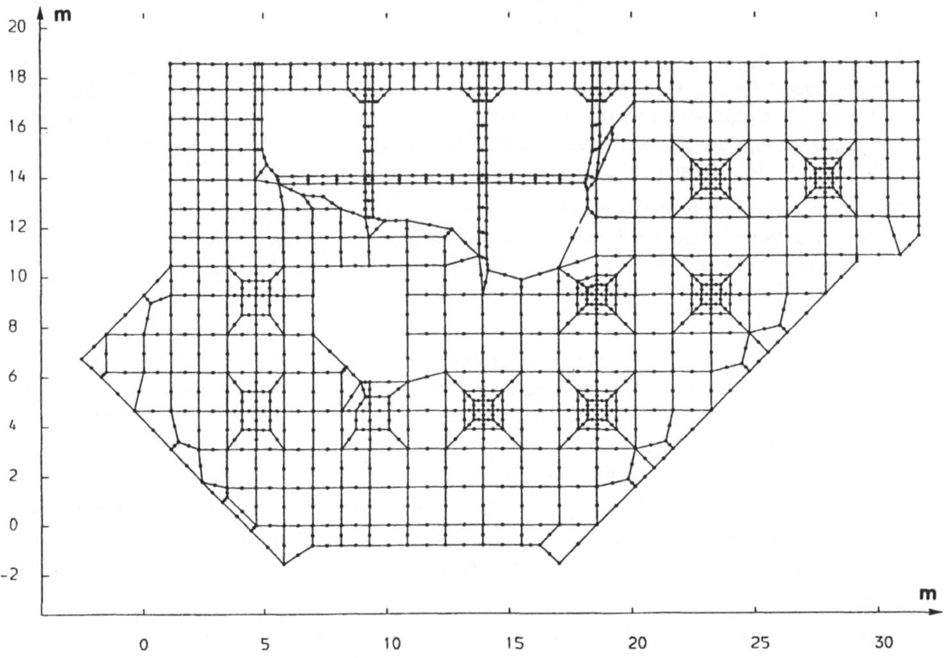

Fig. 1: FE-Netz mit 402 Plattenelementen, 1379 Knoten und ca. 4000 Freiheitsgraden

Zunächst wurde ein Programm verwendet, das den weit verbreiteten und häufig als Referenz benutzten Paketen *SAP IV* und *ADINA* ähnelte: Die Steifigkeiten wurden mit dem isoparametrischen Plattenelement von E. Hinton und D.R.J. Owen [1] ermittelt bei neun Gaußpunkten für die numerische Integration (3×3-Regel). Zur Lösung des aus den Element-Anteilen zusammengestellten globalen Gleichungssystems diente ein *skyline solver* mit Faktorisierung und Substitutionen bei zeilenweiser Speicherung der Hülle des unteren Dreiecks der symmetrischen Steifigkeitsmatrix, wie von K.J. Bathe und E.L. Wilson [5] beschrieben. Allerdings war das Verfahren soweit modifiziert, daß alle inneren Produkte und Divisionen durch die Diagonalglieder als Vektoroperationen ablaufen konnten (siehe Algorithmus ZHV1, Kap. 4). Das Gleichungssystem direkt zu lösen, hat nur dann Sinn, wenn zuvor eine Bandbreiten- bzw. Profiloptimierung erfolgte (siehe z.B. H.R. Schwarz

[6]). Weil ein eindeutiger Zusammenhang zwischen Knotennumerierung und Hülle besteht, den man auch zur Bestimmung des Speicherschemas der Matrix nutzt, darf die Optimierung auf den Knotennummern als Datenbasis ablaufen. Dazu wurde das gleichermaßen gute wie schnelle Programm von H.L. Crane, N.E. Gibbs, W.G. Poole und P.K. Stockmeyer [7] eingesetzt.

Die folgenden Rechenzeiten (in Sekunden) für die einzelnen Teilschritte der Analyse wurden auf einem CRAY-1A ermittelt (zu den Details dieses und weiterer Tests siehe Abschnitt 3.7):

CRAY-1A, CFT 1.13		
Teilschritt	skalar	vektoriell
Optimierung	0.53	0.51
Speicherschema	0.03	0.03
Elemente	7.54	7.32
Zusammenbau	0.16	0.16
Faktorisierung	27.94	6.94
Substitutionen*	0.64	0.10

* (ein Lastfall)

Offenbar haben die Vektorprozessoren dieser Maschine nur bei der Faktorisierung und den damit zusammenhängenden Substitutionen, wo schon Vorarbeit geleistet war, einen signifikanten Gewinn erzielt; die Laufzeiten der übrigen Schritte verringern sich kaum. Davon fällt die Berechnung der Element-Steifigkeitsmatrizen ins Gewicht; die restlichen Phasen nehmen ohnehin nur einen kleinen Teil der Gesamtzeit in Anspruch und bedürfen daher nicht unbedingt neuer Algorithmen.

Als das jeweils schnellste Verfahren aus den beiden nächsten Kapiteln eingesetzt wurde, war das Ergebnis deutlich besser:

CRAY-1A, CFT 1.13		
Teilschritt	skalar	vektoriell
Optimierung	0.53	0.51
Speicherschema	0.03	0.03
Elemente	3.05	1.09
Zusammenbau	0.16	0.16
Faktorisierung	31.88	5.11
Substitutionen*	0.74	0.12

* (ein Lastfall)

3. Berechnung der Element-Steifigkeitsmatrizen

3.1 Der isoparametrische Ansatz

Die hier zugrunde gelegte Theorie ist die der isoparametrischen, rechteckigen oder quaderförmigen Elemente. Sie werden dadurch charakterisiert, daß sog. ***Formfunktionen*** sowohl die Geometrie als auch den Ansatz für das Verschiebungsfeld beschreiben. (siehe z.B. Hinton, Owen [1]). Dies geschieht bzgl. eines lokalen (natürlichen) Koordinatensystems in einem Einheitselement, das geeignet auf die in globalen (meist cartesischen) Koordinaten beschriebene Struktur abgebildet wird. Faßt man alle entstehenden Gleichungen in Matrizenschreibweise zusammen, so ist die Steifigkeitsmatrix im ebenen Fall wie folgt darstellbar:

$$\mathbf{K} = \int_{-1}^{+1} \int_{-1}^{+1} \mathbf{B}(\mathbf{s})^T \, \mathbf{D} \, \mathbf{B}(\mathbf{s}) \, det\mathbf{J}(\mathbf{s}) \, ds_1 \, ds_2, \quad \mathbf{s} = (s_1, s_2)^T, \tag{3.1}$$

mit Matrizen **B**, **D** und **J**. Bei linearen Modellen ist die Spannungs-Dehnungsmatrix **D** konstant. **B** drückt den Zusammenhang zwischen Dehnungen und Verschiebungen aus, während **J** die Jacobi-Matrix der Koordinatentransformation bezeichnet. Die Komponenten von **B** und **J** enthalten die Formfunktionen bzw. deren partielle Ableitungen.

Man berechnet das Integral nicht explizit, weil einige Einträge in **B** komplizierte rationale Funktionen sind (siehe unten). Üblicherweise verwendet man daher die numerische Quadratur nach Gauß mit Wiederholung einer eindimensionalen Regel der Ordnung ng für jede Koordinatenrichtung:

$$\mathbf{K} \approx \sum_{j=1}^{ng} \sum_{k=1}^{ng} w_j \, w_k \, det\mathbf{J}(\mathbf{s}^{j,k}) \, \mathbf{B}(\mathbf{s}^{j,k})^T \, \mathbf{D} \, \mathbf{B}(\mathbf{s}^{j,k}) \tag{3.2}$$

w_j, w_k sind die Gewichte und $(\mathbf{s}^{j,k}) = (s_j, s_k)^T$ die ng^2 Gaußpunkte. Dabei bezeichnet w_i das Gewicht zum Punkt s_i der jeweiligen eindimensionalen Regel, $1 \leq i, j, k \leq ng$.

3.2 Weitere Bezeichnungen

npe	Anzahl der Knotenpunkte im Element
ndf	Anzahl der Freiheitsgrade pro Knoten
nst	Anzahl der Spannungskomponenten im Element
$\mathbf{s}$	Vektor der natürlichen Koordinaten
$\mathbf{x}$	Vektor der globalen Koordinaten
$\mathbf{x}^k$	Vektor der globalen Koordinaten am Knoten k, $1 \leq k \leq npe$
$N_k(\mathbf{s})$	Wert der Formfunktion zum Knoten k an der Stelle $\mathbf{s}$
ngp	Anzahl der Gaußpunkte; $ngp = ng^2$
$\mathbf{s}^l$	Gaußpunkt $l, 1 \leq l \leq ngp$
$\mathbf{w}$	Vektor der Gewichte; die Komponente $\mathbf{w}_l$ ist das Gewicht zum Punkt $\mathbf{s}^l$
N_l^k	Wert der k-ten Formfunktion am Gaußpunkt l
N_{l,s_m}^k	Wert der partiellen Ableitung nach der lokalen Koordinate m der k-ten Formfunktion am Gaußpunkt l, $m = 1, 2$

$N^k_{l,\mathbf{x}_m}$ Wert der partiellen Ableitung nach der globalen Koordinate m der k-ten Formfunktion am Gaußpunkt l, $m = 1, 2$

Vektoren und Matrizen sind fettgedruckt; Kleinschreibung bezeichnet Vektoren, Großschreibung Matrizen. Tiefgestellte Indizes markieren eine Komponente, hochgestellte ein Element aus einer Folge von Vektoren bzw. Matrizen. Spalten werden gekennzeichnet durch einen Punkt an der Stelle des ersten Indexes.

3.3 Ein Plattenelement als Testfall

Um das Vorgehen im einzelnen erklären zu können ohne noch mehr Abkürzungen und Indexvereinbarungen festlegen zu müssen, wählen wir ein repräsentatives Beispiel. Zur Beschreibung von Speichertechnik und Rechenschritten genügt ein einfaches ebenes, isotropes und lineares Modell: die Plattenroutine **STIFPB** von Hinton and Owen [1]. Dabei gilt $ndf = 3$, $npe = 8$ und $nst = 5$; $\mathbf{D}$ ist also eine (dünn besetzte) 5×5-Matrix. Für jede der acht Formfunktionen enthält die Verschiebungs-Dehnungsmatrix $\mathbf{B}$ einen $nst \times ndf$-Anteil der Form

$$\mathbf{B}^j(\mathbf{s}) = \begin{pmatrix} 0 & -(\partial N_j(\mathbf{s})/\partial \mathbf{x}_1) & 0 \\ 0 & 0 & -(\partial N_j(\mathbf{s})/\partial \mathbf{x}_2) \\ 0 & -(\partial N_j(\mathbf{s})/\partial \mathbf{x}_2) & -(\partial N_j(\mathbf{s})/\partial \mathbf{x}_1) \\ \partial N_j(\mathbf{s})/\partial \mathbf{x}_1 & -N_j(\mathbf{s}) & 0 \\ \partial N_j(\mathbf{s})/\partial \mathbf{x}_2 & 0 & -N_j(\mathbf{s}) \end{pmatrix}, \quad 1 \le j \le npe, \tag{3.3}$$

so daß

$$\mathbf{B}(\mathbf{s}) = [\mathbf{B}^1(\mathbf{s})|\mathbf{B}^2(\mathbf{s})|\ldots|\mathbf{B}^{npe}(\mathbf{s})]. \tag{3.4}$$

Folglich zerfällt die Element-Steifigkeitsmatrix $\mathbf{K}$ in $ndf \times ndf$-Blöcke

$$\mathbf{K}^{j,k} = \int_{-1}^{+1}\int_{-1}^{+1} \mathbf{B}^j(\mathbf{s})^T \; \mathbf{D} \; \mathbf{B}^k(\mathbf{s}) \; det\mathbf{J}(\mathbf{s}) \; ds_1 \; ds_2, \quad 1 \le j,k \le npe. \tag{3.5}$$

3.4 Das bisher übliche Verfahren

Meistens findet man in veröffentlichten Programmen eine mehr oder weniger direkte FORTRAN-Abbildung der Formel (3.2), die bei ebenen Elementen zum folgenden Ablaufschema führt:

Innerhalb zweier geschachtelter Schleifen über die Gaußpunkte werden nacheinander die doppelten Matrizenprodukte $\mathbf{B}(\mathbf{s}^{j,k})^T \; \mathbf{D} \; \mathbf{B}(\mathbf{s}^{j,k}), 1 \le j,k \le ngp$, berechnet und – multipliziert mit den entsprechenden Gewichten w_j, w_k sowie dem Wert der Jacobi-Determinante $det\mathbf{J}(\mathbf{s}^{j,k})$ – addiert. Dabei ermittelt man in jedem Element die Werte der Formfunktionen an den Gaußpunkten von neuem.

Algorithmus EL

EL.1. Berechnung des Materialgesetzes für das Element, d.h. der Komponenten der Matrix $\mathbf{D}$.

EL.2. Doppelschleife über die Gaußpunkte:

für $k = 1$ bis ng
für $l = 1$ bis ng
$\mathbf{s}^{k,l} = (s_k, s_l)^T$

EL.3. Berechnung der Werte aller Formfunktionen $N_j(\mathbf{s}^{k,l})$ und ihrer partiellen Ableitungen bzgl. der natürlichen Koordinaten:

$$\frac{\partial N_j}{\partial \mathbf{s}_1}(\mathbf{s}^{k,l}), \quad \frac{\partial N_j}{\partial \mathbf{s}_2}(\mathbf{s}^{k,l}), \quad 1 \le j \le npe$$

EL.4. Berechnung der Jacobi-Matrix $\mathbf{J}(\mathbf{s}^{k,l})$.

EL.5. Berechnung ihrer Determinante:

$$det\mathbf{J}(\mathbf{s}^{k,l}) = \mathbf{J}_{1,1}\ \mathbf{J}_{2,2} - \mathbf{J}_{1,2}\ \mathbf{J}_{2,1}$$

EL.6. Berechnung der inversen Jacobi-Matrix vermittels der Cramerschen Regel:

$$\mathbf{J}^{-1}(\mathbf{s}^{k,l}) = \frac{1}{det\mathbf{J}(\mathbf{s}^{k,l})} \begin{pmatrix} \mathbf{J}_{2,2} & -\mathbf{J}_{1,2} \\ -\mathbf{J}_{2,1} & \mathbf{J}_{1,1} \end{pmatrix}$$

EL.7. Berechnung der partiellen Ableitungen aller Formfunktionen bezüglich der globalen Koordinaten an der Stelle $\mathbf{s}^{k,l}$ gemäß der Kettenregel:

$$\left(\frac{\partial N_j}{\partial \mathbf{x}_1}, \frac{\partial N_j}{\partial \mathbf{x}_2}\right)^T = \mathbf{J}^{-1}(\mathbf{s}^{k,l}) \left(\frac{\partial N_j}{\partial \mathbf{s}_1}, \frac{\partial N_j}{\partial \mathbf{s}_2}\right)^T$$

EL.8. Aufbau der Matrix $\mathbf{B}(\mathbf{s}^{k,l})$ wie im Abschnitt 3.1

EL.9. Addition des Anteils für den Gaußpunkt $\mathbf{s}^{k,l}$ zum vorher Errechneten:

$$\mathbf{K} := \mathbf{K} + w_k\ w_l\ det\mathbf{J}(\mathbf{s}^{k,l})\ \mathbf{B}(\mathbf{s}^{k,l})^T\ \mathbf{D}\ \mathbf{B}(\mathbf{s}^{k,l})$$

Hierbei darf man sich wegen der Symmetrie von $\mathbf{K}$ auf das untere Dreieck beschränken.

Betrachtet man die Vektorstrukturen in dieser Prozedur, so finden sich nur kurze Schleifen: In den Schritten *EL.3* und *EL.5* sind einfache arithmetische Ausdrücke zu berechnen, für die sich eine Vektorisierung nicht anbietet. Bei *EL.4* geht über die Koordinaten der Knoten die Geometrie des Elementes in die Rechnung ein. Tatsächlich besteht dieser Schritt aus Skalarprodukten der Länge npe. Die Teile *EL.6* und *EL.7* bringen nur Vektorlängen von vier bzw. zwei, während die innere Schleife in *EL.9* von 1 bis nst läuft, wenn die Matrizen in der üblichen Art multipliziert werden – mit Skalarprodukten aus Zeilen und Spalten. Vertauscht man die Schleifen, um zu einem auf Triaden basierenden Vorgehen zu gelangen, bleibt der Gewinn unwesentlich.

Offenbar ist der Algorithmus in dieser Form für Vektorrechner ungeeignet; überdies sieht man keinen Nutzen aus der Tatsache, daß die Matrizen dünn besetzt sind, wobei verschiedene Komponenten den gleichen Absolutwert haben, was eine sehr kompakte Speicherung gestattet. Die Länge der Vektoren ist unabhängig von der Integrationsregel; der Rechenaufwand steigt daher durch die Doppelschleife *EL.2* mit dem Quadrat der Ordnung *ng*. Dennoch wird das obige Vorgehen von den Entwicklern neuer FE-Software bevorzugt, weil die Darstellung der zu verarbeitenden Daten in Matrizen auf klare Programme führt, die überdies erstaunlich modular sind: Ähnliche Modelle können in gleicher Weise codiert werden, wobei oft Teile eines bereits existierenden Quelltextes verwendbar bleiben. Die im folgenden eingeführte Zeigertechnik könnte helfen, beide Ziele zu erreichen: gute Verständlichkeit des Programms und effizienten Ablauf auf Vektorrechnern.

3.5 Ein Algorithmus für Vektorrechner

Es wird eine Variante des (ursprünglich für den Control Data-Rechner STAR 100, einen Vorläufer des Typs CYBER 205, entwickelten) Verfahrens von A.K. Noor und J.J. Lambiotte [2] vorgestellt, die sich auch auf dem CRAY-1 trotz der ganz anderen Architektur dieser Anlage bewährt hat. Dabei sucht man die Parallelität vorläufig auf der Ebene des einzelnen Elementes. Später werden wir sehen, daß sich die Idee mit einer parallelen Verarbeitung mehrerer Elemente kombinieren läßt.

Es sei ohne Beschränkung der Allgemeinheit angenommen, daß zur Berechnung der Steifigkeitsmatrizen aller Elemente in der Struktur die gleiche Integrationsordnung verwendet wird; andernfalls bilde man Gruppen von Elementen mit gleicher Ordnung und verfahre in jeder Gruppe wie beschrieben. Der Schritt *EL.3* wird damit überflüssig, denn die Werte der Formfunktionen sowie ihrer partiellen Ableitungen sind weiter nicht vom jeweiligen Element abhängig und können als bekannte Daten in die Rechnung eingebracht werden. Daß sich dieser Teil nicht sinnvoll vektorisieren läßt, hat also keine Bedeutung.

Im Gegensatz zur alten Vorgehensweise, wo für jeden Gaußpunkt dessen gesamter Beitrag zur ganzen Matrix **K** bestimmt wird, machen Noor und Lambiotte von den Unterblöcken aus (3.3) Gebrauch: Die Komponenten in **K** mit gleichem Unterblock-Indexpaar (m,n), $1 \leq m,n \leq ndf$, werden für alle Unterblöcke $\mathbf{K}^{j,k}$, $1 \leq j,k \leq npe$, parallel berechnet – ebenso, soweit wie möglich, die Anteile der Gaußpunkte an ihnen. Dem Verfahren liegt also die Erkenntnis zugrunde, daß diese Anteile voneinander unabhängig sind und daher in Vektoroperationen ermittelt werden können. Es gilt nun, eine dazu geeignete Datenbasis zu finden.

Zunächst bemerkt man, daß unter den von Null verschiedenen Komponenten eines jeden Segmentes $\mathbf{B}^j(\mathbf{s})$, $1 \leq j \leq npe$, der Matrix $\mathbf{B}(\mathbf{s})$ nur fünf Zahlenwerte mit drei unterschiedlichen Absolutbeträgen vorkommen, und daß die zugehörigen Indizes – bezogen auf die Teilmatrix – in allen Segmenten gleich sind. Ebenso enthält die Matrix **D** nur wenige von Null verschiedene Einträge:

$$\mathbf{D} = \begin{pmatrix} \alpha & \beta & 0 & 0 & 0 \\ \beta & \alpha & 0 & 0 & 0 \\ 0 & 0 & \gamma & 0 & 0 \\ 0 & 0 & 0 & \delta & 0 \\ 0 & 0 & 0 & 0 & \delta \end{pmatrix} \quad \text{mit} \quad \begin{cases} \alpha = Et^3 \,/\, (12(1-\nu^2)), \; \beta = \nu\alpha, \\ \gamma = (1-\nu)\alpha \,/\, 2, \; \delta = Et \,/\, (2.4(1+\nu)), \\ E: \text{Elastizitätsmodul}, \; \nu: \text{Poissonzahl}, \\ t: \text{Elementdicke} \end{cases} \tag{3.6}$$

Dies kann – vermittels einer geeigneten Zeigertechnik – soweit ausgenutzt werden, daß allein noch die unbedingt nötigen Daten in die Rechnung eingehen.

Die Absolutbeträge der von Null verschiedenen Komponenten aller *ngp* Matrizen $\mathbf{B}(\mathbf{s}^l)$, $1 \le l \le ngp$, werden in einem Vektor $\mathbf{b}$ wie folgt gespeichert:

$$\begin{aligned}\mathbf{b} = (&N_1^1, \ldots, N_{ngp}^1 \;|N_1^2, \ldots, N_{ngp}^2 \;| \cdots |N_1^{npe}, \ldots, N_{ngp}^{npe} \;| \\ &N_{1,x_1}^1, \ldots, N_{ngp,x_1}^1 |N_{1,x_1}^2, \ldots, N_{ngp,x_1}^2| \cdots |N_{1,x_1}^{npe}, \ldots, N_{ngp,x_1}^{npe}| \\ &N_{1,x_2}^1, \ldots, N_{ngp,x_2}^1 |N_{1,x_2}^2, \ldots, N_{ngp,x_2}^2| \cdots |N_{1,x_2}^{npe}, \ldots, N_{ngp,x_2}^{npe})\end{aligned} \tag{3.7}$$

Mit der Zeigermatrix

$$\mathbb{B} = \begin{pmatrix} 0 & -2 & 0 \\ 0 & 0 & -3 \\ 0 & -3 & -2 \\ 2 & -1 & 0 \\ 3 & 0 & -1 \end{pmatrix}, \tag{3.8}$$

welche die Struktur eines Teiles von $\mathbf{B}$ wiederspiegelt, erhält man die Komponente zum Indexpaar (m, n), $1 \le m \le nst$, $1 \le n \le ndf$, in der Submatrix $\mathbf{B}^j(\mathbf{s}^l)$, $1 \le j \le npe$, $1 \le l \le npe$, über die Formel

$$sgn(\mathbb{B}_{m,n}) * \mathbf{b}_k; \quad k = ngp * npe * (|\mathbb{B}_{m,n}| - 1) + (j-1) * ngp + l, \tag{3.9}$$

falls $\mathbb{B}_{m,n} \ne 0$. Hier ist also wirklich nur das Allernötigste gespeichert, jedoch bereits in einer Form, die alle parallel zu verarbeitenden Daten als Vektoren enthält.

Analog kann man die (im vorliegenden Beispiel 10) von Null verschiedenen Komponenten aller Teilmatrizen $\mathbf{B}^j(\mathbf{s}^l)^T\, \mathbf{D}$, $1 \le j \le npe$, $1 \le l \le ngp$, der Produkte $\mathbf{B}(\mathbf{s}^l)^T\, \mathbf{D}$ aus (3.2) in einer $10 \times ngp * npe$- Matrix $\mathbf{BD}$ so ablegen, daß mit einem Zeigerfeld

$$\mathbf{IBD} = \begin{pmatrix} 0 & 0 & 0 & 7 & 9 \\ 1 & 3 & 5 & 8 & 0 \\ 2 & 4 & 6 & 0 & 10 \end{pmatrix}, \tag{3.10}$$

in der Spalte $k = \mathbf{IBD}_{m,n}$ die Komponenten zum Unterblock-Indexpaar (m, n) aller Teilmatrizen zu allen Gaußpunkten gespeichert sind.

Für die Fortführung der Idee ist es sinnvoll, auf die Spalten $\mathbf{BD}_{\cdot,k}$ die Struktur des Vektors $\mathbf{b}$ zu übertragen, so daß sie in *npe* Stücke der Länge *ngp* zerfallen:

$$\mathbf{BD}_{\cdot,k} = (\mathbf{BD}_{\cdot,k}^1,\ \mathbf{BD}_{\cdot,k}^2,\ \mathbf{BD}_{\cdot,k}^3,\ \ldots,\ \mathbf{BD}_{\cdot,k}^{npe}), \tag{3.11}$$

wobei in $\mathbf{BD}_{\cdot,k}^j$, $1 \le j \le npe$, die *ngp* Werte der Komponenten zum Unterblock-Indexpaar (m, n) mit $k = \mathbf{IBD}_{m,n}$ in den Teilmatrizen $\mathbf{B}^j(\mathbf{s}^l)^T\, \mathbf{D}$, $1 \le l \le ngp$, gespeichert sind. Der folgende Algorithmus ist eine verbesserte Fassung des in [3] vorgeschlagenen Verfahrens.

Algorithmus ELV1

ELV1.1. Berechnung des Materialgesetzes für das Element, d.h. der Komponenten der Matrix **D**.

ELV1.2. Speichern der eingehenden Formfunktionsdaten in Vektoren $\mathbf{n}^j$, $1 \leq j \leq npe$, der Länge ngp und $\mathbf{dn}^1$ sowie $\mathbf{dn}^2$ der Länge $npe * ngp$:

$$\mathbf{n}^j = (N_1^j, N_2^j, \ldots, N_{ngp}^1), \quad \mathbf{dn}^i = (\mathbf{n}^{1,\mathbf{s}_i},\ \mathbf{n}^{2,\mathbf{s}_i},\ \ldots,\ \mathbf{n}^{npe,\mathbf{s}_i}),\ i = 1,\ 2.$$

Dabei setzen sich die Subvektoren von $\mathbf{dn}^1$ und $\mathbf{dn}^2$ wie folgt zusammen:

$$\mathbf{n}^{j,\mathbf{s}_i} = (N_{1,\mathbf{s}_i}^j, N_{2,\mathbf{s}_i}^j, \ldots, N_{ngp,\mathbf{s}_i}^j), \quad 1 \leq j \leq npe, \quad i = 1,\ 2.$$

ELV1.3. Berechnung aller Komponenten der Jacobi-Matrizen sowie ihrer Determinanten für sämtliche Gaußpunkte parallel:

$$\mathbf{s}^1 = \sum_{j=1}^{npe} \mathbf{x}_1^j * \mathbf{n}^{j,\mathbf{s}_1}, \quad \mathbf{s}^2 = \sum_{j=1}^{npe} \mathbf{x}_2^j * \mathbf{n}^{j,\mathbf{s}_2}, \quad \mathbf{s}^3 = \sum_{j=1}^{npe} \mathbf{x}_2^j * \mathbf{n}^{j,\mathbf{s}_1}, \quad \mathbf{s}^4 = \sum_{j=1}^{npe} \mathbf{x}_1^j * \mathbf{n}^{j,\mathbf{s}_2}$$

$$\mathbf{det} = \mathbf{s}^1 * \mathbf{s}^2 - \mathbf{s}^3 * \mathbf{s}^4$$

Man erhält also $4 * npe$ Triaden und drei einfache Operationen (von denen zwei im *chaining* ablaufen können) der Länge ngp.

ELV1.4. Berücksichtigung der Gewichte und Berechnung der reziproken Werte aller Jacobi-Determinanten:

$$\mathbf{v} = \mathbf{det} * \mathbf{w}; \quad \mathbf{inv}_k = \mathbf{det}_k^{-1},\ 1 \leq k \leq ngp.$$

ELV1.5. Berechnung der Ableitungen aller Formfunktionen nach den globalen Koordinaten an sämtlichen Gaußpunkten parallel:
Es sei der Vektor $\mathbf{n}^{j,\mathbf{x}_m} = (N_{1,\mathbf{x}_m}^j, N_{2,\mathbf{x}_m}^j, \ldots, N_{ngp,\mathbf{x}_m}^j)$, $1 \leq j \leq npe$, $m = 1,2$. Damit ist

$$\mathbf{n}^{j,\mathbf{x}_1} = \mathbf{inv} * (\mathbf{s}^2 * \mathbf{n}^{j,\mathbf{s}_1} - \mathbf{s}^3 * \mathbf{n}^{j,\mathbf{s}_2}), \quad \mathbf{n}^{j,\mathbf{x}_2} = \mathbf{inv} * (\mathbf{s}^1 * \mathbf{n}^{j,\mathbf{s}_2} - \mathbf{s}^4 * \mathbf{n}^{j,\mathbf{s}_1}).$$

In diese Formeln ist die inverse Jacobi-Matrix bereits eingearbeitet. Es wären also insgesamt $8 * npe$ Vektoroperationen der Länge ngp auszuführen. Die Berechnung erfolgt aber zweckmäßigerweise mit den längeren Vektoren $\mathbf{dn}^1$ und $\mathbf{dn}^2$. Dazu wiederholt man **inv** sowie $\mathbf{s}^1$ bis $\mathbf{s}^4$ jeweils npe-fach:

$$\mathbf{invl} = (\underbrace{\mathbf{inv},\ \mathbf{inv},\ \mathbf{inv},\ \ldots,\ \mathbf{inv}}_{npe}), \quad \mathbf{sl}^1 = (\underbrace{\mathbf{s}^1,\ \mathbf{s}^1,\ \mathbf{s}^1,\ \ldots,\ \mathbf{s}^1}_{npe})$$

und ebenso $\mathbf{sl}^2$ bis $\mathbf{sl}^4$. Damit bekommt man die partiellen Ableitungen in nur acht Operationen der Länge $ngp * npe$ durch

$$(\mathbf{n}^{1,\mathbf{x}_1},\ \mathbf{n}^{2,\mathbf{x}_1},\ \ldots,\ \mathbf{n}^{npe,\mathbf{x}_1}) = \mathbf{invl} * (\mathbf{sl}^2 * \mathbf{dn}^1 - \mathbf{sl}^3 * \mathbf{dn}^2),$$

$$(\mathbf{n}^{1,\mathbf{x}_2},\ \mathbf{n}^{2,\mathbf{x}_2},\ \ldots,\ \mathbf{n}^{npe,\mathbf{x}_2}) = \mathbf{invl} * (\mathbf{sl}^1 * \mathbf{dn}^2 - \mathbf{sl}^4 * \mathbf{dn}^1).$$

Auch hier ist bei einigen Operationen wieder wieder das *chaining* möglich.

ELV1.6. Mit den eingehenden Formfunktionsdaten (aus *ELV1.2*) und den Resultaten des letzten Schrittes kann der Vektor **b** in (3.7) zusammengestellt werden:

$$\mathbf{b} = (\mathbf{n}^1,\ \mathbf{n}^2,\ \ldots,\ \mathbf{n}^{npe} \mid \mathbf{n}^{1,\mathbf{x}_1},\ \mathbf{n}^{2,\mathbf{x}_1},\ \ldots,\ \mathbf{n}^{npe,\mathbf{x}_1} \mid \mathbf{n}^{1,\mathbf{x}_2},\ \mathbf{n}^{2,\mathbf{x}_2},\ \ldots,\ \mathbf{n}^{npe,\mathbf{x}_2})$$

Beim Programmieren tritt dieser Schritt gar nicht auf: tatsächlich speichert man die Daten aus *ELV1.2* auf dem Platz von **b** und überschreibt den zweiten bzw. dritten Teil des Vektors mit den Ergebnissen von *ELV1.5*.

ELV1.7. Ermittlung der von Null verschiedenen Komponenten der Produkte $\mathbf{B}(\mathbf{s}^l)^T\ \mathbf{D}$, $1 \leq l \leq ngp$, für alle Gaußpunkte parallel, d.h. Berechnung der Matrix **BD**:
Nur wenn $\mathbf{IBD}_{m,n} \neq 0$, ist, $1 \leq m \leq ndf$, $1 \leq n \leq nst$, müssen die Komponenten zum Indexpaar (m, n) berechnet werden. Die Rechnung selbst besteht aus einer Anzahl von Triaden der Länge $ngp * npe$, wobei jeweils ein durch das Zeigerfeld **IB** bestimmtes Drittel des Vektors **b** mit einem Skalar – der entsprechenden Komponente von **D**, deren Vorzeichen evtl. zu ändern ist (vergl. **IB**) – multipliziert und zu einem bisherigen Ergebnis addiert wird. Falls die Komponente von **IB** oder **D** Null ist, trägt der Summand nicht zum Ergebnis bei, und seine Berechnung, d.h. die ganze Triade, kann entfallen. Vermittels der Zeiger ist es demnach möglich, nahezu das Minimum der absolut notwendigen Operationen zu erreichen – dies jedoch in einer für Vektorrechner geeigneten Weise.

$\mathbf{BD}_{\cdot,k} = \mathbf{0},\ 1 \leq k \leq 10$
für $m = 1$ bis ndf
  für $n = 1$ bis nst
    $k = \mathbf{IBD}_{m,n}$
    falls $k \neq 0$:
      $l = \mathbf{IB}_{j,m}$
      $d = \mathbf{D}_{j,n}$
      falls $l \neq 0$ und $d \neq 0$:
        $i1 = npe * ngp * (|l| - 1) + 1$
        $i2 = npe * ngp * |l|$
        $\mathbf{BD}_{\cdot,k} := \mathbf{BD}_{\cdot,k} + sgn(l) * d * (\mathbf{b}_{i1},\ \mathbf{b}_{i1+1},\ \ldots,\ \mathbf{b}_{i2})$

ELV1.8. Als Vorbereitung für die zweite Matrizenmultiplikation – mit $\mathbf{B}(\mathbf{s}^l)$ – benötigen wir eine $ngp * npe * (npe + 1)/2 \times 10$-Matrix **F**, deren Spalten durch geeignete Wiederholung derjenigen von **BD** entstehen (vergl. (3.11) und Kap. 1):

$$\begin{aligned}\mathbf{F}_{\cdot,k} = (&\mathbf{BD}^1_{\cdot,k},\ \mathbf{BD}^2_{\cdot,k},\ \mathbf{BD}^3_{\cdot,k},\ \ldots,\ \mathbf{BD}^{npe}_{\cdot,k},\\ &\mathbf{BD}^2_{\cdot,k},\ \mathbf{BD}^3_{\cdot,k},\ \ldots,\ \mathbf{BD}^{npe}_{\cdot,k},\\ &\mathbf{BD}^3_{\cdot,k},\ \ldots,\ \mathbf{BD}^{npe}_{\cdot,k},\\ &\vdots\\ &\mathbf{BD}^{npe}_{\cdot,k}),\quad 1 \leq k \leq 10.\end{aligned}$$

ELV1.9. Multiplikation der Matrizen $\mathbf{B}(\mathbf{s}^l)$ mit den Jacobi-Determinanten $det\mathbf{J}(\mathbf{s}^l)$ und den Gewichten der Integrationsregel für alle Komponenten und alle Gaußpunkte parallel: Der Vektor $\mathbf{v}$ aus *ELV1.4* wird $3*npe$-fach wiederholt, und das Resultat in einer Operation mit dem Vektor $\mathbf{b}$ multipliziert:

$$\mathbf{c} = \mathbf{b} * (\underbrace{\mathbf{v}, \mathbf{v}, \ldots, \mathbf{v}}_{npe}, \underbrace{\mathbf{v}, \mathbf{v}, \ldots, \mathbf{v}}_{npe}, \underbrace{\mathbf{v}, \mathbf{v}, \ldots, \mathbf{v}}_{npe})$$

Auch hier überträgt sich die Struktur von $\mathbf{b}$ auf $\mathbf{c}$, d.h. $\mathbf{c}$ zerfällt in Teilvektoren der Länge *ngp*:

$$\mathbf{c} = (\mathbf{c}^1,\ \mathbf{c}^2,\ \ldots,\ \mathbf{c}^{npe} \mid \mathbf{c}^{1,\mathbf{x}_1},\ \mathbf{c}^{2,\mathbf{x}_1},\ \ldots,\ \mathbf{c}^{npe,\mathbf{x}_1} \mid \mathbf{c}^{1,\mathbf{x}_2},\ \mathbf{c}^{2,\mathbf{x}_2},\ \ldots,\ \mathbf{c}^{npe,\mathbf{x}_2})$$

ELV1.10. Eine Wiederholung dieser Teilvektoren bildet die letzte Phase der Vorbereitung zur eigentlichen Multiplikation. Man stellt eine $ngp * npe * (npe+1)/2 \times 3$-Matrix $\mathbf{E}$ zusammen der Form

$$\begin{array}{llllll} \mathbf{E}_{\cdot,1} = (\mathbf{c}^1, & \mathbf{c}^1, & \mathbf{c}^1, & \ldots, \mathbf{c}^1, \\ & \mathbf{c}^2, & \mathbf{c}^2, & \ldots, \mathbf{c}^2, \\ & & \mathbf{c}^3, & \ldots, \mathbf{c}^3, \\ & & & \vdots \\ & & & \mathbf{c}^{npe}) \end{array} \qquad \begin{array}{llllll} \mathbf{E}_{\cdot,2} = (\mathbf{c}^{1,\mathbf{x}_1}, & \mathbf{c}^{1,\mathbf{x}_1}, & \mathbf{c}^{1,\mathbf{x}_1}, & \ldots, \mathbf{c}^{1,\mathbf{x}_1}, \\ & \mathbf{c}^{2,\mathbf{x}_1}, & \mathbf{c}^{2,\mathbf{x}_1}, & \ldots, \mathbf{c}^{2,\mathbf{x}_1}, \\ & & \mathbf{c}^{3,\mathbf{x}_1}, & \ldots, \mathbf{c}^{3,\mathbf{x}_1}, \\ & & & \vdots \\ & & & \mathbf{c}^{npe,\mathbf{x}_1}) \end{array}$$

mit einer dritten Spalte $\mathbf{E}_{\cdot,3}$, welche in gleicher Weise die Subvektoren $\mathbf{c}^{j,\mathbf{x}_2}$, $1 \le j \le npe$, enthält.

ELV1.11. Multiplikation der Matrizen $\mathbf{B}(\mathbf{s}^l)^T\ \mathbf{D}\ \mathbf{B}(\mathbf{s}^l)\ w_l\ det\mathbf{J}(\mathbf{s}^l)$ für alle Gaußpunkte $\mathbf{s}^l$, $1 \le l \le ngp$, parallel und Berechnung der Komponenten aller $ndf \times ndf$-Unterblöcke $\mathbf{K}^{j,k}$, $1 \le j,k \le npe$, parallel über die Blöcke:

für $m = 1$ bis *ndf*

für $n = 1$ bis *ndf*

$$\mathbf{k}^{m,n} = \sum_{\substack{l=1, \\ \mathbf{IBD}_{m,l} \neq 0, \\ \mathbf{IB}_{l,n} \neq 0}}^{nst} sgn(\mathbf{IB}_{l,n}) * \mathbf{F}_{\cdot,\mathbf{IBD}_{m,l}} * \mathbf{E}_{\cdot,|\mathbf{IB}_{l,n}|}$$

Durch die Struktur der Spalten in den Matrizen $\mathbf{E}$ und $\mathbf{F}$ zerfällt der Vektor in Teile der Länge *ngp*:

$$\begin{array}{lllll} \mathbf{k}^{m,n} = ({}^{1,1}\mathbf{k}^{m,n}, & {}^{2,1}\mathbf{k}^{m,n}, & {}^{3,1}\mathbf{k}^{m,n}, & \ldots, & {}^{npe,1}\mathbf{k}^{m,n}, \\ & {}^{2,2}\mathbf{k}^{m,n}, & {}^{3,2}\mathbf{k}^{m,n}, & \ldots, & {}^{npe,2}\mathbf{k}^{m,n}, \\ & & {}^{3,3}\mathbf{k}^{m,n}, & \ldots, & {}^{npe,3}\mathbf{k}^{m,n}, \\ & & & & \vdots \\ & & & & {}^{npe,npe}\mathbf{k}^{m,n}) \end{array}$$

ELV1.12. Damit erhält man die Komponente von $\mathbf{K}$ im Block $\mathbf{K}^{j,k}$ zum Unterblock-Indexpaar (m,n) durch Summation der Einträge in ${}^{j,k}\mathbf{k}^{m,n}$, $1 \leq j \leq npe$, $j \leq k \leq npe$ (vergl. Kap. 1). Ein weiteres Mal erlaubt die Zeigertechnik, allein die relevanten Operationen auszuführen.

In dieser Version des Verfahrens kann jede innere Schleife als Vektoroperation auf einem Pipeline-Prozessor ablaufen. Die Länge der Datenströme variiert zwischen ngp und $ngp * npe * (npe + 1)/2$, so daß der erreichbare Grad der Parallelität von der Anzahl der Gaußpunke abhängt. Speicherbankkonflikte werden vermieden, da nur Vektoren und Spalten von Matrizen auftreten. Überdies benutzt man an keiner Stelle Skalarprodukte und kann häufig durch Verkettung von Addition und Multiplikation (*chaining*) eine weitere Beschleunigung gewinnen.

Für ebene Modelle und einfache Integrationsordnungen (z.B. eine 3×3-Regel) ist der ngp-Parallelismus natürlich kein großer Gewinn; beim Quaderelement mit 20 Knoten und 64 Gaußpunkten sind dagegen die Vektorregister eines CRAY-1 schon bei den kürzesten Operationen ganz gefüllt. Man wird ferner noch sehen, daß sich die Parallelität auf der Ebene eines Elementes sehr gut mit der simultanen Verarbeitung mehrerer Elemente koppeln läßt, was zu einer signifikanten Beschleunigung führt.

Verglichen mit der konventionellen Vorgehensweise bedingt die Idee von Noor und Lambiotte eine weit weniger 'geradlinige' Umsetzung der Formel (3.2) in ein Rechenverfahren. Weil das Resultat aber bedeutend effektiver ist als der alte Ansatz, findet man hier ein schönes und instruktives Beispiel für das Denken in 'parallelen' Strukturen.

Ein gewisser Nachteil, wenn man den Algorithmus auf Maschinen des Typs CRAY-1 (und verwandten) benutzt, darf nicht verschwiegen werden: Ursprünglich für den STAR 100 und seine Nachfolger entwickelt, beruht er ganz wesentlich auf einer Eigenschaft der Control Data-Hardware, nämlich der Möglichkeit, Vektoren mit geringem Aufwand wiederholen und verketten zu können. Dies geschieht bei den genannten Typen im zentralen Speicher, ohne lange Datenwege zu aktivieren. In anderen Rechnern sind hier die Vektorregister beteiligt, weshalb die Daten erst geladen und dann zurückgespeichert werden müssen. Dennoch rechtfertigt der Zeitgewinn bei den nachfolgenden arithmetischen Operationen diesen Aufwand in jedem Fall.

Die Zahl der Wiederholungsoperationen läßt sich entscheidend verringern, wenn man die Technik des *rekursiven Doppelns* anwendet, also etwa in *ELV1.5* wie folgt umspeichert:

$$\mathbf{invl} = (\mathbf{inv}, \mathbf{inv}), \quad \mathbf{invl} := (\mathbf{invl}, \mathbf{invl}), \quad \mathbf{invl} := (\mathbf{invl}, \mathbf{invl})$$

In diesem Fall genügen drei Shifts statt vorher sieben (vergl. Kap. 1).

3.6 Quaderelemente

Der Algorithmus ELV1 ist fast genauso auf alle ebenen, isoparametrischen Viereckelemente anwendbar; für den dreidimensionalen Fall (z.B. ein 20-Knoten Quaderelement) folgen hier die wichtigsten Änderungen.

Nun ist eine Dreifachsumme zu berechnen, und es gilt $ndf = 3$, $npe = 20$ sowie

$nst = 6$. Jeder der 20 Abschnitte der Spannungs-Dehnungsmatrix **B** hat die Gestalt

$$\mathbf{B}^j(\mathbf{s}) = \begin{pmatrix} \partial N_j(\mathbf{s})/\partial \mathbf{x}_1 & 0 & 0 \\ 0 & \partial N_j(\mathbf{s})/\partial \mathbf{x}_2 & 0 \\ 0 & 0 & \partial N_j(\mathbf{s})/\partial \mathbf{x}_3 \\ \partial N_j(\mathbf{s})/\partial \mathbf{x}_2 & \partial N_j(\mathbf{s})/\partial \mathbf{x}_1 & 0 \\ 0 & \partial N_j(\mathbf{s})/\partial \mathbf{x}_3 & \partial N_j(\mathbf{s})/\partial \mathbf{x}_2 \\ \partial N_j(\mathbf{s})/\partial \mathbf{x}_3 & 0 & \partial N_j(\mathbf{s})/\partial \mathbf{x}_1 \end{pmatrix}, \quad 1 \le j \le npe, \tag{3.12}$$

Entsprechend ändert sich die Datenbasis: Der Vektor **b** ist wieder dreiteilig mit

$$\begin{aligned} \mathbf{b} =(& N^1_{1,\mathbf{x}_1}, \dots, N^1_{ngp,\mathbf{x}_1} | N^2_{1,\mathbf{x}_1}, \dots, N^2_{ngp,\mathbf{x}_1} | \cdots | N^{npe}_{1,\mathbf{x}_1}, \dots, N^{npe}_{ngp,\mathbf{x}_1} | \\ & N^1_{1,\mathbf{x}_2}, \dots, N^1_{ngp,\mathbf{x}_2} | N^2_{1,\mathbf{x}_2}, \dots, N^2_{ngp,\mathbf{x}_2} | \cdots | N^{npe}_{1,\mathbf{x}_2}, \dots, N^{npe}_{ngp,\mathbf{x}_2} | \\ & N^1_{1,\mathbf{x}_3}, \dots, N^1_{ngp,\mathbf{x}_3} | N^2_{1,\mathbf{x}_3}, \dots, N^2_{ngp,\mathbf{x}_3} | \cdots | N^{npe}_{1,\mathbf{x}_3}, \dots, N^{npe}_{ngp,\mathbf{x}_3}), \end{aligned} \tag{3.13}$$

und die zugehörigen Zeiger werden

$$\mathbb{B} = \begin{pmatrix} 1 & 0 & 0 \\ 0 & 2 & 0 \\ 0 & 0 & 3 \\ 2 & 1 & 0 \\ 0 & 3 & 2 \\ 3 & 0 & 1 \end{pmatrix}. \tag{3.14}$$

Die **D**-Matrix ist im linearen Fall wieder dünn besetzt (siehe z.B. Bathe/Wilson [5]) und hat für isotropes Material die Form

$$\mathbf{D} = \begin{pmatrix} \alpha & \beta & \beta & 0 & 0 & 0 \\ \beta & \alpha & \beta & 0 & 0 & 0 \\ \beta & \beta & \alpha & 0 & 0 & 0 \\ 0 & 0 & 0 & \gamma & 0 & 0 \\ 0 & 0 & 0 & 0 & \gamma & 0 \\ 0 & 0 & 0 & 0 & 0 & \gamma \end{pmatrix} \quad \text{mit} \quad \begin{cases} \alpha = \frac{E(1-\nu)}{(1+\nu)(1-2\nu)}, \\ \beta = \frac{E\nu}{(1+\nu)(1-2\nu)}, \\ \gamma = \frac{E}{2(1+\nu)}, \\ E: \text{Elastizitätsmodul}, \\ \nu: \text{Poissonzahl} \end{cases} \tag{3.15}$$

Daher bekommt die Matrix **F** neun Spalten mit dem Zeigerfeld

$$\mathbb{BD} = \begin{pmatrix} 1 & 2 & 2 & 3 & 0 & 4 \\ 5 & 6 & 5 & 7 & 4 & 0 \\ 8 & 8 & 9 & 0 & 3 & 7 \end{pmatrix}. \tag{3.16}$$

Weil allein die partiellen Ableitungen der Formfunktionen benutzt werden, braucht man für *ELV1.2* andere Eingangsgrößen:

ELV1.2 (3d). Speichern der eingehenden Formfunktionsdaten in drei Vektoren der Länge *ngp*:

$$\mathbf{dn}^i = (\mathbf{n}^{1,\mathbf{s}_i}, \mathbf{n}^{2,\mathbf{s}_i}, \dots, \mathbf{n}^{npe,\mathbf{s}_i}), \quad i = 1, 2, 3.$$

Dabei setzen sich die Subvektoren wie folgt zusammen:

$$\mathbf{n}^{j,\mathbf{s}_i} = (N^j_{1,\mathbf{s}_i}, N^j_{2,\mathbf{s}_i}, \ldots, N^j_{ngp,\mathbf{s}_i}), \quad 1 \le j \le npe.$$

A.K. Noor und S.J. Hartley geben in [4] die Formeln an, mit denen man die Komponenten der Jacobi-Matrizen sowie deren Determinanten für dreidimensionale Elemente nach dem obigen Verfahren berechnet. Man hat wegen der 3×3-Matrix $\mathbf{J}$ dann neun $\mathbf{s}$-Vektoren, $\mathbf{s}^{1,1}$, $\mathbf{s}^{1,2}$ bis $\mathbf{s}^{3,3}$, und die Determinanten werden nach der Regel von Sarrus ermittelt, weshalb der Schritt *ELV1.3* lautet:

ELV1.3 (3d). Berechnung aller Komponenten der Jacobi-Matrizen sowie ihrer Determinanten für sämtliche Gaußpunkte parallel:

$$\mathbf{s}^{k,l} = \sum_{j=1}^{npe} x^j_l * \mathbf{n}^{j,\mathbf{s}_k}, \quad 1 \le k,l \le 3 \qquad \mathbf{det} = (\mathbf{s}^{1,1} * \mathbf{s}^{2,2} - \mathbf{s}^{1,2} * \mathbf{s}^{2,1}) * \mathbf{s}^{3,3}$$
$$+ (\mathbf{s}^{1,3} * \mathbf{s}^{2,1} - \mathbf{s}^{1,1} * \mathbf{s}^{2,3}) * \mathbf{s}^{3,2}$$
$$+ (\mathbf{s}^{1,2} * \mathbf{s}^{2,3} - \mathbf{s}^{1,3} * \mathbf{s}^{2,2}) * \mathbf{s}^{3,1}$$

Die Ermittlung der Einträge des $\mathbf{b}$-Vektors erfordert natürlich mehr Operationen als im ebenen Fall, da hier die Inverse einer 3×3-Matrix eingeht:

ELV1.5 (3d). Berechnung der Ableitungen aller Formfunktionen nach den globalen Koordinaten an sämtlichen Gaußpunkten parallel:
Es sei der Vektor $\mathbf{n}^{j,\mathbf{x}_m} = (N^j_{1,\mathbf{x}_m}, N^j_{2,\mathbf{x}_m}, \ldots, N^j_{ngp,\mathbf{x}_m})$, $1 \le j \le npe$, $m = 1,2,3$. Zunächst gewinnt man die Komponenten aller ngp inversen Jacobi-Matrizen durch

$$\begin{aligned}
\mathbf{ji}^{1,1} &= \mathbf{inv} * (\mathbf{s}^{2,2} * \mathbf{s}^{3,3} - \mathbf{s}^{2,3} * \mathbf{s}^{3,2}), & \mathbf{ji}^{1,2} &= \mathbf{inv} * (\mathbf{s}^{1,3} * \mathbf{s}^{3,2} - \mathbf{s}^{1,2} * \mathbf{s}^{3,3}),\\
\mathbf{ji}^{1,3} &= \mathbf{inv} * (\mathbf{s}^{1,2} * \mathbf{s}^{2,3} - \mathbf{s}^{1,3} * \mathbf{s}^{2,2}), & \mathbf{ji}^{2,1} &= \mathbf{inv} * (\mathbf{s}^{2,3} * \mathbf{s}^{3,1} - \mathbf{s}^{2,1} * \mathbf{s}^{3,3}),\\
\mathbf{ji}^{2,2} &= \mathbf{inv} * (\mathbf{s}^{1,1} * \mathbf{s}^{3,3} - \mathbf{s}^{1,3} * \mathbf{s}^{3,1}), & \mathbf{ji}^{2,3} &= \mathbf{inv} * (\mathbf{s}^{1,3} * \mathbf{s}^{2,1} - \mathbf{s}^{1,1} * \mathbf{s}^{2,3}),\\
\mathbf{ji}^{3,1} &= \mathbf{inv} * (\mathbf{s}^{2,1} * \mathbf{s}^{3,2} - \mathbf{s}^{2,2} * \mathbf{s}^{3,1}), & \mathbf{ji}^{3,2} &= \mathbf{inv} * (\mathbf{s}^{1,2} * \mathbf{s}^{3,1} - \mathbf{s}^{1,1} * \mathbf{s}^{3,2}),\\
\mathbf{ji}^{3,3} &= \mathbf{inv} * (\mathbf{s}^{1,1} * \mathbf{s}^{2,2} - \mathbf{s}^{1,2} * \mathbf{s}^{2,1}).
\end{aligned}$$

Damit ist

$$\begin{aligned}
\mathbf{n}^{j,\mathbf{x}_1} &= \mathbf{ji}^{1,1} * \mathbf{n}^{j,\mathbf{s}_1} + \mathbf{ji}^{1,2} * \mathbf{n}^{j,\mathbf{s}_2} + \mathbf{ji}^{1,3} * \mathbf{n}^{j,\mathbf{s}_3},\\
\mathbf{n}^{j,\mathbf{x}_2} &= \mathbf{ji}^{2,1} * \mathbf{n}^{j,\mathbf{s}_1} + \mathbf{ji}^{2,2} * \mathbf{n}^{j,\mathbf{s}_2} + \mathbf{ji}^{2,3} * \mathbf{n}^{j,\mathbf{s}_3},\\
\mathbf{n}^{j,\mathbf{x}_3} &= \mathbf{ji}^{3,1} * \mathbf{n}^{j,\mathbf{s}_1} + \mathbf{ji}^{3,2} * \mathbf{n}^{j,\mathbf{s}_2} + \mathbf{ji}^{3,3} * \mathbf{n}^{j,\mathbf{s}_3}.
\end{aligned}$$

Wie bei den ebenen Elementen wird man sich auch hier nicht mit der Vektorlänge ngp begnügen und statt der Subvektoren $\mathbf{n}^{j,\mathbf{s}_i}$ die längeren Operanden $\mathbf{dn}^i$ verwenden. Für die dazu notwendigen Wiederholungen der $\mathbf{ji}^{k,l}$ ist das ***rekursive Doppeln*** unbedingt zu empfehlen.

3.7 Zeitmessungen

Einge Tests sollen jetzt den durch die neuen Verfahren erzielbaren Gewinn demonstrieren. Laufzeitvergleiche sind allerdings immer dann problematisch, wenn nicht zusammen mit den Ergebnissen auch die Quelltexte veröffentlicht werden, welche die Algorithmen in Computerprogramme umsetzen. Da sich dies im vorliegenden Buch schon aus Platzgründen verbietet, sei das Vorgehen hier kurz gestreift:

Für die ebenen Elemente (Platte, Scheibe) dienten die Programme von E. Hinton und D.R.J. Owen [1] als 'skalare' Referenz. Sie blieben unverändert bis auf den Schritt *EL.3*, der durch das Einbringen vorbereiteter Daten ersetzt wurde wie beim Algorithmus *ELV1*. Das Quaderelement war in gleicher Weise programmiert. Die Vektorversionen wurden ebenfalls in FORTRAN erstellt gemäß dem Standard *ANSI X3.9 - 1978* – jedoch in einer Art, daß die Compiler der Testmaschinen alle Vektorstrukturen erkennen konnten. Es ist wichtig, zu bemerken, daß auf solchen Rechnern die Güte des Compilers eine entscheidende Rolle spielt, weil die FORTRAN-Sprache (bisher) nur den Datentyp *Feldelement* vorsieht, nicht jedoch Objekte wie *Matrix* oder *Vektor*. Parallele Strukturen müssen folglich anhand der DO-Schleifen erkannt werden. Da die Hersteller ihre Compiler ständig verbessern, hängen die erreichbaren Laufzeiten etwas von der jeweiligen Version ab, jedoch ist die Größenordnung der Unterschiede davon nicht betroffen. Die nun folgenden Werte sind auf dem CRAY-1A des Max-Planck-Instituts für Plasmaphysik in Garching gemessen unter der Version CFT 1.13 und auf dem AMDAHL 1200 bei der AMDAHL Corp. in Sunnyvale (Calif.) unter FORTRAN 77, Version 10, Level 20.

Diese Anlagen wurden ausgewählt als Vertreter zweier Generationen von Vektorrechnern, nicht zum Zweck des Vergleiches auf dem Markt konkurrierender Produkte. Tatsächlich ist die Produktion der alten CRAY-Serie seit einiger Zeit beendet, ihr Hersteller bietet jetzt weit leistungsfähigere Nachfolger (CRAY X-MP und CRAY-2) an. Der modernere AMDAHL 1200 folgt in seiner Architektur dem Vorbild des CRAY-1, er arbeitet ebenfalls mit Vektorregistern, die sich jedoch der Länge des jeweiligen Operandenstromes innerhalb gewisser Grenzen dynamisch anpassen. Im CRAY-1 existiert nur eine Verbindung vom zentralen Speicher zu den Registern, die überdies während eines Datentransfers (Laden oder Speichern) für die jeweils andere Richtung gesperrt ist. Häufig führt dieser Mangel dazu, daß die Prozessoren nicht schnell genug versorgt werden und die Maschine weit unter ihrer möglichen Leistung bleibt. Der jüngere Typ besitzt an der entsprechenden Stelle mehr und 'bidirektionale' Datenwege, was z.B. die Vektorwiederholungen erträglicher macht. Dennoch wird man sehen, daß es eine geeignetere Variante der Idee von Noor und Lambiotte für den AMDAHL 1200 gibt.

Schließlich bleibt zu erwähnen, daß die Übertragbarkeit derartiger Meßergebnisse selbst bei gleichem Compiler durch evtl. unterschiedliche Hardware beeinflußt werden kann, z.B. die Zahl der Speicherbänke. Hier allerdings spielten Bankkonflikte keine Rolle. Alle Zeiten sind in Sekunden angegeben für jeweils 1000 Elemente.

8-Knoten Plattenelement STIFPB (Hinton/Owen)

Algorithmus EL: Originalversion
Algorithmus ELV1: Vektoralgorithmus mit Vektorwiederholungen

– CRAY 1A –

Algorithmus EL		
ng	skalar	vektoriell
2	8.35	8.08
3	18.75	18.21
4	33.18	32.34

Algorithmus ELV1		
ng	skalar	vektoriell
2	5.55	3.51
3	9.18	3.91
4	14.25	4.43

– AMDAHL 1200 –

Algorithmus EL		
ng	skalar	vektoriell
2	4.60	4.33
3	10.25	9.68
4	18.16	17.16

Algorithmus ELV1		
ng	skalar	vektoriell
2	3.78	2.16
3	6.37	2.21
4	10.20	2.26

Neben der Platte wurde auch das ebenfalls in [1] veröffentlichte Scheibenelement (ebener Spannungs- bzw. Verzerrungszustand, acht Knoten, zwei Freiheitsgrade pro Knoten, drei Spannungskomponenten) getestet; diese etwas einfachere Routine lieferte ein überraschendes Ergebnis:

8-Knoten Scheibenelement STIFPS (Hinton/Owen)

Algorithmus EL: Originalversion
Algorithmus ELV1: Vektoralgorithmus mit Vektorwiederholungen

– CRAY 1A –

Algorithmus EL		
ng	skalar	vektoriell
2	2.58	3.07
3	5.78	6.89
4	10.22	12.24

Algorithmus ELV1		
ng	skalar	vektoriell
2	3.01	1.92
3	5.01	2.13
4	7.77	2.41

Im Algorithmus EL sind hier die Vektorlängen noch kürzer als bei der Platte. Daher dominiert sehr oft die Anlaufzeit der Operationen, und das Einschalten der Pipeline-Prozessoren verlangsamt den Ablauf. Dieser Effekt ist auf allen Vektorrechnern zu beobachten. Die vektorisierte Version ELV1 zeigt dagegen ein der Platte entsprechendes Verhalten.

Dreidimensionale Probleme stellen die eigentliche Herausforderung an Hochgeschwindigkeitsrechner dar, daher folgen abschließend die Zeiten für ein Quaderelement:

20-Knoten Quaderelement

Algorithmus EL: analog zu den ebenen Elementen
Algorithmus ELV1: Vektoralgorithmus mit Vektorwiederholungen

- CRAY 1A -

Algorithmus EL		
ng	skalar	vektoriell
2	96.6	95.0
3	325.0	320.4
4	769.7	759.3

Algorithmus ELV1		
ng	skalar	vektoriell
2	44.6	21.8
3	129.2	30.8
4	294.4	47.9

3.8 Zur Ermittlung der Spannungen

In vielen Fällen interessiert den Anwender neben der Formänderung des belasteten Körpers das Feld der Spannungen in ihm. Diese werden an einem inneren Punkt $\mathbf{s}$ des Elementes gewonnen über das Spannungs-Dehnungsgesetz

$$\boldsymbol{\sigma} = \mathbf{D}\ \mathbf{B}(\mathbf{s})\ \mathbf{u}, \tag{3.17}$$

wobei $\mathbf{u}$ den Vektor der Knotenverschiebungen am Element bezeichnet. Mit $\boldsymbol{\sigma}$ sind die zu einem Vektor geordneten Komponenten des Spannungstensors gemeint. Da die Gauß'schen Integrationspunkte im Inneren des Elementes liegen und die zugehörigen Matrizen $\mathbf{D}\ \mathbf{B}(\mathbf{s}^{j,k})$, $1 \leq j,k \leq ng$, schon vorher während der Ermittlung der Element-Steifigkeiten verwendet worden sind, ist es üblich, diese im Hintergrundspeicher aufzubewahren, und nach Auflösung des globalen Gleichungssystems die Spannungen gemäß (3.17) damit zu berechnen. Andernfalls wären die Schritte *EL.3* bis *EL.8* und Teile von *EL.9* für jeden Spannungsausgabepunkt erneut durchzuführen. Aufgrund der Symmetrie von $\mathbf{D}$ kann ein Verfahren für Vektorrechner wegen

$$\boldsymbol{\sigma}^T = \mathbf{u}^T\ \mathbf{B}(\mathbf{s})^T\ \mathbf{D} \tag{3.18}$$

in gleicher Weise von den bereits früher - vergl. *ELV1.7* - an den Gaußpunkten ermittelten Daten ausgehen, wenn für jedes Element die Matrix **BD** im Hintergrundspeicher aufbewahrt wird.

Dabei legt die Speicherung von **BD** mit dem Zeigerfeld **IBD** nahe, statt an jedem Gaußpunkt einen Vektor $\boldsymbol{\sigma}$ der Länge *nst* zu berechnen, für jede Spannungskomponente

i, $1 \leq i \leq nst$, einen Vektor σ^i mit ngp Einträgen zu verwenden, der ihren Wert für alle Gaußpunkte enthält:

$$\sigma^i = \sum_{\substack{k=1 \\ \mathbf{IBD}_{k,i} \neq 0}}^{ndf} \sum_{j=1}^{npe} \mathbf{u}_{j,k} * \mathbf{BD}^j_{.,\mathbf{IBD}_{k,i}}, \quad 1 \leq i \leq nst, \tag{3.19}$$

Das Zeigerfeld **IBD** ermöglicht wieder, überflüssige Operationen auszuschließen. Im vorliegenden Beispiel des Plattenelementes von Hinton und Owen sind pro Element 80 Triaden der Länge ngp auszuführen. Ein Vergleich dieses Vorgehens (Algorithmus SPV) mit der ursprünglichen Routine STREPB aus [1] (Algorithmus SP) liefert für 1000 Elemente die folgenden Rechenzeiten (vergl. Abschnitt 3.7):

Spannungsroutine STREPB zum Plattenelement STIFPB (Hinton/Owen)
Algorithmus SP: Originalversion
Algorithmus SPV: Vektoralgorithmus mit Vektorwiederholungen

- CRAY 1A -

Algorithmus SP		
ng	skalar	vektoriell
2	0.47	0.87
3	1.04	1.94
4	1.84	3.43

Algorithmus SPV		
ng	skalar	vektoriell
2	0.35	0.22
3	0.57	0.25
4	0.85	0.27

Obwohl die Organisation der Rechenschritte mehr ein 'Abfallprodukt' der Steifigkeitsberechnung ist (die Datenbasis zwingt dazu) als eine Notwendigkeit aufgrund des Zeitbedarfes, erzielt man selbst hier einen Gewinn. Die erhebliche Verlangsamung des Verfahrens SP ergibt sich aus dem Aufbau des Programms, denn die Hauptarbeit wird in einer inneren Schleife der Länge drei geleistet. Bloßes Vertauschen von innerer und äußerer Schleife hätte den Effekt schon kompensiert.

3.9 Parallele Bearbeitung mehrerer Elemente: *Interleaving*

Zumindest bei ebenen Problemen ist die Parallelität auf der Element-Ebene noch zu gering, weil die in der Praxis allein wichtigen niedrigen Integrationsordnungen für einige Operationen (*ELV1.3*, *ELV1.4*) keine ausreichende Vektorlänge bringen. Da jedoch die Elemente voneinander unabhängig sind, liegt es nahe, mehrere Steifigkeitsmatrizen parallel zu berechnen. In einer einfachen Weise läßt sich die dem Algorithmus *ELV1* zugrundeliegende Datenbasis dafür ändern, was hier wiederum am Plattenelement gezeigt wird.

nint sei die Anzahl der überlappend zu bearbeitenden Elemente. Man nimmt die jeweiligen **b**-Vektoren und 'mischt' ihre Teile der Länge ngp auf folgende Weise (die Nummern (k) deuten an, daß die darunter stehenden Formfunktionswerte zum k-ten Element gehören):

$$
\begin{aligned}
\mathbf{b} = (&\overbrace{N_1^1,\ldots,N_{ngp}^1}^{(1)} \mid \overbrace{N_1^1,\ldots,N_{ngp}^1}^{(2)} \mid \overbrace{N_1^1,\ldots,N_{ngp}^1}^{(3)} \mid \ldots \mid \overbrace{N_1^1,\ldots,N_{ngp}^1}^{(nint)} \parallel \\
&\overbrace{N_1^2,\ldots,N_{ngp}^2}^{(1)} \mid \overbrace{N_1^2,\ldots,N_{ngp}^2}^{(2)} \mid \overbrace{N_1^2,\ldots,N_{ngp}^2}^{(3)} \mid \ldots \mid \overbrace{N_1^2,\ldots,N_{ngp}^2}^{(nint)} \parallel \\
&\qquad\vdots \\
&\overbrace{N_1^{npe},\ldots,N_{ngp}^{npe}}^{(1)} \mid \overbrace{N_1^{npe},\ldots,N_{ngp}^{npe}}^{(2)} \mid \overbrace{N_1^{npe},\ldots,N_{ngp}^{npe}}^{(3)} \mid \ldots \mid \overbrace{N_1^{npe},\ldots,N_{ngp}^{npe}}^{(nint)} \parallel \\
&\overbrace{N_{1,\mathbf{x}_1}^1,\ldots,N_{ngp,\mathbf{x}_1}^1}^{(1)} \mid \overbrace{N_{1,\mathbf{x}_1}^1,\ldots,N_{ngp,\mathbf{x}_1}^1}^{(2)} \mid \overbrace{N_{1,\mathbf{x}_1}^1,\ldots,N_{ngp,\mathbf{x}_1}^1}^{(3)} \mid \ldots \mid \overbrace{N_{1,\mathbf{x}_1}^1,\ldots,N_{ngp,\mathbf{x}_1}^1}^{(nint)} \parallel \\
&\overbrace{N_{1,\mathbf{x}_1}^2,\ldots,N_{ngp,\mathbf{x}_1}^2}^{(1)} \mid \overbrace{N_{1,\mathbf{x}_1}^2,\ldots,N_{ngp,\mathbf{x}_1}^2}^{(2)} \mid \overbrace{N_{1,\mathbf{x}_1}^2,\ldots,N_{ngp,\mathbf{x}_1}^2}^{(3)} \mid \ldots \mid \overbrace{N_{1,\mathbf{x}_1}^2,\ldots,N_{ngp,\mathbf{x}_1}^2}^{(nint)} \parallel \\
&\qquad\vdots \\
&\overbrace{N_{1,\mathbf{x}_1}^{npe},\ldots,N_{ngp,\mathbf{x}_1}^{npe}}^{(1)} \mid \overbrace{N_{1,\mathbf{x}_1}^{npe},\ldots,N_{ngp,\mathbf{x}_1}^{npe}}^{(2)} \mid \overbrace{N_{1,\mathbf{x}_1}^{npe},\ldots,N_{ngp,\mathbf{x}_1}^{npe}}^{(3)} \mid \ldots \mid \overbrace{N_{1,\mathbf{x}_1}^{npe},\ldots,N_{ngp,\mathbf{x}_1}^{npe}}^{(nint)} \parallel \\
&\overbrace{N_{1,\mathbf{x}_2}^1,\ldots,N_{ngp,\mathbf{x}_2}^1}^{(1)} \mid \overbrace{N_{1,\mathbf{x}_2}^1,\ldots,N_{ngp,\mathbf{x}_2}^1}^{(2)} \mid \overbrace{N_{1,\mathbf{x}_2}^1,\ldots,N_{ngp,\mathbf{x}_2}^1}^{(3)} \mid \ldots \mid \overbrace{N_{1,\mathbf{x}_2}^1,\ldots,N_{ngp,\mathbf{x}_2}^1}^{(nint)} \parallel \\
&\overbrace{N_{1,\mathbf{x}_2}^2,\ldots,N_{ngp,\mathbf{x}_2}^2}^{(1)} \mid \overbrace{N_{1,\mathbf{x}_2}^2,\ldots,N_{ngp,\mathbf{x}_2}^2}^{(2)} \mid \overbrace{N_{1,\mathbf{x}_2}^2,\ldots,N_{ngp,\mathbf{x}_2}^2}^{(3)} \mid \ldots \mid \overbrace{N_{1,\mathbf{x}_2}^2,\ldots,N_{ngp,\mathbf{x}_2}^2}^{(nint)} \parallel \\
&\qquad\vdots \\
&\overbrace{N_{1,\mathbf{x}_2}^{npe},\ldots,N_{ngp,\mathbf{x}_2}^{npe}}^{(1)} \mid \overbrace{N_{1,\mathbf{x}_2}^{npe},\ldots,N_{ngp,\mathbf{x}_2}^{npe}}^{(2)} \mid \overbrace{N_{1,\mathbf{x}_2}^{npe},\ldots,N_{ngp,\mathbf{x}_2}^{npe}}^{(3)} \mid \ldots \mid \overbrace{N_{1,\mathbf{x}_2}^{npe},\ldots,N_{ngp,\mathbf{x}_2}^{npe}}^{(nint)})
\end{aligned}
\tag{3.20}
$$

Die neue Datenstruktur entsteht also durch ein geeignetes 'Zusammenschieben' (engl. *interleaving*) der Einzelstrukturen. Entsprechend verfährt man mit allen Vektoren, die zum Aufbau von $\mathbf{b}$ nötig sind bzw. aus $\mathbf{b}$ entstehen, etwa $\mathbf{n}^j$, $\mathbf{n}^{j,s_1}$ und $\mathbf{n}^{j,s_2}$ in *ELV1.2* oder den Spalten $\mathbf{F}_{\cdot,k}$ in *ELV1.8* bzw. $\mathbf{E}_{\cdot,k}$ in *ELV1.10*. Die resultierenden Vektorlängen werden nun $nint * ngp$ bis $nint * ngp * npe * (npe+1)/2$, d.h. für $nint = 10$ und $ngp = 16$ folgt 160 bis 5760. Damit ist auch bei relativ hoher Aufsetzzeit der Vektoroperationen ein schneller Ablauf des Verfahrens sichergestellt. Im übrigen bleibt die Organisation der Rechenschritte fast vollständig erhalten – mit einer wichtigen Ausnahme:

Einmal mehr 'bezahlt' man die langen Operandenströme mit zusätzlichen Wiederholungen: Im Schritt *ELV1.3*, zum Beispiel, muß nämlich die skalare Grösse x_i^j, $i = 1,2$ nach jeweils *ngp* Multiplikationen durch ihre Entsprechung aus dem nächsten Element ersetzt werden. Zweckmäßigerweise geschieht dies, indem die Operanden der Triaden nun drei Vektoren sind, deren mittlerer

$$\mathbf{x}^{j,i} = (\underbrace{{}^1x_i^j, \ldots, {}^1x_i^j}_{ngp} \,|\, \underbrace{{}^2x_i^j, \ldots, {}^2x_i^j}_{ngp} \,|\, \underbrace{{}^3x_i^j, \ldots, {}^3x_i^j}_{ngp} \,|\, \ldots \,|\, \underbrace{{}^{nint}x_i^j, \ldots, {}^{nint}x_i^j}_{ngp}) \tag{3.21}$$

wird, wobei ${}^kx_i^j$ die Knotenpunktskoordinate x_i^j zum k-ten Element bezeichnet. Auf Rechnern des Typs CYBER 205 kann dies sogar ein Nachteil sein, weil das *chaining* (also die Verkettung von Vektoraddition und -multiplikation, die bei diesem Modell als mittleren Operanden einen Skalar voraussetzt) verlorengeht. Anlagen, für die eine solche Einschränkung nicht besteht, werden mit dem Verfahren jedoch schneller:

8-Knoten Plattenelement STIFPB (Hinton/Owen)

Algorithmus ELV2: Vektoralgorithmus mit Vektorwiederholungen und zehnfachem *interleaving* (1000 Elemente, Zeiten in Sekunden)

– CRAY 1A –

Algorithmus ELV2		
ng	skalar	vektoriell
2	3.80	2.31
3	7.59	2.71
4	12.91	3.23

Die Ablaufzeiten verringern sich also deutlich gegenüber *ELV1*. Auf einem AMDAHL 1200 oder CRAY X-MP wäre der Gewinn natürlich größer, hier jedoch machen sich die bereits erwähnten unzureichenden Datenpfade zwischen Hauptspeicher und Registern wegen der längeren Vektoren besonders störend bemerkbar. Ferner hat die Anlage mehr (und längere) Vektorwiederholungen auszuführen; die Vorbereitung der eigentlich 'produktiven' Operationen nimmt also viel Zeit in Anspruch. Man darf daher selbst auf einem moderneren Rechner keineswegs Beschleunigungen in der Größenordnung von *nint* erwarten.

Wünschenswert wäre folglich eine Methode, die lange Operandenströme ohne Vektorwiederholungen erzeugt. Maschinen wie die CRAY X-MP Modelle oder die Vektorprozessoren von AMDAHL, deren Hardware die eingangs erklärte *indirekte Adressierung* unterstützt, gestatten eine für das gegebene Beispiel sogar recht elegante Prozedur:

3.10 Ersatz der Vektorwiederholungen durch 'indirekte Adressierung'

Die Idee sei wieder am obigen Plattenelement demonstriert, und zwar der Übersichtlichkeit halber als Variante des Verfahrens *ELV1*. Ihre Kombination mit dem *interleaving* ist trivial. Zur Verwendung bei den Schritten *ELV1.5*, *ELV1.9* und *ELV1.11*, in denen wiederholte Vektoren als Operanden auftreten, bildet man Zeigervektoren, die das Wiederholungsschema enthalten:

$$\begin{aligned}
&\mathbf{iv} = (\underbrace{\mathbf{i},\ \mathbf{i},\ \mathbf{i},\ \ldots,\ \mathbf{i}}_{3*npe}) \quad \text{mit} \quad \mathbf{i} = (1,\ 2,\ 3,\ \ldots,\ ngp),\\
&\mathbf{if} = (\mathbf{j}^1,\ \mathbf{j}^2,\ \mathbf{j}^3,\ \ldots,\ \mathbf{j}^{npe}) \quad \text{mit}\\
&\mathbf{j}^k = (\underbrace{(k-1)*ngp+1,\ (k-1)*ngp+2,\ \ldots,\ npe*ngp}_{(npe-k+1)*ngp}), \quad 1 \le k \le npe,
\end{aligned} \tag{3.22}$$

ferner mit

$$\begin{aligned}
\mathbf{ic}^k &= ((k-1)*ngp+1,\ (k-1)*ngp+2,\ \ldots,\ k*ngp) \quad \text{bzw.}\\
\mathbf{ic}^{k,\mathbf{x}_1} &= ngp*npe*(1,\ 1,\ 1,\ \ldots\ ,1) + \mathbf{ic}^k \quad \text{sowie}\\
\mathbf{ic}^{k,\mathbf{x}_2} &= 2*ngp*npe*(1,\ 1,\ 1,\ \ldots\ ,1) + \mathbf{ic}^k
\end{aligned} \tag{3.23}$$

die Zeigermatrix

$$\begin{aligned}
\mathbf{I\!E}_{.,1} = (&\mathbf{ic}^1,\ \mathbf{ic}^1,\ \mathbf{ic}^1,\ \ldots,\ \mathbf{ic}^1, & \mathbf{I\!E}_{.,2} = (&\mathbf{ic}^{1,\mathbf{x}_1},\ \mathbf{ic}^{1,\mathbf{x}_1},\ \mathbf{ic}^{1,\mathbf{x}_1},\ \ldots,\ \mathbf{ic}^{1,\mathbf{x}_1},\\
&\mathbf{ic}^2,\ \mathbf{ic}^2,\ \ldots,\ \mathbf{ic}^2, & &\mathbf{ic}^{2,\mathbf{x}_1},\ \mathbf{ic}^{2,\mathbf{x}_1},\ \ldots,\ \mathbf{ic}^{2,\mathbf{x}_1},\\
&\mathbf{ic}^3,\ \ldots,\ \mathbf{ic}^3, & &\mathbf{ic}^{3,\mathbf{x}_1},\ \ldots,\ \mathbf{ic}^{3,\mathbf{x}_1},\\
&\vdots & &\vdots\\
&\mathbf{ic}^{npe}) & &\mathbf{ic}^{npe,\mathbf{x}_1})
\end{aligned} \tag{3.24}$$

und analog eine dritte Spalte $\mathbf{I\!E}_{.,3}$ aus den $\mathbf{ic}^{k,\mathbf{x}_2}$, $1 \le k \le npe$.

Die beiden Matrizen **E** und **F** werden nun nicht mehr benötigt, woraus ein erheblich geringerer Speicherbedarf resultiert. Die betroffenen Teilschritte lauten daher:

ELV3.5. Berechnung der Ableitungen aller Formfunktionen nach den globalen Koordinaten an sämtlichen Gaußpunkten parallel:
Um die indirekte Adressierung leichter beschreiben zu können, werden die Operationen als Schleifen angegeben. Der zweite bzw. dritte Teil von **b** sei bezeichnet als

$$\mathbf{b2} = (\mathbf{n}^{1,\mathbf{x}_1},\ \mathbf{n}^{2,\mathbf{x}_1},\ \ldots,\ \mathbf{n}^{npe,\mathbf{x}_1}), \quad \mathbf{b3} = (\mathbf{n}^{1,\mathbf{x}_2},\ \mathbf{n}^{2,\mathbf{x}_2},\ \ldots,\ \mathbf{n}^{npe,\mathbf{x}_2}).$$

Damit werden die Vektoroperationen

$$\begin{aligned}
&\text{für } j = 1 \text{ bis } npe*ngp\\
&\mathbf{b2}_j = \mathbf{inv}_{\mathbf{iv}_j} * (\mathbf{s}^2_{\mathbf{iv}_j} * \mathbf{dn1}_j - \mathbf{s}^3_{\mathbf{iv}_j} * \mathbf{dn2}_j)\\
&\mathbf{b3}_j = \mathbf{inv}_{\mathbf{iv}_j} * (\mathbf{s}^1_{\mathbf{iv}_j} * \mathbf{dn2}_j - \mathbf{s}^4_{\mathbf{iv}_j} * \mathbf{dn1}_j)
\end{aligned}$$

ELV3.9. Multiplikation der Matrizen $\mathbf{B}(\mathbf{s}^l)$ mit den Jacobi-Determinanten $det\mathbf{J}(\mathbf{s}^l)$ und den Gewichten der Integrationsregel für alle Komponenten und alle Gaußpunkte parallel:

$$\begin{array}{l} \text{für } j = 1 \text{ bis } 3 * npe \\ \quad \mathbf{c}_j = \mathbf{b}_j * \mathbf{v}_{\mathbf{lv}_j} \end{array}$$

ELV3.11. Multiplikation der Matrizen $\mathbf{B}(\mathbf{s}^l)^T\ \mathbf{D}\ \mathbf{B}(\mathbf{s}^l)\ w_l\ det\mathbf{J}(\mathbf{s}^l)$ für alle Gaußpunkte $\mathbf{s}^l$, $1 \leq l \leq ngp$, parallel und Berechnung der Komponenten aller $ndf \times ndf$-Unterblöcke $\mathbf{K}^{j,k}$, $1 \leq j, k \leq npe$, parallel über die Blöcke:

$$\begin{array}{l} \text{für } m = 1 \text{ bis } ndf \\ \quad \text{für } n = 1 \text{ bis } ndf \\ \quad\quad \mathbf{k}^{m,n} = \mathbf{0} \\ \quad\quad \text{für } l = 1 \text{ bis } nst \\ \quad\quad\quad ipf = \mathbf{IBD}_{m,l} \\ \quad\quad\quad ipe = \mathbf{IB}_{l,n} \\ \quad\quad\quad \text{falls } ipf * ipe \neq 0 \\ \quad\quad\quad\quad \text{für } k = 1 \text{ bis } npe * ngp \\ \quad\quad\quad\quad\quad \mathbf{k}_k^{m,n} := \mathbf{k}_k^{m,n} + sgn(ipf * ipe) * \mathbf{BD}_{\mathbf{If}_k, ipf} * \mathbf{c}_{\mathbf{IE}_k, ipe} \end{array}$$

Offenbar hängen die Zeigerfelder nicht vom einzelnen Element ab; ist die Integrationsordnung, d.h. ngp, gegeben, können sie wie die Formfunktionswerte aus *ELV1.2* als bekannte Daten in den Gang der Rechnung eingebracht werden – man spart demnach alle Vektorwiederholungen und erhält einen entsprechend schnellen Ablauf.

Die im Abschnitt 3.7 zu den Programmen gegebene Erläuterung ist in einem Punkt zu ergänzen: Die FORTRAN-Programme setzten zwar alle Vektoroperationen geeignet in DO-Schleifen um, es wurde jedoch nicht darauf geachtet, ob der Compiler auch den für die jeweilige Hardware bestmöglichen Code erzeugte, also etwa aus der Menge aller verfügbaren Maschineninstruktionen die schnellste Folge zusammenstellte oder Lade- und Speichervorgänge optimierte. Darauf Rücksicht zu nehmen, ist durchaus auch in der höheren Programmiersprache FORTRAN machbar, verlangt aber sehr genaue Kenntnisse über Rechner und Compiler. Im vorliegenden Fall wurde dieser (nicht unerhebliche) Aufwand von Mitarbeitern der Fa. AMDAHL getrieben (Zeiten wieder in Sekunden für 1000 Elemente):

8-Knoten Plattenelement STIFPB (Hinton/Owen)

Algorithmus ELV3: Vektoralgorithmus mit indirektem Laden
Algorithmus ELV3 (opt.): ELV3 in optimierter FORTRAN-Fassung

– AMDAHL 1200 –

Algorithmus ELV3		
ng	skalar	vektoriell
2	3.63	1.82
3	6.39	1.87
4	10.30	1.94

Algorithmus ELV3 (opt.)		
ng	skalar	vektoriell
2	3.18	0.67
3	5.82	0.72
4	9.45	0.89

Man darf erwarten, daß die Kombination dieses Verfahrens mit dem *interleaving* das Potential moderner Vektorcomputer schon recht gut nutzt.

3.11 Ablauf der Verfahren auf einem herkömmlichen Universalrechner

Abschließend folgen noch – zum Vergleich – auf einem schnellen Universalrechner (AMDAHL 470/V7) gemessene Zeiten. Verwendet wurden die für die Vektorrechner geschriebenen FORTRAN-Programme unter dem IBM-Compiler VS FORTRAN, Release 4.0 mit der höchsten Optimierungsstufe.

Die Typenserie 470 der Fa. AMDAHL wurde, wie auch die CRAY-1 Vektorrechner, inzwischen durch verbesserte Nachfolgemodelle ersetzt; die großen Ausbaustufen (V7 bzw. V8) zählen aber nach wie vor zur oberen Leistungsklasse. Maschinen dieser Art sind derzeit noch die häufigsten Arbeitsmittel in der natur- und ingenieurwissenschaftlichen Datenverarbeitung.

8-Knoten Plattenelement STIFPB (Hinton/Owen)

Algorithmus EL: Originalversion
Algorithmus ELV1: Vektoralgorithmus mit Vektorwiederholungen
Algorithmus ELV2: Vektoralgorithmus mit Wiederholungen und 10-fachem *interleaving*
Algorithmus ELV3: Vektoralgorithmus mit indirektem Laden

– AMDAHL 470/V7 –

ng	EL
2	16.5
3	35.6
4	63.7

ng	ELV1
2	9.3
3	16.9
4	28.6

ng	ELV2
2	8.5
3	17.3
4	30.4

ng	ELV3
2	10.2
3	17.0
4	27.8

Wie man sieht, ist die in der Einleitung erwähnte Forderung nach hundertfach schnellerem Arbeiten nicht unrealistisch; es zeigt sich überdies, daß gut vektorisierte Verfahren sogar auf Universalrechnern von Nutzen sind.

20-Knoten Quaderelement

– AMDAHL 470/V7 –

ng	EL
2	192
3	651
4	1565

ng	ELV1
2	98
3	331
4	857

4. Lösung der globalen Gleichungssysteme

4.1 Auswahl geeigneter Verfahren

Um die Verschiebungen an den Knotenpunkten berechnen zu können, muß man alle aus den einzelnen Elementen resultierenden und allein nicht lösbaren Gleichungssysteme kombinieren. Durch Addition der Element-Steifigkeitsmatrizen **K** entsteht so die *System-* oder *globale Steifigkeitsmatrix* **S**, die mit dem Lastvektor **l** und dem Vektor **u** der Knotenverschiebungen das globale Gleichungssystem $\mathbf{Su} = \mathbf{l}$ bildet. Betrachten wir also wieder die Datenbasis, d.h. diese Matrix, und suchen zunächst nach geeigneten Lösungsverfahren. Später wird man passende Speicherschemata entwickeln. Den Schlüssel zum Verständnis findet man in der Kompilation von **S**, die nun kurz zusammengefaßt wird – eine ausführlichere Darstellung gibt z.B. H.R. Schwarz [6].

Addiert werden die Elementmatrizen nämlich nicht als Ganzes, sondern blockweise (vergl. Formel 3.5): Zu je zwei Knoten am Element mit den *lokalen Nummern* j und k gehört ein Unterblock $\mathbf{K}^{j,k}$ der Dimension $ndf \times ndf$, $1 \leq j, k \leq npe$, wobei die Knotennummern auch Zeilen- bzw. Spaltenadresse im Blockschema sind. Befinden sich nps Knoten in der Gesamtstruktur, so zerfällt **S** ebenso in nps^2 Unterblöcke $\mathbf{S}^{m,n}$ dieser Größe, und je einer verknüpft wieder die Unbekannten an genau zwei Knoten mit den *globalen Nummern* m und n, die seine Blockadressen angeben. Lokale und globale Nummern werden einander auf die folgende Weise zugeordnet:

Definition 4.1

Es sei ne die Zahl von Elementen in der Struktur. Eine $ne \times npe$*-Matrix* **INZ** *heißt* Inzidenztabelle, *wenn die Komponente* $\mathbf{INZ}_{i,j}$, $1 \leq i \leq ne$, $1 \leq j \leq npe$, *die globale Nummer des Knotens mit der lokalen Nummer* j *im Element* i *angibt.*

Der Einfachheit halber wurde hier angenommen, daß alle Elemente die gleiche Anzahl npe von Knoten haben. Diese Tabelle bestimmt, zu welchem globalen Block der lokale addiert werden muß: $m = \mathbf{INZ}_{i,j}$, $n = \mathbf{INZ}_{i,k}$. Liegt der lokale Block im (nicht berechneten) oberen Dreieck von **K**, so nimmt man $\mathbf{K}^{k,j}$ – nach Transposition. Es leuchtet ein, daß der ganze Vorgang nicht leicht zu vektorisieren ist; wie das Beispiel im Kapitel 1 zeigt, würde sich die Mühe aber auch kaum lohnen.

Dieser Zusammenbau überträgt die Symmetrie der Elementmatrizen auf das Gesamtsystem, weshalb es wieder genügt, das untere Dreieck von **S** zu speichern. An der Inzidenztabelle erkennt man ferner, daß **S** nur dünn besetzt ist: Es werden ja Teile von Elementmatrizen allein auf solche Blöcke addiert, deren Zeilen- und Spaltenadresse im Blockschema globale Nummern zweier Knoten sind, die in mindestens einem gemeinsamen Element liegen. Da jedem Knoten aber nur wenige andere in diesem Sinne benachbart sein können, befinden sich alle von Null verschiedenen Komponenten in der Umgebung der Diagonale.

S ist zunächst singulär; erst die korrekte Erfassung der *Randbedingungen*, d.h. von Auflagern der Struktur, durch welche das mechanische Problem statisch bestimmt wird, führt auf ein lösbares Gleichungssystem mit sogar positiv definiter Matrix. Wir wollen uns hier auf den Fall eingespannter Knoten beschränken, an denen einzelne oder alle der möglichen Verschiebungen unterdrückt sind. Die Gleichungen für solche Freiheitsgrade dürfen nicht in die Rechnung eingehen.

Für die Lösung linearer Gleichungssysteme stehen zwei wesentlich verschiedene Arten von mathematischen Verfahren zur Wahl:

- direkte, z.B. der Gauß-Algorithmus mit seinen Varianten, und
- iterative, wie das SOR-Verfahren oder die Methode der konjugierten Gradienten

Bei großen, dünn besetzten Systemen (mit sogenannten *Sparse-Matrizen*) bevorzugt man üblicherweise iterative Methoden, weil sie – im Gegensatz zu den direkten – das Besetzungsschema nicht verändern und daher besonders effiziente Speichertechniken erlauben: sämtliche Komponenten mit dem Wert Null bleiben unberücksichtigt. In den Anwendungen der FEM hat sich dennoch ein direktes Verfahren, die Faktorisierung nach Cholesky, durchgesetzt: Verformungen von Strukturen werden nämlich meist unter verschiedenen *Lastfällen* ermittelt, aus denen sich z.T. erst nachher geeignete Kombinationen ergeben. Einwirkende Kräfte beeinflussen jedoch allein die rechte Seite des Gleichungssystems. So muß die Matrix nur einmal zerlegt werden ($\mathbf{S} = \mathbf{L}\mathbf{L}^T$), und lediglich das weit weniger aufwendige Substituieren ($\mathbf{L}\mathbf{v} = \mathbf{l}$, $\mathbf{L}^T\mathbf{u} = \mathbf{v}$) ist mit den verschiedenen Lastvektoren auszuführen. Eine für Vektorrechner besser geeignete Variante, die wurzelfreie rationale Faktorisierung $\mathbf{S} = \mathbf{L}\mathbf{D}\mathbf{L}^{\mathbf{T}}$ mit einer unteren Dreiecksmatrix $\mathbf{L}$, deren Diagonalglieder alle den Wert Eins haben, und einer Diagonalmatrix $\mathbf{D}$, wird im folgenden näher untersucht. Die Substitution erfolgt in drei Phasen: $\mathbf{L}\mathbf{v} = \mathbf{l}$, $\mathbf{w} = \mathbf{D}^{-1}\mathbf{v}$, $\mathbf{L}^T\mathbf{u} = \mathbf{w}$. A. George und J.W. Liu [9] geben drei Algorithmen zum Cholesky-Verfahren an, von denen sich zwei auch für die rationale Zerlegung anbieten:

Gegeben sei das untere Dreieck einer symmetrischen, positiv definiten † $na \times na$-Matrix $\mathbf{A}$. Dann läßt sich die (eindeutige) $\mathbf{L}\mathbf{D}\mathbf{L}^T$-Zerlegung von $\mathbf{A}$ mit den folgenden Verfahren berechnen:

Algorithmus Z1

$\mathbf{D}_{1,1} = \mathbf{A}_{1,1}$
für $i = 2$ bis na
 $\mathbf{G}_{i,1} = \mathbf{A}_{i,1}$
 für $j = 2$ bis $i - 1$

$$\mathbf{G}_{i,j} = \mathbf{A}_{i,j} - \sum_{k=1}^{j-1} \mathbf{L}_{j,k} * \mathbf{G}_{i,k} \qquad (Z1.1)$$

 für $j = 1$ bis $i - 1$

$$\mathbf{L}_{i,j} = \mathbf{G}_{i,j}/\mathbf{D}_{j,j} \qquad (Z1.2)$$

$$\mathbf{D}_{i,i} = \mathbf{A}_{i,j} - \sum_{j=1}^{i-1} \mathbf{L}_{i,j} * \mathbf{G}_{i,j} \qquad (Z1.3)$$

Die Größen $\mathbf{G}_{i,j}$ sind nur Zwischenergebnisse. Untersucht man die Abfolge der Schritte zur Bestimmung der $\mathbf{G}_{i,j}$, $\mathbf{L}_{i,j}$ und $\mathbf{D}_{i,i}$, $1 \leq i \leq na$, $1 \leq j < i$, so wird ersichtlich,

† Diese Eigenschaft wird nirgendwo direkt ausgenutzt; da jedoch keine Pivot-Suche stattfindet, sichert sie numerische Stabilität.

daß bei der Umsetzung des Verfahrens in ein Computerprogramm $\mathbf{G}_{i,j}$ den Speicherplatz von $\mathbf{A}_{i,j}$ belegen darf, und $\mathbf{L}_{i,j}$ wiederum den von $\mathbf{G}_{i,j}$. Das gleiche gilt für $\mathbf{D}_{i,i}$ und $\mathbf{A}_{i,i}$, d.h. die Faktorisierung ist 'auf dem Platz von **A**' möglich. In jedem der $na - 1$ Reduktionsschritte (Schleife über i) wird eine Zeile der Matrix **L** berechnet, wobei die wesentlichen Operationen Skalarprodukte in (Z1.1) und (Z1.3) sind.

Algorithmus Z2

Es sei $\mathbf{L}^0_{i,j} = \mathbf{A}_{i,j}$, $1 \le i \le na$, $1 \le j \le i$.

für $k = 1$ bis na

$$\mathbf{D}_{k,k} = \mathbf{L}^{k-1}_{k,k} \tag{Z2.1}$$

für $i = k + 1$ bis na

$$\mathbf{L}_{i,k} = \mathbf{L}^{k-1}_{i,k} / \mathbf{D}_{k,k} \tag{Z2.2}$$

für $j = k + 1$ bis na

für $i = j$ bis na

$$\mathbf{L}^k_{i,j} = \mathbf{L}^{k-1}_{i,j} - \mathbf{L}_{j,k} * \mathbf{L}^{k-1}_{i,k} \tag{Z2.3}$$

Die Größen $\mathbf{L}^k_{i,j}$ sind wieder nur Zwischenergebnisse. Hier gestattet es die Abfolge der Operationen, im k-ten Reduktionsschritt die Werte $\mathbf{D}_{k,k}$ auf dem Platz von $\mathbf{A}_{k,k}$ zu speichern, $\mathbf{L}_{i,k}$ auf dem von $\mathbf{A}_{i,k}$, $k+1 \le i \le na$, und $\mathbf{L}^k_{i,j}$ auf dem von $\mathbf{A}_{i,j}$, $k+2 \le i, j \le na$. Für $\mathbf{L}^k_{i,k+1}$, $k + 1 \le i \le na$, ist ein gesonderter Bereich mit $na - 1$ Stellen nötig, denn bei Speicherung an der Stelle von $\mathbf{A}_{\cdot,k+1}$ würde im folgenden k-Schritt die bei (Z2.3) erforderliche Information schon vorher – bei (Z2.2) – überschrieben. Mit dieser Ausnahme ist aber wieder eine Faktorisierung 'auf dem Platz von **A**' möglich. In jedem der na Reduktionsschritte (Schleife über k) wird eine Spalte der Matrix **L** berechnet unter Veränderung der noch folgenden Spalten. Die wesentlichen Operationen sind Triaden in (Z2.3).

4.2 Hüllenorientierte Speicher- und Rechentechnik

Numeriert man die Knoten so, daß benachbarte auch eine kleine Differenz der Knotennummern aufweisen, entsteht durch den Kompilationsprozeß offenbar annähernd eine Bandmatrix – jedoch mit variabler Bandbreite. Man spricht in diesem Fall von der *Hülle* statt dem Band. Innerhalb der Hülle kommen aber durchaus noch unbesetzte Komponenten vor. Die Zahl aller Komponenten in der Hülle nennt man das *Profil* von **S**. Eine geeignete Numerierung mit geringer Bandbreite und (oder) kleinem Profil zu finden, ist letztendlich ein graphentheoretisches Problem; sog. *Bandbreiten-* oder *Profiloptimierer* helfen dabei, z.B. das Verfahren von N.E. Gibbs, W.G. Poole und P.K. Stockmeyer [8]. Fig. 2 zeigt die Hülle von **S** beim Beispiel aus Kap. 1 nach der Optimierung. Es gilt nun, beide Verfahren auf die Hülle zu beschränken. Man wird sehen, daß dazu unterschiedliche Definitionen dieses Begriffes nötig sind. Die grundlegende Idee ist relativ alt: sie wurde 1966 von A. Jennings für den Gaußalgorithmus vorgeschlagen [10].

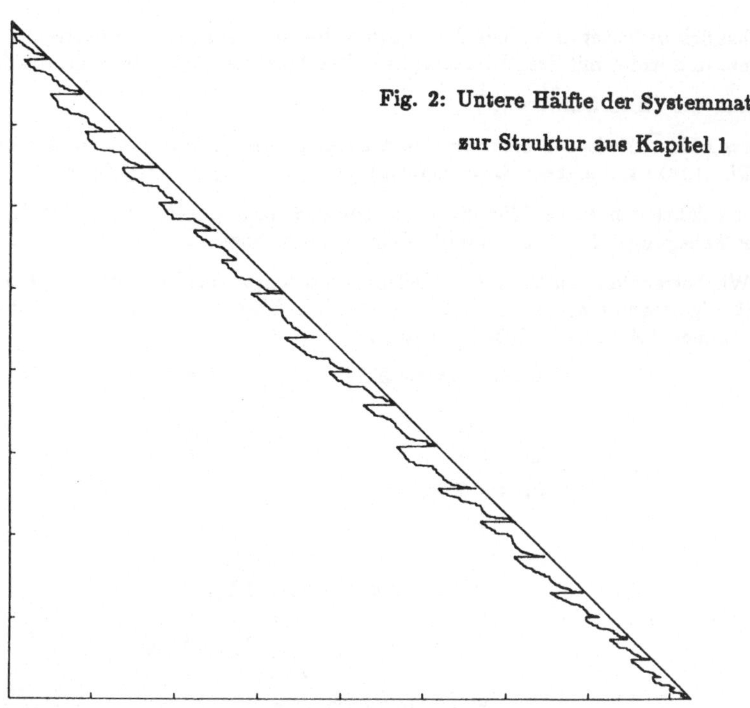

Fig. 2: Untere Hälfte der Systemmatrix zur Struktur aus Kapitel 1

4.2.1 Zeilenhülle

Definition 4.2

Es sei $\mathbf{A}$ *eine symmetrische, dünn besetzte* $na \times na$*-Matrix und* $j_i(\mathbf{A})$ *der Spaltenindex mit*

$$j_i(\mathbf{A}) = min\{\ j \mid \mathbf{A}_{i,j} \neq 0,\ 1 \leq j \leq i\ \}$$

für $1 \leq i \leq na$. *Ferner sei* $m_i(\mathbf{A}) = i - j_i(\mathbf{A})$ *die Anzahl von Außerdiagonalgliedern in der* i*-ten Zeile des unteren Dreiecks von* $\mathbf{A}$. *Dann heißt die Menge*

$$zenv(\mathbf{A}) = \{\ (i,j) \mid j_i(\mathbf{A}) \leq j \leq i,\ 1 \leq i \leq na\ \}$$

von Indexpaaren die Zeilenhülle *oder* -enveloppe *von* $\mathbf{A}$. *Die Anzahl*

$$zp(\mathbf{A}) = |zenv(\mathbf{A})| = na + \sum_{i=1}^{na} m_i(\mathbf{A})$$

von Komponenten in der Hülle heißt das Zeilenprofil *von* $\mathbf{A}$.

Anschaulich bedeutet dies: Jede Zeile beginnt bei der ersten von Null verschiedenen Komponente und endet mit dem Diagonalglied. Den Sinn der Definition zeigt das folgende

Lemma 4.1 (H.R. Schwarz [6])

Bei der $\mathbf{LDL}^T$*-Zerlegung einer symmetrischen, positiv definiten Matrix* $\mathbf{A}$ *bleibt die Zeilenhülle erhalten, d.h.* $zenv(\mathbf{L}) = zenv(\mathbf{A})$ *oder* $j_i(\mathbf{L}) = j_i(\mathbf{A})$, $1 \leq i \leq na$.

Schwarz führt den Beweis für die Faktorisierung nach Cholesky; aus der Eindeutigkeit beider Zerlegungen folgt aber unmittelbar die obige Version.

Wir betrachten nun ein auf die Zeilenhülle beschränktes Verfahren zur Faktorisierung gemäß Algorithmus Z1, das K.J. Bathe und E.L. Wilson in ihren weit verbreiteten FE-Programmen *SAP* bzw. *ADINA* benutzen:

Algorithmus ZH1 (Bathe/Wilson [5])

$\mathbf{D}_{1,1} = \mathbf{A}_{1,1}$

für $i = 2$ bis na

$\mathbf{G}_{i,j_i(\mathbf{A})} = \mathbf{A}_{i,j_i(\mathbf{A})}$

für $j = j_i(\mathbf{A}) + 1$ bis $i - 1$

$$m = max\{j_i(\mathbf{A}),\ j_j(\mathbf{A})\} \tag{ZH1.1}$$

$$\mathbf{G}_{i,j} = \mathbf{A}_{i,j} - \sum_{k=m}^{j-1} \mathbf{L}_{j,k} * \mathbf{G}_{i,k} \tag{ZH1.2}$$

für $j = j_i(\mathbf{A})$ bis $i - 1$

$$\mathbf{L}_{i,j} = \mathbf{G}_{i,j}/\mathbf{D}_{j,j} \tag{ZH1.3}$$

$$\mathbf{D}_{i,i} = \mathbf{A}_{i,j} - \sum_{j=j_i(\mathbf{A})}^{i-1} \mathbf{L}_{i,j} * \mathbf{G}_{i,j} \tag{ZH1.4}$$

Sind die Matrizen $\mathbf{L}$ und $\mathbf{D}$ berechnet, löst man ein Gleichungssystem $\mathbf{Ax} = \mathbf{r}$ in drei Schritten:

Algorithmus LH1 (Bathe/Wilson [5])

1. Vorwärtssubstitution: $\mathbf{Lv} = \mathbf{r}$

$\mathbf{v}_1 = \mathbf{r}_1$

für $i = 2$ bis na

$$\mathbf{v}_i = \mathbf{r}_i - \sum_{j=j_i(\mathbf{A})}^{i-1} \mathbf{L}_{i,j} * \mathbf{v}_j \tag{LH1.1}$$

2. Division durch die Diagonalglieder: $\mathbf{w} = \mathbf{D}^{-1}\mathbf{v}$

$$\begin{aligned} &\text{für } i = 1 \text{ bis } na \\ &\quad \mathbf{w}_i = \mathbf{v}_i / \mathbf{D}_{i,i} \end{aligned} \qquad (LH1.2)$$

3. Rückwärtssubstitution: $\mathbf{L}^T\mathbf{x} = \mathbf{w}$

Da nur $\mathbf{L}$ gespeichert ist, kann die dem Schritt (LH1.1) entsprechende Formel nicht verwendet werden, vielmehr bedarf es hier eines wiederum die Zeilen von $\mathbf{L}$, d.h. die Spalten von $\mathbf{L}^T$, nutzenden Vorgehens. Bathe und Wilson arbeiten dazu mit einer Folge von Hilfsvektoren $\mathbf{v}^i$, $1 \le i \le na$:

$$\begin{aligned} &\mathbf{v}^i = \mathbf{w}, \ 1 \le i \le na \\ &\mathbf{x}_{na} = \mathbf{v}^{na}_{na} \\ &\text{für } k = 0 \text{ bis } na - 2 \\ &\quad i = na - k \\ &\quad \text{für } j = j_i(\mathbf{A}) \text{ bis } i - 1 \\ &\qquad \mathbf{v}^{i-1}_j = \mathbf{v}^i_j - \mathbf{L}_{i,j} * \mathbf{x}_i \end{aligned} \qquad (LH1.3)$$

Auch hier findet man, wie bei der Zerlegung, daß der Vektor $\mathbf{v}$ auf dem Platz von $\mathbf{r}$ gespeichert werden darf, $\mathbf{w}$ auf dem von $\mathbf{v}$ und $\mathbf{v}^{i-1}$ auf dem von $\mathbf{v}^i$, $na \ge i \ge 2$, so daß $\mathbf{x}$ schließlich an der Stelle von $\mathbf{r}$ erscheint. Die wesentlichen Operationen sind Skalarprodukte in (LH1.1) und Triaden in (LH1.3).

Für die Systemsteifigkeitsmatrix $\mathbf{S}$ lassen sich die Größen $j_i(\mathbf{S})$ vermittels der Inzidenztabelle aus den globalen Knotennummern bestimmen. Um dies zu zeigen, betrachten wir zunächst eine aus $\mathbf{S}$ abgeleitete Matrix $\mathbf{SB}$ der Dimension $nps \times nps$, welche das Blockschema wiedergibt: Ist der Block $\mathbf{S}^{m,n}$, $1 \le m, n \le nps$ besetzt, sei $\mathbf{SB}_{m,n} = 1$, andernfalls habe die Komponente den Wert Null.

Satz 4.1

Die Inzidenztabelle legt eindeutig die besetzten Blöcke von $\mathbf{S}$ *fest. Speziell bestimmt sie für jede Zeile* i, $1 \le i \le nps$ *im Blockschema* $\mathbf{SB}$ *den Index* $j_i(\mathbf{SB})$, $1 \le j_i(\mathbf{SB}) \le i$, *für den gilt* $\mathbf{SB}_{i,k} = 0$, $1 \le k \le j_i(\mathbf{SB})$.

Beweis

Nach Definition 4.1 gehört ein Knoten mit der globalen Nummer i zum Element k, wenn er in der k-ten Zeile der Inzidenztabelle auftritt. Mit dem Kroneckersymbol δ gilt demnach

$$i \in \{\, \mathbf{INZ}_{k,l} \mid 1 \le l \le npe \,\} \Leftrightarrow \sum_{l=1}^{npe} \delta_{i,\mathbf{INZ}_{k,l}} > 0. \qquad (4.1)$$

Der Knoten gehört dem Element genau dann nicht an, wenn die Summe Null ist. Das Produkt solcher Terme liefert folglich eine Bedingung dafür, daß zwei Knoten i und j im Element k liegen, nämlich

$$i, j \in \{\ \mathbf{INZ}_{k,l} \mid 1 \leq l \leq npe\ \} \Leftrightarrow \sum_{l=1}^{npe} \delta_{i,\mathbf{INZ}_{k,l}} * \sum_{l=1}^{npe} \delta_{j,\mathbf{INZ}_{k,l}} > 0. \tag{4.2}$$

Sie gehören ihm genau dann nicht zusammen an, wenn das Produkt Null ist. Die Aussage, daß i und j in mindestens einem gemeinsamen Element liegen, ist daher gleichbedeutend mit

$$\sum_{k=1}^{ne} \left(\sum_{l=1}^{npe} \delta_{i,\mathbf{INZ}_{k,l}} * \sum_{l=1}^{npe} \delta_{j,\mathbf{INZ}_{k,l}} \right) > 0. \tag{4.3}$$

Durch den Zusammenbau ist der Block $\mathbf{S}^{i,j}$ genau dann besetzt, wenn i und j in mindestens einem gemeinsamen Element liegen, woraus die erste Aussage folgt. Die zweite ergibt sich jetzt sofort aus

$$j_i(\mathbf{SB}) = min\{\ j \mid 1 \leq j \leq i,\ \sum_{k=1}^{ne} \left(\sum_{l=1}^{npe} \delta_{i,\mathbf{INZ}_{k,l}} * \sum_{l=1}^{npe} \delta_{j,\mathbf{INZ}_{k,l}} \right) > 0\ \}. \tag{4.4}$$

Der Beweis liefert ein Verfahren zur Bestimmung der besetzten Blöcke, bevor die Matrix tatsächlich aufgebaut wird. Aus (4.3) sieht man, daß $\mathbf{S}$ bei großen Strukturen nur dünn besetzt ist, da jeder Knoten nur wenigen Elementen angehören kann, und die Kronecker-Symbole entsprechend oft Null werden. Üblicherweise nimmt man die Element-Steifigkeitsmatrizen als voll besetzt an, wenn ein Programm zur Kompilation des Gesamtsystems geschrieben werden soll. Dann ergeben sich die $j_k(\mathbf{S})$, $1 \leq k \leq nps * ndf$, sofort aus den $j_i(\mathbf{SB})$, $1 \leq i \leq nps$. Die Inzidenztabelle legt mithin das Speicherschema, also die Datenbasis für den Algorithmus, fest:

Definition 4.3

Es gelten die Voraussetzungen von Definition 4.2. In einem Speichervektor $\mathbf{azj}$ *der Länge* $zp(\mathbf{A})$ *seien die Komponenten* $\mathbf{A}_{i,j}$ *mit* $(i,j) \in zenv(\mathbf{A})$ *so gespeichert, daß die Zeilenstücke* $\mathbf{A}_{i,.} = (\mathbf{A}_{i,j_i(\mathbf{A})}, \ldots, \mathbf{A}_{i,i-1})$ *lückenlos aufeinanderfolgen, und daß für die Diagonalglieder gilt* $\mathbf{azj}_{zp(\mathbf{A})-na+i} = \mathbf{A}_{i,i}$, *also*

$$\mathbf{azj} = (\mathbf{A}_{1,.}, \mathbf{A}_{2,.}, \ldots, \mathbf{A}_{na,.}, \mathbf{A}_{1,1}, \mathbf{A}_{2,2}, \ldots, \mathbf{A}_{na,na}).$$

Die Adressen

$$\mathbf{ia}_i = \sum_{j=1}^{i} m_j(\mathbf{A})$$

der Komponenten $\mathbf{A}_{i,i-1}$ *seien in einem weiteren Speichervektor, dem Zeigerfeld* $\mathbf{ia}$ *festgehalten, wobei der Fall* $(i, i-1) \notin zenv(\mathbf{A})$ *erfaßt wird durch* $\mathbf{ia}_{i-1} = \mathbf{ia}_i$. *Dann heißt das Paar* $(\mathbf{azj}, \mathbf{ia})$ *von Vektoren die* zeilenweise Speicherung von $\mathbf{A}$ nach Jennings.

Mit dieser Datenbasis lassen sich alle Schritte der Algorithmen ZH1 und LH1 in elementare Vektoroperationen auflösen (soweit dies bei Skalarprodukten überhaupt möglich ist – vergl. Kap. 1), denn in den Formeln treten nur zusammenhängende Teile von **szj** auf, die vermittels **is** adressiert werden können. Die gemeinsame Anordnung der Diagonalglieder am Schluß des Speichervektors gestattet es, (ZH1.3) bzw. (LH1.2) als je eine Operation auszuführen (in der ursprünglichen Fassung von Jennings bleiben diese Komponenten bei ihren Zeilen, was den vektoriellen Ablauf verhindern würde).

Ferner kann man so Randbedingungen auf eine für Vektorprozessoren geeignete Weise erfassen: Es wurde schon erwähnt, daß die Auflager der Struktur zum Wegfallen einzelner Unbekannter und ihrer Bestimmungsgleichungen führen, womit die verbleibende Koeffizientenmatrix positiv definit wird. Die betroffenen Zeilen und Spalten wirklich zu entfernen, würde ein kompliziertes Umspeichern verlangen – besser ist schon das von H.R. Schwarz [6] empfohlene Vorgehen, bei dem die jeweiligen Komponenten den Wert Null und die Diagonalglieder den Wert Eins erhalten. Allerdings müssen auch dann Adreßrechnungen gemacht werden; außerdem enthält das neue System eine Reihe von trivialen Gleichungen, die allen Rechenschritten unterworfen sind, denn die Größen $j_i(\mathbf{S})$ dürfen ja nicht geändert werden. Ein wichtiger Vorteil der $\mathbf{LDL}^T$-Zerlegung als Lösungsmethode liegt in der Möglichkeit, Randbedingungen im Verlauf der Rechnung erfassen zu können. Man wendet dazu das Verfahren ZH1 auf die unveränderte Matrix **S** an, wobei die folgenden Probleme zu lösen sind:

(I) Die Bestimmungsgleichungen für unterdrückte Auslenkungen dürfen nicht in die Rechnung eingehen, d.h. entsprechende Zeilen bleiben bei der Ermittlung anderer ohne Einfluß.

(II) In den übrigen Gleichungen haben die Koeffizienten der betroffenen Unbekannten den Wert Null, was bei den Skalarprodukten (ZH1.2) und (ZH1.4) sowie der Division (ZH1.3) zu beachten ist.

Entsprechendes gilt für den Lösungsalgorithmus LH1. Würde man in all diesen Fällen Abfragen vorsehen, so wäre offenbar keiner der Schritte noch vektorisierbar. Das Ziel muß also sein, aus anderen Gründen unvermeidliche Abfragen mitzuverwenden, und Koeffizienten vom Wert Null im Verlauf der Rechnung 'automatisch' entstehen zu lassen. Als Hilfen bieten sich die Divisionen (ZH1.3) bzw. (LH1.2) und das Zeigerfeld **is** an, was hier nur für die Faktorisierung genauer ausgeführt werden soll:

Satz 4.2

Es sei $\mathbf{S}$ *die durch einfache Kombination der Elementbeiträge zusammengestellte symmetrische* $ns \times ns$*-Systemsteifigkeitsmatrix einer FE-Aufgabe,* $\mathbf{u}$ *der zu berechnende Vektor der Unbekannten (Auslenkungen) und* (**szj**, **is**) *die zeilenweise Speicherung von* $\mathbf{S}$ *nach Jennings. Für* $nh < ns$ *Freiheitsgrade* f_i, $1 \le i \le nh$, $2 \le f_i \le ns$, *gelte* $\mathbf{u}_{f_i} = 0$ *derart, daß die Matrix nach Entfernen der Zeilen und Spalten* $\mathbf{S}_{.,f_i}$ *bzw.* $\mathbf{S}_{f_i,.}$ *positiv definit ist. Die betroffenen Zeilen seien markiert durch ein negatives Vorzeichen bei* $\mathbf{is}_{f_i}$ *und durch Löschen des zugehörigen Diagonalgliedes, also* $\mathbf{szj}_{zp(\mathbf{S})-ns+f_i} = 0$. *Ferner sei* $\mathbf{w}$ *ein Speichervektor mit* $max\{m_i(\mathbf{S}) \mid 1 \le i \le ns\}$ *Stellen.*

Dann können in einem Programm zur Durchführung des Verfahrens ZH1 alle wesentlichen Schritte so als Vektoroperationen ablaufen, daß die Forderungen (I) und (II) erfüllt sind.

Beweis

Um die Voraussetzungen übersichtlich zusammenstellen zu können, ist die Aussage als 'Satz' formuliert; der 'Beweis' besteht natürlich in der Angabe einer entsprechenden Rechenvorschrift:

Nach Definition 4.3 gilt $\mathbf{is}_1 = 0$, daher kann eine Randbedingung für die erste Zeile ($\mathbf{u}_1 = 0$) nicht durch Änderung des Vorzeichens markiert werden. Dieses Problem läßt sich etwa mit einer getrennten Behandlung von $\mathbf{S}_{1,1}$ umgehen, auf deren (unwesentliche) Darstellung hier verzichtet wird. Statt dessen sind die Voraussetzungen verschärft ($f_i \neq 1$). Im Algorithmus verwendete Hilfsgrößen haben die folgende Bedeutung:

ilen: $|ilen| = i - j_i(\mathbf{S}) - 1$, d.h. $|ilen| + 2$ ist die gesamte Länge der Zeile i einschließlich des Diagonalgliedes. Nur wenn $ilen > 0$ ist, werden Außerdiagonalkomponenten vorausgehender Zeilen zur Reduktion der Zeile i benötigt,

ipiv: und zwar höchstens von der ersten 'Pivotzeile' $ipiv = i - |ilen| = j_i(\mathbf{S}) + 1$ bis zur Zeile $i - 1$. $ilen = 0$ bedeutet, daß die Zeile genau ein Außerdiagonalglied besitzt, bei $ilen = -1$ besteht sie nur aus der Diagonalkomponente, und $ilen < -1$ zeigt eine Randbedingung an.

jlen: Anzahl von Außerdiagonalkomponenten in der Zeile *jpiv*, $jlen < 0$ zeigt eine Randbedingung an.

jpiv: Nummer der zur Berechnung von $\mathbf{szj}_j \Leftrightarrow \mathbf{G}_{i,jpiv}$ benötigten 'Pivotzeile', $ipiv \leq jpiv \leq i - 1$

idia: Adresse in **szj** der Diagonalkomponente $\mathbf{S}_{i,i}$ bzw. $\mathbf{D}_{i,i}$ von Zeile i

jdia: Adresse in **szj** des Diagonalgliedes $\mathbf{D}_{ipiv,ipiv}$ der ersten 'Pivotzeile' *ipiv*

ired: Anzahl der zu reduzierenden Komponenten in Zeile i

ε: Vergleichsgröße zum Testen der errechneten Werte $\mathbf{D}_{i,i}$ als Prüfung der Matrix auf positive Definitheit. ε ist eine kleine, positive Maschinenzahl.

Speichert man nun in (ZH1.4) den reziproken Wert $\mathbf{D}_{i,i}^{-1}$ und ersetzt die Division (ZH1.3) durch eine Multiplikation, so erreicht man z.B. mit den folgenden Schritten das Gewünschte:

Algorithmus ZHV1

$idia = zp(\mathbf{S}) - ns,\ iend = 0$
für $i = 1$ bis ns
    $idia := idia + 1$
    $ianf = |iend|$ (*ZHV*1.1)
    $iend = \mathbf{is}_i$
    $ilen = iend - ianf - 1$
    $ipiv = i - ilen$
    falls $ilen > 0$ (*ZHV*1.2)
        $jpiv = ipiv$
        $ired = 0$
        $janf = |\mathbf{is}_{jpiv-1}|$ (*ZHV*1.3)
        für $j = ianf + 2$ bis $iend$
            $ired := ired + 1$
            $jend = \mathbf{is}_{jpiv-1}$
            $jlen = jend - janf$
            falls $jlen > 0$ (*ZHV*1.4)
                $m = min\{ired,\ jlen\}$ (*ZHV*1.5)
                $\mathbf{szj}_j := \mathbf{szj}_j - \sum_{k=1}^{m} \mathbf{szj}_{jend-k+1} * \mathbf{szj}_{j-k}$ (*ZHV*1.6)
                $jpiv := jpiv + 1$
                $janf := |jend|$ (*ZHV*1.7)
    falls $ilen \geq 0$ (*ZHV*1.8)
        $jdia = zp(\mathbf{S}) - ns + ipiv - 2$
        für $j = 1$ bis $ilen + 1$
            $\mathbf{w}_j = \mathbf{szj}_{ianf+j}$ (*ZHV*1.9)
        für $j = 1$ bis $ilen + 1$
            $\mathbf{szj}_{ianf+j} = \mathbf{w}_j * \mathbf{szj}_{jdia+j}$ (*ZHV*1.10)
    $\mathbf{szj}_{idia} := \mathbf{szj}_{idia} - \sum_{j=1}^{ilen+1} \mathbf{szj}_{ianf+j} * \mathbf{w}_j$ (*ZHV*1.11)
    falls $\mathbf{szj}_{idia} < \varepsilon$ (*ZHV*1.12)
        falls $iend \geq 0$ stop (*ZHV*1.13)
    sonst
        $\mathbf{szj}_{idia} := \mathbf{szj}_{idia}^{-1}$ (*ZHV*1.14)

Zur Forderung (I):

Die Abfrage (ZHV1.2) berücksichtigt zunächst nur den Sonderfall $j_i(\mathbf{S}) \geq i-1$ und (ZHV1.8) die weitere Einschränkung $j_i(\mathbf{S}) = i$. Existiert nämlich für einen Knoten l, $1 \leq l \leq nps$ kein Knoten k, $1 \leq k < l$, der mit l in mindestens einem gemeinsamen Element liegt, so gilt nach Satz 4.1 $\mathbf{S}^{l,k} = \mathbf{0}$, $1 \leq k < l$, und nur $\mathbf{S}^{l,l}$ ist in der Blockzeile l besetzt. Für die ersten beiden Gleichungen am Knoten l treten dann die Sonderfälle ein.

Beispiel: l = 8

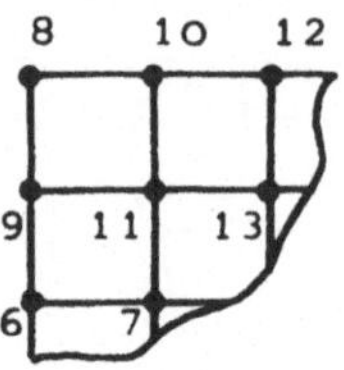

Entsprechend erfaßt (ZHV1.4) bei der Reduktion benötigte Zeilen $jpiv$ mit $j_{jpiv}(\mathbf{S}) = jpiv$. Diese drei Abfragen sind also in jedem Fall erforderlich und müssen nicht zur Auslassung gewisser markierter Zeilen eingefügt werden.

Gilt nun für eine Zeile f_i, $1 \leq i \leq nh$, $2 \leq f_i \leq ns$, die Ungleichung $\mathbf{is}_{f_i} < 0$, so bewirken (ZHV1.2) und (ZHV1.8) deren Aussparung im Verlauf der Zerlegung. Andererseits werden ihre Außerdiagonalglieder nicht zur Berechnung folgender Zeilen im Schritt (ZH1.2) herangezogen, wofür – wieder ohne Mehraufwand – die Abfrage (ZHV1.4) sorgt. Forderung (I) ist folglich erfüllt.

Zur Forderung (II):

Da in (ZHV1.14) der reziproke Wert von $\mathbf{D}_{i,i}$ gespeichert wird, ist die Division (ZH1.3) in (ZHV1.10) durch eine Multiplikation ersetzt. Nach Voraussetzung haben die Diagonalglieder der von Randbedingungen betroffenen Zeilen den Wert Null. Dadurch erhalten die entsprechenden Komponenten der Spalten in (ZHV1.10) diesen Wert und tragen in (ZHV1.6) bzw. (ZHV1.11) nicht zu den Skalarprodukten bei, womit auch die Forderung (II) erfüllt ist.

Weitere Bemerkungen zum Ablauf:

(ZHV1.9) erhält im Hilfsvektor $\mathbf{w}$ Information für (ZHV1.11), die sonst überschrieben würde. Allerdings dient dieses Aufspalten von Operationen nur der Verdeutlichung; beim *Programmieren* für Maschinen mit Vektorregistern (wie den hier benutzten Modellen von CRAY und AMDAHL) geht man anders vor: (ZHV1.9) bis (ZHV1.11) werden in *einer* Schleife zusammengefaßt, innerhalb derer eine sog. *temporäre Variable* die Rolle der $\mathbf{w}_j$ übernimmt. Der Compiler erkennt den wirklichen Sachverhalt, und setzt ein Register an der Stelle von $\mathbf{w}$ ein, was Speicher- und Ladevorgänge spart.

(ZHV1.5) entspricht (ZH1.1), und (ZHV1.13) bewirkt, daß die Prüfung (ZHV1.12) nur bei Singularität oder Indefinitheit zum Abbruch führt, nicht jedoch bei einer Randbedingung.

Die hier vorgeschlagene Erfassung von Randbedingungen zwingt zu häufiger Ermittlung des Absolutbetrages ganzzahliger Größen in (ZHV1.1), (ZHV1.3) und (ZHV1.7). Der

Aufwand dafür ist allerdings äußerst gering, weil die Daten ohnehin in Register geladen werden müssen, und weil die Compiler einen Aufruf der FORTRAN-Routine IABS üblicherweise nicht als Prozedur realisieren, sondern die Maschinenbefehle *inline* erzeugen.

Ein offensichtlicher Nachteil des Verfahrens, nämlich sehr kurze Vektoren im Schritt (ZHV1.6) zu Beginn der Reduktion jeder Zeile sei nicht verschwiegen. Die Aufsetzzeit der Operationen (siehe Kap. 1) erfordert daher, solche Teile in den Skalarprozessoren ablaufen zu lassen.

Dieses eine Beispiel für die beim Vektorisieren *bekannter* Verfahren zu leistende 'Feinarbeit' soll genügen. Den Lösungsalgorithmus LH1 überarbeitet man genauso. Es bleibt dem Analytiker selten erspart, sich auch um die Details der Programmierung (wie Speichertechniken oder geeignete Anordnung von Abfragen) zu kümmern, wenn *vorhandene* Vektorstrukturen genutzt werden sollen. Oft jedoch bringt der Wechsel zu einem *neuen* Algorithmus bessere Resultate:

4.2.2 Spaltenhülle

Der Algorithmus Z2 läßt sich in ähnlicher Weise wie Z1 auf eine Hülle beschränken, jedoch muß diese anders definiert werden:

Definition 4.4

Es sei $\mathbf{A}$ *eine symmetrische, dünn besetzte* $na \times na$*-Matrix und* $\bar{i}_j(\mathbf{A})$ *der Zeilenindex mit*

$$\bar{i}_j(\mathbf{A}) = max\{\ i \mid \mathbf{A}_{i,j} \neq 0,\ j \leq i \leq na\ \}$$

für $1 \leq j \leq na$. *Damit wird rekursiv erklärt:*

$$i_1(\mathbf{A}) = \bar{i}_1(\mathbf{A})$$
$$i_j(\mathbf{A}) = max\{\ \bar{i}_j(\mathbf{A}),\ i_{j-1}(\mathbf{A})\ \}$$

für $2 \leq j \leq na$. *Ferner sei* $n_j(\mathbf{A}) = i_j(\mathbf{A}) - j$ *die Anzahl von Außerdiagonalgliedern in der* j*-ten Spalte des unteren Dreiecks von* $\mathbf{A}$. *Dann heißt die Menge*

$$senv(\mathbf{A}) = \{\ (i,j) \mid j \leq i \leq i_j(\mathbf{A}),\ 1 \leq j \leq na\ \}$$

von Indexpaaren die Spaltenhülle *oder* -enveloppe *von* $\mathbf{A}$. *Die Anzahl*

$$sp(\mathbf{A}) = |senv(\mathbf{A})| = na + \sum_{j=1}^{na} n_j(\mathbf{A})$$

von Komponenten in der Hülle heißt das Spaltenprofil *von* $\mathbf{A}$.

Den Sinn der rekursiven Festlegung erkennt man erst beim folgenden Algorithmus. Für die Systemsteifigkeitsmatrix $\mathbf{S}$ sind die Größen $i_j(\mathbf{S})$ wieder über die Inzidenztabelle mit der globalen Knotennumerierung bestimmt und auf ähnliche Art wie die $j_i(\mathbf{S})$ berechenbar. Es gilt offenbar das

Lemma 4.2

Mit den Voraussetzungen der Definitionen 4.2 und 4.4 ist $zenv(\mathbf{A}) \in senv(\mathbf{A})$.

Die beiden Hüllen können identisch sein, denn z.B. für Bandmatrizen mit voll besetztem Band gilt $i_j(\mathbf{A}) = j_i(\mathbf{A}),\ 1 \le j \le i \le na$. Daher ist stets $zp(\mathbf{A}) \le sp(\mathbf{A})$. In extremen Fällen wird der Unterschied allerdings sehr groß:

$$\mathbf{A} = \begin{pmatrix} X & & & & & & \\ 0 & X & & & sym. & & \\ 0 & 0 & X & & & & \\ 0 & 0 & 0 & X & & & \\ \vdots & \vdots & \vdots & \vdots & \ddots & & \\ 0 & 0 & 0 & 0 & \dots & X & 0 \\ X & 0 & 0 & 0 & \dots & 0 & X \end{pmatrix}$$

Hier ist $zp = 2 * na - 1$ und $sp = na * (na + 1)/2$, d.h. die Spaltenhülle liefert eine voll besetzte Matrix. Aus Satz 4.1 darf man jedoch schließen, daß die Definition für die meisten FE-Aufgaben sinnvoll bleibt – gegebenenfalls nach Einsatz eines 'Bandbreitenoptimierers'. Aus den Lemmata 4.1 und 4.2 folgt nun direkt, daß auch die Spaltenhülle bei der $\mathbf{LDL}^T$-Zerlegung erhalten wird, d.h. $i_j(\mathbf{L}) = i_j(\mathbf{A}),\ 1 \le j \le na$. Der Algorithmus Z2 läßt sich demnach ähnlich wie Z1 einschränken:

Algorithmus ZH2

Es sei $\mathbf{L}^0_{i,j} = \mathbf{A}_{i,j},\ 1 \le i \le i_j(\mathbf{A}),\ 1 \le j \le na$.

für $k = 1$ bis na

$$\mathbf{D}_{k,k} = \mathbf{L}^{k-1}_{k,k} \tag{ZH2.1}$$

für $i = k + 1$ bis $i_k(\mathbf{A})$

$$\mathbf{L}_{i,k} = \mathbf{L}^{k-1}_{i,k} / \mathbf{D}_{k,k} \tag{ZH2.2}$$

für $j = k + 1$ bis $i_k(\mathbf{A})$

für $i = j$ bis $i_k(\mathbf{A})$

$$\mathbf{L}^{k}_{i,j} = \mathbf{L}^{k-1}_{i,j} - \mathbf{L}_{j,k} * \mathbf{L}^{k-1}_{i,k} \tag{ZH2.3}$$

Es ist jetzt verständlich, daß in Definition 4.4 die nach rechts folgenden Spalten nicht kürzer werden dürfen: Beim Schritt (ZH2.3) sind nämlich die für den Fall $\bar{i}_j(\mathbf{A}) < \bar{i}_{j-1}(\mathbf{A})$ möglichen Auffüllungen zu berücksichtigen, wie im folgenden Beispiel:

$$\mathbf{A} = \begin{pmatrix} X & & & & & \\ X & X & & sym. & & \\ X & X & X & & & \\ X & 0 & X & X & & \\ 0 & 0 & X & 0 & X & \\ 0 & 0 & X & 0 & X & X \end{pmatrix}$$

In der zweiten Spalte entsteht eine neue Komponente, die vierte füllt sich ganz auf. Der beim Algorithmus Z2 erwähnte gesonderte Speicherbereich besteht jetzt nur noch aus $max\{ n_j(\mathbf{A}) \mid 1 \leq j \leq na \}$ Stellen. Fig. 3 zeigt die beiden Hüllen und das Band von **S** für das Beispiel aus Kap. 1 nach der Optimierung. Die geschwärzten Bereiche kommen beim Übergang von der Zeilen- auf die Spaltenhülle hinzu.

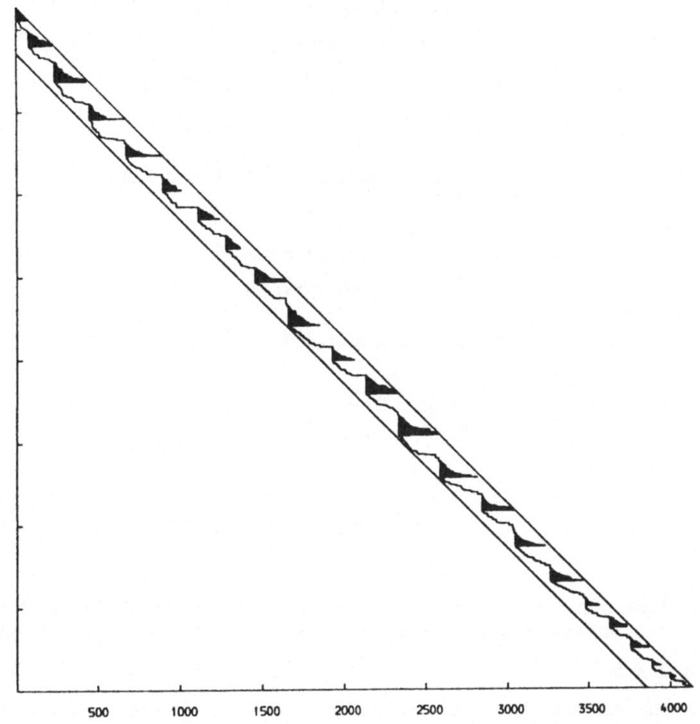

Fig. 3: Untere Hälfte der Systemmatrix zur Struktur aus Kapitel 1

Zeilenprofil:	594264	
Spaltenprofil:	698061	(+17.47%)
Profil der Bandmatrix:	1103862	(+85.75%)

Als Folge des spaltenweisen Vorgehens sind zur Auflösung des Gleichungssystems die Teile 1 und 3 aus Algorithmus LH1 sinngemäß zu vertauschen:

Algorithmus LH2

1. Vorwärtssubstitution: $\mathbf{Lv} = \mathbf{r}$

$$
\begin{aligned}
&\mathbf{v}^j = \mathbf{r}, \ 1 \le j \le na \\
&\mathbf{v}_1 = \mathbf{v}_1^1 \\
&\text{für } j = 2 \text{ bis } na \\
&\qquad \text{für } i = j \text{ bis } \mathbf{i}_{j-1}(\mathbf{A}) \\
&\qquad\qquad \mathbf{v}_i^j = \mathbf{v}_i^{j-1} - \mathbf{L}_{i,j-1} * \mathbf{v}_{j-1} \\
&\qquad \mathbf{v}_j = \mathbf{v}_j^j
\end{aligned}
\tag{LH2.1}
$$

2. Division durch die Diagonalglieder: $\mathbf{w} = \mathbf{D}^{-1}\mathbf{v}$

$$
\begin{aligned}
&\text{für } i = 1 \text{ bis } na \\
&\qquad \mathbf{w}_i = \mathbf{v}_i / \mathbf{D}_{i,i}
\end{aligned}
\tag{LH2.2}
$$

3. Rückwärtssubstitution: $\mathbf{L}^T\mathbf{x} = \mathbf{w}$

$$
\begin{aligned}
&\mathbf{x}_{na} = \mathbf{w}_{na} \\
&\text{für } k = 1 \text{ bis } na - 1 \\
&\qquad j = na - k \\
&\qquad \mathbf{x}_j = \mathbf{w}_j - \sum_{i=j+1}^{i_j(\mathbf{A})} \mathbf{L}_{i,j} * \mathbf{x}_i
\end{aligned}
\tag{LH2.3}
$$

Man kann nun – wie bei der zeilenweisen Speicherung in Definition 4.3 – die Komponenten, deren Indizes der Hülle angehören, in einem Vektor der Länge $sp(\mathbf{A})$ ablegen:

Definition 4.5

Es gelten die Voraussetzungen von Definition 4.4. In einem Speichervektor **asj** *der Länge* $sp(\mathbf{A})$ *seien die Komponenten* $\mathbf{A}_{i,j}$ *mit* $(i,j) \in senv(\mathbf{A})$ *so gespeichert, daß die Spaltenstücke* $\mathbf{A}_{\cdot,j} = (\mathbf{A}_{j,j}, \ldots, \mathbf{A}_{i_j(\mathbf{A}),j})$ *in der Reihenfolge ihrer Indizes lückenlos aufeinanderfolgen:*

$$\mathbf{asj} = (\mathbf{A}_{\cdot,1}, \mathbf{A}_{\cdot,2}, \ldots, \mathbf{A}_{\cdot,na}).$$

Die Adressen

$$\mathbf{ja}_j = j + \sum_{k=1}^{j-1} n_k(\mathbf{A})$$

der Diagonalglieder $\mathbf{A}_{j,j}$ *seien in einem weiteren Speichervektor, dem Zeigerfeld* **ja** *festgehalten. Dann heißt das Paar* (**asj**, **ja**) *von Vektoren die* spaltenweise Speicherung von **A** nach Jennings.

Hier verbleiben die Diagonalglieder natürlich bei ihren Spalten, was sich unmittelbar aus dem Algorithmus Z2 ergibt. Als Konsequenz daraus läuft allerdings der Schritt (LH2.2) nur auf solchen Maschinen noch vektoriell ab, die das *indirekte Laden* unterstützen, denn die $\mathbf{D}_{i,i}$ liegen nun nicht mehr 'dicht' im Speicher. Sie müssen vielmehr einzeln über **ja** aufgesucht werden.

Wendet man ZH2 mit der obigen Datenbasis auf die globale Steifigkeitsmatrix **S** an, so lassen sich die Randbedingungen in ähnlicher Weise wie bei ZHV1 während der Faktorisierung erfassen. Im Detail wird die Fortentwicklung von ZH2 und LH2 in ZHV2 bzw. LHV2 für eine spaltenweise gespeicherte Matrix hier nicht mehr vorgestellt; man verfährt fast genauso wie im vorigen Abschnitt. Weil Triaden erheblich schnellere Operationen als Skalarprodukte sind, darf man vermuten, daß dieser Algorithmus dem alten Vorgehen überlegen ist, jedenfalls solange sich die Hüllen nicht sehr unterscheiden.

4.3 Zeitmessungen

Die Testläufe wurden unter den im Abschnitt 3.7 geschilderten Bedingungen auf dem dort erwähnten CRAY-1A durchgeführt. Alle Zeiten sind wieder in Sekunden angegeben; diejenigen der Substitutionen umfassen jeweils die drei Phasen für *einen* Lastvektor. Zunächst also der Vergleich beider Verfahren bei Anwendung auf das Gleichungssystem zum Beispiel aus Kapitel 1, dessen Koeffizientenmatrix in Fig. 3 dargestellt ist:

Algorithmen ZHV1/LHV1		
	skalar	vektoriell
ZHV1	27.94	6.94
LHV1	0.64	0.10

Algorithmen ZHV2/LHV2		
	skalar	vektoriell
ZHV2	31.88	5.11
LHV2	0.74	0.12

Bei skalarem Ablauf sind die Algorithmen ZHV2 und LHV2 den Verfahren ZHV1 bzw. LHV1 deutlich unterlegen, was leicht mit dem größeren Spaltenprofil erklärt werden kann. Setzt man jedoch die Vektorprozessoren ein, so kehrt sich das Verhältnis für die Zerlegung um, wie nach den Bemerkungen im ersten Kapitel auch zu erwarten war, da der Nachteil des größeren Profils aufgehoben wird durch die schnellere Verarbeitung der Triaden. LHV1 und LHV2 sind fast identisch, so daß die Rechenzeiten auch bei vektoriellem Ablauf den Unterschied der Profile erkennen lassen. Überdies hat LHV2 gerade auf dem CRAY-1 den bereits angesprochenen Nachteil in der zweiten Substitutionsphase.

An dieser Stelle sei ein Hinweis auf die beliebten *Megaflops* gestattet. Oft werden Leistungsunterschiede bei Rechnern bzw. Programmen in dieser Maßeinheit (*floating point operations per second*) ausgedrückt. Mindestens für den Vergleich von Algorithmen ist der Wert aber wenig hilfreich: ZHV2 verlangt ja wesentlich mehr skalare Operationen als ZHV1, in Megaflops fiele also der Unterschied zwischen den beiden noch größer aus – zugunsten von ZHV2. Aber ein nennenswerter Anteil der Operationen ist 'unproduktiv' und nur aufgrund der Vektorisierung entstanden. Eigentlich wären, wie Rönsch [11] vorschlägt, *zwei* Daten zu ermitteln: Eine *interne* Megaflop-Rate, welche die tatsächlich pro Zeiteinheit durchgeführten Rechnungen wiedergibt, und eine *externe*, die sich nur auf vom Anwender 'nutzbare' Operationen bezieht. Die Definition der zweiten bereitet jedoch Schwierigkeiten, denn auch in der Zeilenhülle gibt es Stellen, deren Wert sich nie ändert, die am Beginn der Zerlegung unbesetzt sind und sich später im Verlauf des Verfahrens nicht auffüllen. Ein objektiveres Vergleichskriterium bilden folglich die Rechenzeiten.

Selbst bei kleineren Problemen bleibt der Gewinn durch ZHV2 meßbar, wie das folgende Beispiel zeigt, in dem die Verfeinerungen des Netzes aus Fig. 1 fehlen:

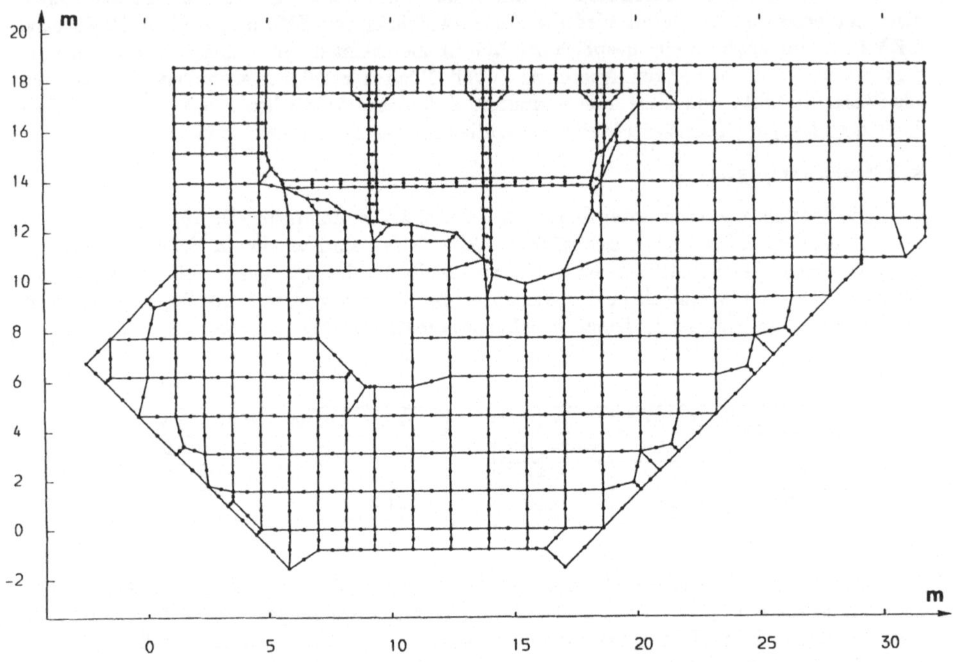

Fig. 4: FE-Netz mit 282 Plattenelementen und 1019 Knoten

Wie Fig. 5 zeigt, geht die Abweichung von der Bandgestalt trotz Optimierung der Knotennummern bei der hier entstehenden Matrix sogar noch weiter als im ersten Fall; die Bandbreite wird bestimmt durch wenige große Differenzen der Knotennummern im oberen Teil.

Algorithmen ZHV1/LHV1		
	skalar	vektoriell
ZHV1	12.23	3.51
LHV1	0.36	0.06

Algorithmen ZHV2/LHV2		
	skalar	vektoriell
ZHV2	13.96	2.42
LHV2	0.42	0.07

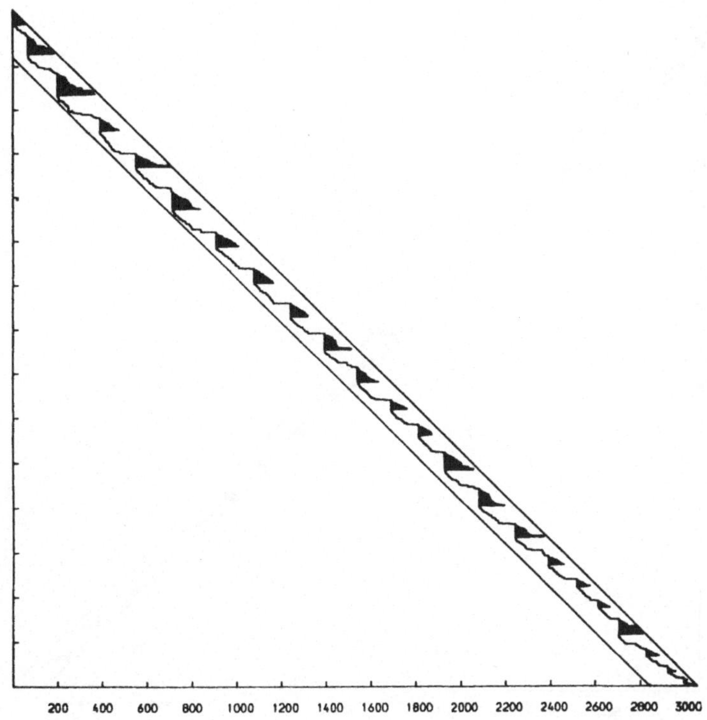

Fig. 5: Untere Hälfte der Systemmatrix zur Struktur ohne Verfeinerungen

Zeilenprofil:	337593	
Spaltenprofil:	395202	(+17.06%)
Profil der Bandmatrix:	637092	(+88.72%)

Man kann vermuten, daß der Vorteil von ZHV2 gegenüber dem älteren Verfahren mit abnehmender Differenz der Profile deutlicher wird. Dazu folgt als Abschluß noch ein konstruiertes Beispiel: eine quadratische, schachbrettartig in 20 × 20 Elemente von je acht Knoten aufgeteilte Platte:

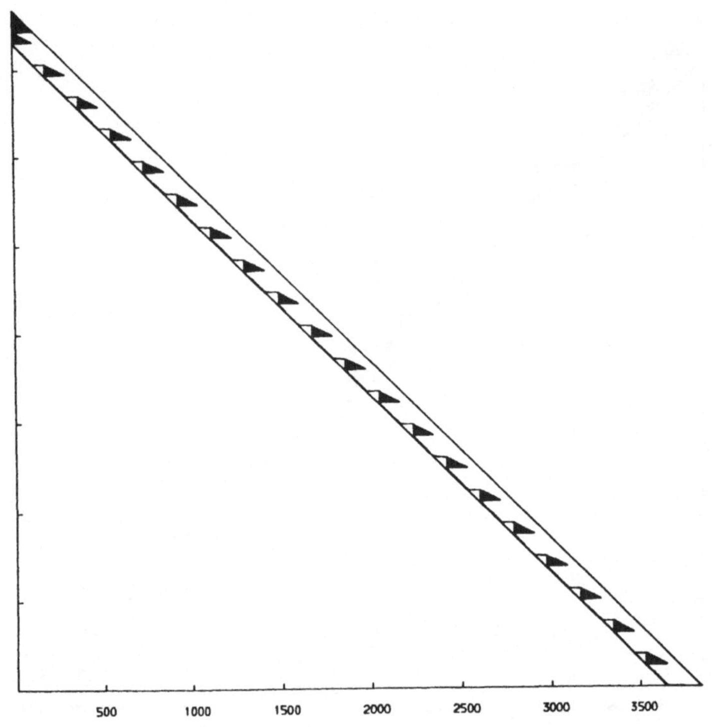

Fig. 6: Untere Hälfte der Systemmatrix zur quadratischen Platte

Zeilenprofil:	600966	
Spaltenprofil:	676206	(+12.52%)
Profil der Bandmatrix:	730470	(+21.55%)

Eine Bandmatrix darf man nicht erwarten; die 'Zacken' im Band entstehen durch Sprünge in der Numerierung am Rand der Platte.

Algorithmen ZHV1/LHV1		
	skalar	vektoriell
ZHV1	29.07	7.12
LHV1	0.66	0.10

Algorithmen ZHV2/LHV2		
	skalar	vektoriell
ZHV2	30.02	4.87
LHV2	0.71	0.11

Es liegt nahe, daraus einen Bedarf für gute Bandbreitenoptimierer abzuleiten. Man sollte in diesem Zusammenhang allerdings deren Zielsetzung beachten: Während zur Beschleunigung des Verfahrens ZHV1 das *Profil* minimiert werden muß, wobei durchaus einzelne lange Zeilen auftreten dürfen, verlangt ZHV2 wirklich die Verringerung der gesamten *Bandbreite*. Als Profiloptimierer hat sich der Gibbs-King-Algorithmus [13] bewährt, wogegen die im ersten Kapitel erwähnte Methode von Gibbs, Poole und Stockmeyer vornehmlich die Bandbreite reduziert. Eine sehr gute Zusammenfassung beider Verfahren in einem effizienten Programm stammt von J.G. Lewis [14].

"In the approximate methods it is the general rule that to secure a closer approximation more unknowns must be used. Now it is easy to see that the principal term in the amount of labor needed to solve a system of equations is $k * N^3$ in which N is the number of unknowns and k is a constant. Since an expert computer requires about eight hours to solve a full set of eight equations in eight unknowns, k is about 1/64. To solve twenty equations in twenty unknowns should thus require 125 hours. ... The solution of general systems of linear equations with a number of unknowns greater than ten is not often attempted. But this is precisely what is needed to make approximate methods more effective in the solution of practical problems."

– JOHN V. ATANASOFF, Computing Machine for the Solution of Large Systems of Linear Algebraic Equations (1940)

5. Ausblick auf weitere Themen

5.1 Zusammenbau der globalen Steifigkeitsmatrix

Es wurden nur die rechenintensivsten Teile eines FE-Programms vektorisiert; will man die alten Zeitverhältnisse zwischen den einzelnen Phasen der Analyse wiederherstellen, ist z.B. auch die Kompilation der System-Steifigkeitsmatrix zu beschleunigen. Die damit verbundenen Schwierigkeiten sind am Beginn des vorigen Kapitels dargestellt. Immerhin bietet die indirekte Adressierung eine Hilfe an: Man speichert das untere Dreieck der Elementmatrix **K** zeilenweise in einem Vektor **k**, etwa mit der Indexvereinbarung

$$\mathbf{k}_{i*(i-1)/2+j} = \mathbf{K}_{i,j}, \; 1 \le i \le npe * ndf, \; 1 \le j \le i.$$

Statt **K** blockweise auf den Speichervektor **szj** bzw. **saj** zu addieren, ermittelt man nun einen Zeigervektor, der die entsprechenden Positionen für alle Komponenten von **k** enthält und führt die Additionen in einem Schritt unter der Kontrolle der Zeiger aus. Offenbar läßt sich dies zusätzlich über mehrere Elemente in der Struktur parallel machen (vergl. Abschnitt 3.9, Interleaving), so daß immer eine ausreichende Vektorlänge erzielt wird. Die Ersparnis hält sich allerdings in Grenzen, denn den Hauptaufwand verursacht das Erstellen des Zeigerfeldes, was schwerlich zu vektorisieren sein dürfte.

Die Algorithmen sind hier mit ihrer einfachsten Anwendung, der linearen Statik, vorgestellt worden; sie bewähren sich aber auch bei komplizierteren Aufgaben:

5.2 Elasto-plastische Analysen

Hier ist das Spannungs-Dehnungsgesetz nichtlinear, es wird durch eine sog. *Verfestigungsbedingung* bestimmt. Die allgemeine Variationsaufgabe der FEM, aus welcher die Gleichung (3.1) resultiert, gilt daher nur noch inkrementell, d.h. für kleine *Lastschritte*, wobei die Element-Steifigkeitsmatrix vom momentanen Spannungszustand abhängt. Die aufzubringende Last muß also in möglichst viele kleine Anteile zerlegt werden. Für jeden davon berechnet man die Verschiebungen bzw. Spannungen und addiert sie zu den Ergebnissen der voraufgegangenen Schritte.

Linearisiert man das Materialgesetz nach der *Methode der Tangentensteifigkeiten* (siehe z.B. D.R.J. Owen, E. Hinton [15] für Programme und I. Szabó [16] zur Theorie), so entsteht im Prinzip eine Folge von Rechnungen der bisher beschriebenen Art. Jeder Lastschritt umfaßt sogar mehrere lineare Analysen: Es genügt nämlich nicht, allein die Verschiebungen und Spannungen für das jeweilige Lastinkrement auszurechnen; den Fehler, der durch die Linearisierung entsteht, muß man in jedem Lastschritt korrigieren. Die aus den Verschiebungen ermittelten Spannungen sind dabei so anzupassen, daß sie das Materialgesetz erfüllen, woraus eine Differenz zwischen den Knotenkräften, die den Verschiebungen bzw. diesen Spannungen äquivalent sind, entsteht. Mit ihr wird der Ausgangslastvektor des Schrittes so oft korrigiert, bis ein geeignet definiertes Residuum klein genug ist. Erst der dann ermittelte Spannungszustand ist die Basis für den nächsten Lastschritt. Jede Korrektur führt zu einem fast vollständigen linearen Problem mit dem angepaßten Lastvektor und neuen (den zuletzt gefundenen Spannungszustand einbringenden) Elementmatrizen. Die einzige Ersparnis gegenüber der Anfangslösung besteht darin, daß nur noch diejenigen Elemente berücksichtigt werden müssen, in denen an mindestens einer Stelle die Verfestigungsbedingung erfüllt wurde; alle übrigen Daten kann man vom vorigen Schritt übernehmen.

Demzufolge bleibt das bisher Beschriebene weiter gültig, und die Verbesserungen wirken sich durch die wiederholte Anwendung besonders stark aus. Bei den Element-Steifigkeitsmatrizen läßt sich die Zeigertechnik allerdings nicht mehr so gewinnbringend einsetzen, denn die **D**-Matrizen eines jeden Schrittes sind nun voll besetzt. Doppelte Operationen kann man mit ihr aber auch bei diesem Einsatz vermeiden. Die Ermittlung der verschiebungsäquivalenten Kräfte verlangt eine Matrix-Vektor-Multiplikation mit **S**. Unabhängig von der Speicherung – zeilen- bzw. spaltenweise – verursacht dies genau den Aufwand einer Vorwärts-/Rückwärts-Substitution. Alle Rechenschritte sind in der dafür vorgeschlagenen Weise vektorisierbar.

5.3 Dynamische Analysen

Bei Schwingungsaufgaben erfolgt die räumliche Diskretisierung mit finiten Elementen, während die Zeit als Variable für lineare, ungedämpfte Probleme auf ein System linearer, gewöhnlicher Differentialgleichungen führt der Form

$$\mathbf{M}\,\ddot{\mathbf{x}} + \mathbf{S}\,\mathbf{x} = \mathbf{l} \qquad (5.1)$$

mit der Massenmatrix **M**, der Steifigkeitsmatrix **S**, dem Lastvektor **l**, dem Verschiebungsvektor **x** und dem Vektor der Knotenbeschleunigungen $\ddot{\mathbf{x}}$. Neben **S** ist also noch **M** zu berechnen, was zunächst wieder auf der Elementebene geschieht – mit fast den gleichen Algorithmen wie im Kapitel 3. **M** wird dann analog zu **S** aus den Element-Massenmatrizen zusammengestellt. Die zeitliche Integration erfolgt mit expliziten oder impliziten Differenzenverfahren. Beiden Methoden ist gemeinsam, daß am Beginn eine $\mathbf{LDL}^T$-Zerlegung von **M** bzw. **S** gemäß Kap. 4 steht, an die sich eine Schleife über die Zeitschritte anschließt, deren Rumpf im wesentlichen aus einer Vorwärts-/Rückwärts-Substitution mit der faktorisierten und einer Matrix-Vektor-Multiplikation mit der jeweils anderen Matrix besteht.

A.K. Noor und J.J. Lambiotte gehen in ihrem grundlegenden Artikel [2] näher auf diese Themen ein, und sie zeigen am Beispiel der zentralen Differenzen sowie der impliziten Methode nach Newmark alle nötigen Änderungen an den Rechen- bzw. Speicherschemata aus den vorigen Kapiteln. Ungewöhnlich ist ihre Behandlung der Matrix-Vektor-Multiplikation:

Es sei **A** eine symmetrische Bandmatrix von n Zeilen und $2*m$ Nebendiagonalen mit $m \ll n$.

$$\mathbf{A} = \begin{pmatrix} A_{1,1} & & & & & sym. & \\ A_{2,1} & A_{2,2} & & & & & \\ A_{3,1} & A_{3,2} & A_{3,3} & & & & \\ \vdots & \vdots & \vdots & \ddots & & & \\ A_{m+1,1} & A_{m+1,2} & A_{m+1,3} & \cdots & A_{m+1,m+1} & & \\ & A_{m+2,2} & A_{m+2,3} & A_{m+2,4} & \cdots & A_{m+2,m+2} & \\ & \ddots & & & & \ddots & \\ & & A_{n,n-m} & \cdots & A_{n,n-2} & A_{n,n-1} & A_{n,n} \end{pmatrix}$$

$\mathbf{x}$ und $\mathbf{y}$ seien Vektoren der Länge n. Berechnet man $\mathbf{y} = \mathbf{A}\mathbf{x}$ auf herkömmliche Weise (nach Zeilen oder Spalten), so bestimmt die geringe Bandbreite die Länge der Vektoroperationen und n ihre Anzahl. Das Verhältnis kehrt sich um, wenn $\mathbf{A}$ diagonalenweise in $m+1$ Vektoren gespeichert vorliegt:

$$\begin{aligned}
\mathbf{a}^0 &= (\mathbf{A}_{1,1},\ \mathbf{A}_{2,2},\ \mathbf{A}_{3,3},\ \ldots,\ \mathbf{A}_{n-2,n-2},\ \mathbf{A}_{n-1,n-1},\ \mathbf{A}_{n,n}) \\
\mathbf{a}^1 &= (\mathbf{A}_{2,1},\ \mathbf{A}_{3,2},\ \mathbf{A}_{4,3},\ \ldots,\ \mathbf{A}_{n-1,n-2},\ \mathbf{A}_{n,n-1}) \\
\mathbf{a}^2 &= (\mathbf{A}_{3,1},\ \mathbf{A}_{4,2},\ \mathbf{A}_{5,3},\ \ldots,\ \mathbf{A}_{n,n-2}) \\
&\ \vdots \\
\mathbf{a}^m &= (\mathbf{A}_{m+1,1},\ \mathbf{A}_{m+2,2},\ \ldots,\ \mathbf{A}_{n,n-m})
\end{aligned} \tag{5.2}$$

Den Gang der daraus resultierenden Rechnung veranschaulicht das folgende Schema:

$$\begin{array}{llllll}
(\mathbf{A}_{1,1}, & \mathbf{A}_{2,2}, & \mathbf{A}_{3,3}, & \ldots, \mathbf{A}_{n-2,n-2}, & \mathbf{A}_{n-1,n-1}, & \mathbf{A}_{n,n}) \\
 & & & * & & \\
(\mathbf{x}_1, & \mathbf{x}_2, & \mathbf{x}_3, & \ldots, \mathbf{x}_{n-2}, & \mathbf{x}_{n-1}, & \mathbf{x}_n) \\
 & & & + & & \\
(\mathbf{A}_{2,1}, & \mathbf{A}_{3,2}, & \mathbf{A}_{4,3}, & \ldots, \mathbf{A}_{n-1,n-2}, & \mathbf{A}_{n,n-1}) & \\
 & & & * & & \\
(\mathbf{x}_2, & \mathbf{x}_3, & \mathbf{x}_4, & \ldots, \mathbf{x}_{n-1}, & \mathbf{x}_n) & \\
 & & & + & & \\
(\mathbf{A}_{3,1}, & \mathbf{A}_{4,2}, & \mathbf{A}_{5,3}, & \ldots, \mathbf{A}_{n,n-2}) & & \\
 & & & * & & \\
(\mathbf{x}_3, & \mathbf{x}_4, & \mathbf{x}_5, & \ldots, \mathbf{x}_n) & & \\
 & & & + & & \\
 & & & \vdots & & \\
 & & & + & & \\
(\mathbf{A}_{2,1}, & \mathbf{A}_{3,2}, & \mathbf{A}_{4,3}, & \ldots, \mathbf{A}_{n-1,n-2}, & \mathbf{A}_{n,n-1}) & \\
 & & & * & & \\
(\mathbf{x}_1, & \mathbf{x}_2, & \mathbf{x}_3, & \ldots, \mathbf{x}_{n-2}, & \mathbf{x}_{n-1}) & \\
 & & & + & & \\
(\mathbf{A}_{3,1}, & \mathbf{A}_{4,2}, & \mathbf{A}_{5,3}, & \ldots, \mathbf{A}_{n,n-2}) & & \\
 & & & * & & \\
(\mathbf{x}_1, & \mathbf{x}_2, & \mathbf{x}_3, & \ldots, \mathbf{x}_{n-2}) & & \\
 & & & + & & \\
 & & & \vdots & & \\
 & & & = & & \\
(\mathbf{y}_1, & \mathbf{y}_2, & \mathbf{y}_3, & \ldots, \mathbf{y}_{n-2}, & \mathbf{y}_{n-1}, & \mathbf{y}_n)
\end{array} \tag{5.3}$$

Die erste Vektormultiplikation liefert den Anteil der Hauptdiagonale, dann folgen die Beiträge der (nicht gespeicherten) oberen Nebendiagonalen und schließlich die Produkte mit den Subdiagonalen. Nun sind $\mathbf{M}$ und $\mathbf{S}$ keine Bandmatrizen (vergl. Fig. 3); eine Behandlung des Problems nach dieser Art würde also erheblich mehr Speicherplatz sowie viele

unproduktive Operationen verlangen. Noor und Lambiotte teilen darum die Vektoren a^0 bis a^m in drei Klassen ein – abhängig von der Dichte, mit welcher sie von Null verschiedene Komponenten enthalten – und wählen für jede eine geeignete Speicher- bzw. Rechentechnik. Zum Beispiel wird man Nebendiagonalen mit wenigen unbesetzten Stellen als normale Speichervektoren behandeln, für dünner besetzte bietet sich die indirekte Adressierung an, und solche mit nur einzelnen Einträgen werden gar nicht vektoriell verarbeitet.

**"Some call it Arsemetrick, and some Augrime ...
Both names are corruptly written: Arsemetrick for
Arithmetick, as the Greeks call it, and Augrime
for Algorisme, as the Arabians found it."**

– ROBERT RECORDE, Ground of Artes (1542, 1646 edition)

**"Vorsihe mich ein jeder / werde mit geringer underweisung gemelt
viesiern / so ich fur das beste achte unnd erkenne / leichtlich
begreiffen / dan ich mich stetiges beflissen / den nehesten unnd
besten wegk an zu zeigen / wie dan ein jeder so dis buch list /
vor augen sihet. Ist irgendt was fur sehen im trucken / bitte ich
ein jeder wol das recht fertigen / vordine ich willig."**

– ADAM RIESE, Rechenung nach der lenge / auff den Linihen und Feder (1550)

Verzeichnis der wichtigsten Symbole

Vektoren und Matrizen sind fettgedruckt; Kleinschreibung bezeichnet Vektoren ($\mathbf{x}$), Großschreibung Matrizen ($\mathbf{A}$). Tiefgestellte Indizes markieren eine Komponente ($\mathbf{x}_i$, $\mathbf{A}_{j,k}$), hochgestellte ein Element aus einer Folge von Vektoren bzw. Matrizen ($\mathbf{x}^k$, $\mathbf{A}^m$). Zeilen oder Spalten von Matrizen werden gekennzeichnet durch einen Punkt an der Stelle des variablen Indexes (Zeile i: $\mathbf{A}_{i,.}$, Spalte j: $\mathbf{A}_{.,j}$).

Symbol	Bedeutung	Abschnitt
ndf	Anzahl der Freiheitsgrade pro Knoten	3.3
ng	Anzahl von Gaußpunkten einer eindimensionalen Integrationsregel	3.1
ngp	Anzahl der Gaußpunkte im Element	3.5
npe	Anzahl der Knotenpunkte im Element	3.3
nps	Anzahl der Knotenpunkte in der Struktur	4.1
nst	Anzahl der Spannungskomponenten im Element	3.3
$i_j(\mathbf{A})$	letzter Zeilenindex zur j-ten Spalte in der Spaltenhülle von $\mathbf{A}$	4.2.2
$j_i(\mathbf{A})$	erster Spaltenindex zur i-ten Zeile in der Zeilenhülle von $\mathbf{A}$	4.2.1
$m_i(\mathbf{A})$	Anzahl von Außerdiagonalgliedern der i-ten Zeile in der Zeilenhülle von $\mathbf{A}$	4.2.1
n_{op}^0	kürzeste Vektorlänge, für die der Einsatz von Pipeline-Prozessoren noch lohnt	1.1
$n_j(\mathbf{A})$	Anzahl von Außerdiagonalgliedern der j-ten Spalte in der Spaltenhülle von $\mathbf{A}$	4.2.2
$N_k(\mathbf{s})$	Wert der Formfunktion zum Knoten k an der Stelle $\mathbf{s}$	3.4
N_l^k	Wert der k-ten Formfunktion am Gaußpunkt l	3.5
$N_{l,\mathbf{s}_m}^k$	Wert der partiellen Ableitung nach der lokalen Koordinate m der k-ten Formfunktion am Gaußpunkt l	3.5
$N_{l,\mathbf{x}_m}^k$	Wert der partiellen Ableitung nach der globalen Koordinate m der k-ten Formfunktion am Gaußpunkt l	3.5
$det\mathbf{J}$	Determinante der Matrix $\mathbf{J}$	3.1
$sgn(i)$	Vorzeichen von i	3.5
$senv(\mathbf{A})$	Spaltenhülle der Matrix $\mathbf{A}$	4.2.2
$sp(\mathbf{A})$	Spaltenprofil der Matrix $\mathbf{A}$	4.2.2
$zenv(\mathbf{A})$	Zeilenhülle der Matrix $\mathbf{A}$	4.2.1
$zp(\mathbf{A})$	Zeilenprofil der Matrix $\mathbf{A}$	4.2.1
$\mathbf{b}$	Vektor zur Speicherung der $\mathbf{B}$-Matrizen	3.5
$\mathbf{n}^j$, $\mathbf{n}^{j,\mathbf{s}_i}$, $\mathbf{n}^{j,\mathbf{x}_i}$	Vektoren zur Speicherung der Formfunktionsdaten	3.5
$\mathbf{s}$	Vektor der natürlichen Koordinaten im Element	3.1
$\mathbf{s}^l$	Vektor der natürlichen Koordinaten am Gaußpunkt l	3.5
$\mathbf{w}$	Vektor der Gewichte zur Integration nach Gauß	3.5

Symbol	Bedeutung	Abschnitt
$\mathbf{x}$	Vektor der globalen Koordinaten im Element	3.3
$\mathbf{x}^k$	Vektor der globalen Koordinaten am Knoten k	3.5
$\mathbf{z}^i$, $\mathbf{z}^{i,j}$	Vektoren zur Speicherung der Jacobi-Matrizen	3.5
(**azj**, **ia**)	zeilenweise Speicherung der Matrix **A** nach Jennings im Vektor **azj** mit dem Zeigerfeld **ia**	4.2.1
(**asj**, **ja**)	spaltenweise Speicherung der Matrix **A** nach Jennings im Vektor **asj** mit dem Zeigerfeld **ja**	4.2.2
$\mathbf{A}$	symmetrische, positiv definite Matrix	4.1
$\mathbf{B(s)}$	Dehnungs-Verschiebungs-Matrix an der Stelle $\mathbf{s}$	3.1
$\mathbf{B}^j(\mathbf{s})$	Teilmatrix von $\mathbf{B(s)}$	3.3
BD	Matrix zur Speicherung der Produkte $\mathbf{B}(\mathbf{s}^l)^T * \mathbf{D}$	3.5
$\mathbf{D}$	Spannungs-Dehnungsmatrix	3.1
$\mathbf{D}$	Diagonalmatrix der $\mathbf{LDL}^T$-Zerlegung	4.1
$\mathbf{E}$, $\mathbf{F}$	Hilfsmatrizen zur Vektorwiederholung	3.5
$\mathbf{G}$	Hilfsmatrix der $\mathbf{LDL}^T$-Zerlegung	4.1
IB	Zeigerfeld für den Vektor **b** (s.o.)	3.5
IBD	Zeigerfeld für die Matrix **BD** (s.o.)	3.5
INZ	Inzidenztabelle	4.1
$\mathbf{J(s)}$	Jacobi-Matrix an der Stelle $\mathbf{s}$	3.1
$\mathbf{K}$	Element-Steifigkeitsmatrix	3.1
$\mathbf{K}^{j,k}$	Unterblock von $\mathbf{K}$	3.3
$\mathbf{L}$	untere Dreiecksmatrix der $\mathbf{LDL}^T$-Zerlegung	4.1
$\mathbf{S}$	globale Steifigkeitsmatrix	4.1
$\mathbf{S}^{m,n}$	Unterblock von $\mathbf{S}$	4.1
SB	Blockschema der Matrix $\mathbf{S}$	4.2

Literatur

[1] Hinton, E.; Owen, D. R. J.:Finite Element Programming, Academic Press, London, 1977

[2] Noor A. K.; Lambiotte J. J.: Finite Element Dynamic Analysis on CDC STAR 100 Computer, Computers & Structures **10** (1979), 7 – 19

[3] Kratz M.: Vectorized Finite Element Stiffness Generation: Tuning the Noor-Lambiotte Algorithm, Parallel Computing **1** (1984), 121 – 132

[4] Noor A. K.; Hartley S. J.: Evaluation of Element Stiffness Matrices on CDC STAR 100 Computer, Computers & Structures **9** (1978), 151 – 161

[5] Bathe, K. J.; Wilson, E. L.: Numerical Methods in Finite Element Analysis, Prentice Hall, Englewood Cliffs, 1977

[6] Schwarz, H. R.: Methode der finiten Elemente, Teubner, Stuttgart, 1980

[7] Crane, H. L.; Gibbs, N. E.; Poole, W. G.; Stockmeyer, P. K.: Matrix Bandwidth and Profile Reduction, CACM, Algorithm 508, 1976

[8] Gibbs, N. E.; Poole, W. G.; Stockmeyer, P. K.: An Algorithm for Reducing the Bandwidth and Profile of a Sparse Matrix, SIAM J. Numer. Anal. **13**, 2 (1976), 236 – 250

[9] George, W.; Liu, J. W.: Computer Solution of Large Sparse Positive Definite Systems, Prentice Hall, Englewood Cliffs, 1981

[10] Jennings, A.: A Compact Storage Scheme for the Solution of Symmetric Linear Simultaneous Equations, Computer Journal **9** (1966), 281 – 285

[11] Rönsch, W.: Stabilitäts- und Zeitreihenuntersuchungen arithmetischer Ausdrücke auf dem Vektorrechner CRAY-1S, Dissertation, TU Braunschweig, 1983

[12] Rönsch, W.: Stability Aspects in Using Parallel Algorithms, Parallel Computing **1** (1984), 75 – 98

[13] Gibbs, N. E.: A Hybrid Profile Reduction Algorithm, ACM Trans. Math. Softw. **2**, 4 (1976), 378 – 387

[14] Lewis, J. G.: The Gibbs-Poole-Stockmeyer and Gibbs-King Algorithms for Reordering Sparse Matrices, CACM, Algorithm 582, 1982

[15] Owen, D. R. J.; Hinton, E.: Finite Elements in Plasticity, Pineridge Press, Swansea, 1980

[16] Szabó, I.: Höhere Technische Mechanik, Springer Verlag, Berlin, Heideberg, New York, 1977

[17] Hockney, R. W.; Jesshope, C. R.: Parallel Computers, Adam Hilger, Bristol, 1981

[18] Motegi, M.; Uchida, K.; Tsuchimoto, T.: The Architecture of the FACOM Vector Processor, in:
Feilmeier, M.; Joubert, J.; Schendel, U. (Eds.): Parallel Computing 83, North Holland Publishers, Amsterdam, New York, Oxford, 1984

[19] Chen, S. S.: Large-Scale and High-Speed Multiprocessor System for Scientific Applications: CRAY X-MP Series, in:
Kowalik, J. S. (Ed.): NATO ASI Series, Vol. F7: High Speed Computation, Springer Verlag, Berlin, Heidelberg, 1984

Die Zitate sind entnommen aus

- Hollingdale, S. H.: High Speed Computing, The English Universities Press Ltd., London, 1959
- Randell, B. (Ed.): The Origins of Digital Computers, Springer Verlag, Berlin, Heidelberg, New York, 1975
- Riese, Adam: Rechenung nach der lenge / auff den Linihen und Feder, Jacob Berwalt, Leipzig (Originaldruck von 1550)

PARALLELE NUMERIK

Manfred Feilmeier
(Institut für Wirtschafts- und Versicherungsges. m.b.H, München)

unter Mitarbeit von
Bertel Karnarski, Henry Strauß und Wolfgang Rönsch (München)

Einleitung

Seit Beginn der Computerentwicklung nach dem zweiten Weltkrieg waren die Anforderungen der Benutzer bezüglich Rechenleistung und Speicherbedarf immer größer als das, was ihnen die Maschinen zum entsprechenden Zeitpunkt zur Verfügung stellen konnten. Auf der Grundlage der von-Neumann-Architektur versuchte man, einerseits durch schnellere und leistungsfähigere Hardware, andererseits durch Algorithmenentwicklung (Komplexität!) diesen Anforderungen gerecht zu werden. Da heute die Grenzen der Hardwaretechnologie (Schaltzeiten im Nanosekundenbereich) sich abzeichnen und der Flaschenhals in der von-Neumann-Architektur erkannt ist, versucht man, durch neue Rechnerarchitekturen, die den von-Neumann-Flaschenhals mildern (SIMD-Maschinen) oder ihn grundsätzlich beseitigen (MIMD-Maschinen), die Leistungsfähigkeit der Computer um mehrere Größenordnungen zu erhöhen.

Diese Abkehr vom von-Neumann-Architekturprinzip bedingt allerdings auf der Algorithmenseite ein Umdenken: Um die Leistungsfähigkeit der innovativen Architekturen voll ausschöpfen zu können, müssen neue auf die entsprechende Architektur maßgeschneiderte Algorithmen entwickelt werden. Das Festhalten an herkömmlichen Algorithmen stellt sich in der Regel als eine nicht optimale Lösung heraus, wie zahlreiche Beispiele belegen können.

Die nicht-von-Neumann-Architekturen können grob in zwei Klassen gegliedert werden:

SIMD-Maschinen: <u>S</u>ingle-<u>I</u>nstruction-/<u>M</u>ultiple-<u>D</u>ata-Stream (hierzu sind die sog. Vektorrechner zu rechnen)

und

MIMD-Maschinen: <u>M</u>ultiple-<u>I</u>nstruction-/<u>M</u>ultiple-<u>D</u>ata-Stream (Mehrprozessorsysteme).

Die größten Fortschritte (sowohl aus technischer als auch aus kommerzieller Sicht) haben die Vektorrechner gemacht. Ihre hohe Rechenleistung resultiert im wesentlichen aus einer Segmentierung der Hardware-Arithmetik (Pipelineprinzip) und der Einführung von sog. Vektorbefehlen auf Maschinencodeebene.

Die rasante Entwicklung auf dem Vektorrechnermarkt (bzw. Supercomputermarkt) kann mit folgenden Zahlen belegt werden:

Dezember 1981 :	9	Installationen in Europa
Dezember 1982 :	12	" " "
Dezember 1983 :	27	" " "
Dezember 1984 :	40	" " "

Anbieter auf dem Vektorrechnermarkt sind u.a.

Cray (Cray-1, Cray X-MP/P: P=1,2,4;
P: Anzahl der Prozessoren)
Control Data (Cyber 205)
Fujitsu/Amdahl/Siemens (VP 50/100/200/400)
IBM (IBM 3090-200/400)

Die Leistungsfähigkeit von Vektorrechnern reicht heute schon in den Bereich von mehr als einer Milliarde Gleitpunktoperationen pro Sekunde (also mehr als 1 GigaFLOPS!). In den nächsten Jahren werden Vektorrechner der Leistungsklasse 10 GigaFLOPS verfügbar sein.

Während die Vektorrechner die bisher überzeugendste und auch kommerziell erfolgreichste Lösung zur Erreichung höherer Rechenleistung darstellen, kam man im Bereich der MIMD-Rechner nur sehr viel langsamer voran. Der erste Hersteller, der hier eine gewisse Marktakzeptanz erzielte, war

Denelcor (HEP).

Einen interessanten Weg zur Konstruktion eines einfacheren und dementsprechend preiswerteren MIMD-Rechners schlug man mit dem iPSC-Rechner von Intel ein. Dieser beruht auf der Idee, eine größere Zahl relativ preiswerter Mikroprozessoren mit lokalem Speicher nach dem Kommunikationsprinzip des Hypercube (Seitz (1985)) zu verbinden. Diese Idee wurde auch andernorts aufgegriffen. Floating Point beispielsweise kündigte vor kurzem sehr leistungsfähige Rechner an, deren Konstruktionsprinzip ähnlich einzuordnen ist und eine Reihe interessanter technischer Details beinhaltet. Alle MIMD-Rechner mit lokalem Speicher sind dadurch gekennzeichnet, daß der Datenaustausch zwischen Prozessoren, insbesondere wenn sie "weit voneinander entfernt" sind, relativ viel Zeit kostet. Der damit verbundene Kommunikations-Overhead erlaubt es nicht mehr, die interne Struktur eines derartigen Rechners vor dem Anwender zu verbergen.

- Rechner dieser Art eignen sich vor allem für Problemstellungen mit einer inhärent lokalen Kommunikationsstruktur (z.B. verknüpfen die üblichen Diskretisierungsverfahren für partielle Differentialgleichungen die Funktionswerte "benachbarter" Gitterpunkte).

- Auch für im Prinzip geeignete Problemstellungen sind neuartige Algorithmen zu entwickeln, die insbesondere den Kommunikations-Overhead gering halten.

Eine konsequente Umsetzung dieser Grundvorstellungen findet man bei dem sog. SUPRENUM-Projekt in Deutschland. Unter Federführung der GMD resp. SUPRENUM-GmbH wird ein MIMD-Rechner entwickelt, dessen Architektur besonders für die numerische Lösung partieller Differentialgleichungen nach dem Mehrgitterprinzip geeignet ist (Trottenberg (1986)).

Eine obere Leistungsgrenze für MIMD-Rechner der beschriebenen Art ist heute aus technischer Sicht nicht unmittelbar erkennbar - sie wird sehr viel eher dadurch bestimmt, welche

Problemstellungen für derartige Rechnerstrukturen geeignet sind und welche Algorithmen zur Verfügung stehen.

Wir werden im weiteren gewisse Grundelemente der Parallelen Numerik skizzieren. Dabei wollen wir auch auf die in diesem Zusammenhang oft stiefmütterlich bahandelten Stabilitätseigenschaften paralleler Algorithmen eingehen - methodisch und anhand von Beispielen.

Die zu diskutierenden Grundelemente der Parallelen Numerik gehen zunächst von einem mehr oder minder fiktiven Parallelrechner aus. Andererseits wird immer deutlicher, wie stark die Architektur eines konkreten Parallelrechners (sogar innerhalb der Klasse der Vektorrechner) die Algorithmen berührt. Dies und der Umstand, daß man bisher numerische Erfahrungen vor allem für Vektorrechner hat, bewirken, daß sich die meisten konkreten Algorithmen auf Vektorrechner beziehen.

1 Stabilität

Vektor- und Parallelrechener werden meist für sehr rechenintensive Probleme eingesetzt. Damit steigt die Zahl der von einem Algorithmus durchzuführenden arithmetischen (Gleitpunkt-)Operationen im Vergleich zu den auf von-Neumann-Rechnern üblichen und möglichen Zahlen stark an. Damit erhöht sich im Prinzip noch die Bedeutung der numerischen Stabilitätsanalyse, wenngleich sie in der realen Parallelen Numerik bisher nur vergleichsweise geringe Beachtung gefunden hat.

1.1 Vorwärtsanalyse nach Stummel

Die Vorwärtsanalyse nach Stummel basiert auf einer Linearisierungsmethode und gestattet, den Rundungsfehlereinfluß von Eingabedaten und arithmetischen Operationen auf das Ergebnis zu quantifizieren. Als wichtigste Hilfsmittel zur Durchführung dieser Methode dienen die sogenannten Rechengraphen.

Darstellung von Algorithmen durch Rechengraphen

Jeder numerische Algorithmus bestimmt in endlich vielen Schritten aus vorliegenden Eingabedaten a, b , c, ... ein oder mehrere Ergebnisse, wobei als Operationen nur die 4 Elementaroperationen +,-,* und / verwendet werden. Ein Rechengraph ist eine graphische Darstellung dieses Algorithmus. Hierbei ist besonders wichtig, daß gleiche Eingabevariable bzw. gleiche arithmetische Operationen zu einem Graphenknoten zusammengefaßt werden.

<u>Beispiel</u>: E = (a-b*c)/(a+b*c) (arithmetischer Ausdruck)

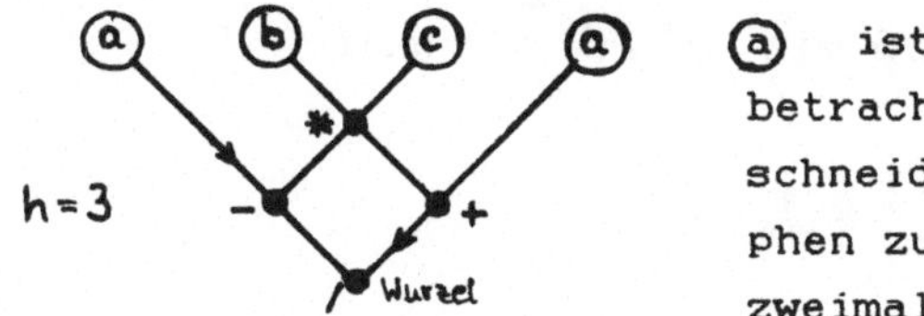

ⓐ ist als Endknoten zu betrachten (nur um Überschneidungen im Rechengraphen zu vermeiden, tritt ⓐ zweimal auf)

Endknoten sind Variable, alle anderen Knoten sind mit den Elementaroperationen versehen. Rechengraphen sind im Sinne der Graphentheorie gerichtete azyklische Graphen.

Unter der Höhe h eines Rechengraphen wird die maximale Anzahl von Operationsknoten verstanden, die auf einem gerichteten Weg von irgendeinem Variablenknoten zu der Wurzel des Graphen liegen können.

Im Sinne möglichster Allgemeinheit charakterisieren wir die Arithmetik eines Rechners durch 3 (idealisierte) Forderungen:

(1) Der Exponentenbereich der (Gleitpunkt-)Maschinenzahlen ist nach oben und unten unbeschränkt.

(2) Der relative Eingabefehler α_{iN}, der bei der Umwandlung von $\alpha \in R\setminus\{0\}$ in eine t-stellige Gleitpunktzahl α' gemacht wird, kann durch

$$\alpha_{iN} = \left|\frac{\alpha - \alpha'}{\alpha}\right| \leq \gamma_{iN} \cdot \eta$$

abgeschätzt werden, wobei $\gamma_{iN} \in \mathbb{N}$ eine von α unabhängige Konstante ist und $\eta := g^{-t+1}/2$ oder $\eta := g^{-t+1}$ ist, je nachdem ob symmetrisches Runden oder Abschneiden der Mantisse nach t Stellen zugrundegelegt wird. (g bezeichnet die Basis der Maschinenzahldarstellung).

(3) Für jede der 4 Elementaroperationen $\bullet \in \{+,-,*,/\}$ in $\mathbb{R}$ existiert eine Konstante $\gamma_{\otimes} \in \mathbb{N}$, so daß für Maschinenzahlen α', β' mit $\alpha' \bullet \beta' \neq 0$ gilt:

$$\left| \frac{\alpha' \circ \beta' - \alpha \bullet \beta'}{\alpha' \bullet \beta'} \right| \leq \gamma_{\otimes} \cdot \eta$$

wobei o die $\bullet$ entsprechende Maschinenoperation mit anschließend eventuell auftretender Rundung bezeichnet (d.h. $\alpha' o \beta'$ ist wieder Maschinenzahl); η wie in (2).

Anmerkung: Durch sorgfältige Implementierung der Einleseroutinen und arithmetischen Operationen ist

$$\gamma = \gamma_{iN} = \gamma_{+} = \gamma_{-} = \gamma_{*} = \gamma_{/} = 1 ,$$

erreichbar.

Bezeichnungen:

E : ein arithmetischer Ausdruck oder der entsprechende Rechengraph

fl(E) : der in einer bekannten Gleitpunktarithmetik berechnete Wert für E

F_{rel} : $= |(E-fl(e))/E|$ relativer Fehler

F_{abs} : $= |E-fl(E)|$ absoluter Fehler

Idee der Vorwärtsanalyse

- Für F_{rel} bzw. F_{abs} werden a-priori (worst-case) Schranken hergeleitet, indem der Rechengraph E von den Eingabedaten bis zum Endergebnis fl(E) schrittweise verfolgt wird.

- Hierzu ist der Einfluß eines jeden Knoten α auf alle seine Nachfolgeknoten quantitativ zu erfassen. Dies geschieht durch <u>Verstärkungsfaktoren</u> ε_i.

<u>Beispiel</u>: F_{rel} bei einer Gleitpunktaddition

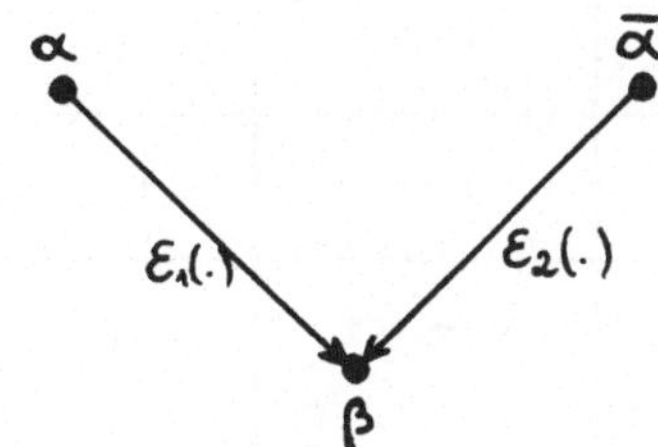

x und y seien die für α bzw. $\bar{\alpha}$ exakten Werte, $x(1+\varepsilon_x)$ und $y(1+\varepsilon_y)$ die verfälschten Werte.

Aus

$$xy(1+\varepsilon_{xy}) = x(1+\varepsilon_x)y(1+\varepsilon_y)$$

folgt:

$$\varepsilon_{xy} = 1*\varepsilon_x + 1*\varepsilon_y + \varepsilon_x*\varepsilon_y$$

bzw. in 1. Näherung ($|\varepsilon_x| \ll 1$, $|\varepsilon_y| \ll 1$)

$$\varepsilon_{xy} \doteq 1*\varepsilon_x + 1*\varepsilon_y$$

Analog ist bei den anderen Operationen bzw. bei Betrachtung von F_{abs} vorzugehen. Man erhält folgende Tabelle der Verstärkungsfaktoren:

Operation	Relative Verstärkungsfaktoren		Absolute Verstärkungsfaktoren	
	ε_1	ε_2	ε_1	ε_2
z=x*y	1	1	y	x
z=x/y	1	-1	1/y (2)	-z/y (2)
z=x+y	x/z (1)	y/z (1)	1	1
z=x-y	x/z (1)	-y/z (1)	1	-1

(1) falls $z \neq 0$
(2) falls $y \neq 0$

Für einen Knoten ξ des Rechengraphen hat man alle gerichteten Wege von ξ zur Wurzel des Graphen zu betrachten. Für jeden dieser gerichteten Wege ist das Produkt der Verstärkungsfaktoren gemäß obiger Tabelle zu bilden. Anschließend ist über alle diese Werte zu summieren; wir bezeichnen diese Summe mit S_ξ^{rel} bzw. S_ξ^{abs}.

Jeder Knoten des Rechengraphes ist entweder Variablenknoten (Eingabeknoten) oder Operationsknoten.

Mit $\delta_\xi = 0$ falls im Knoten ξ kein Eingabefehler bzw. Rundungsfehler auftritt und $\delta_\xi = 1$ sonst, erhalten wir für

F_* den unvermeidbaren, d.h. nur von Eingabedatenstörungen verursachten Fehleranteil, und für

F_{**} den nur von Rundungsfehlern verursachten Fehleranteil

folgende Abschätzungen

$F_{*}^{abs} \leq \sum_{\substack{\alpha \text{ ist} \\ \text{Variablenknoten}}} \lvert\alpha\rvert \cdot \lvert S_{\alpha}^{abs}\rvert \cdot \delta_{\alpha} \cdot \gamma_{iN} \cdot \eta$	$F_{*}^{rel} \leq \sum_{\substack{\alpha \text{ ist} \\ \text{Variablenknoten}}} \lvert S_{\alpha}^{rel}\rvert \cdot \delta_{\alpha} \cdot \gamma_{iN} \cdot \eta$
$F_{**}^{abs} \leq \sum_{\substack{\beta \text{ ist} \\ \text{Operationsknoten}}} \lvert\beta\rvert \lvert S_{\beta}^{abs}\rvert \cdot \delta_{\beta} \cdot \gamma \cdot \eta$	$F_{**}^{rel} \leq \sum_{\substack{\beta \text{ ist} \\ \text{Operationsknoten}}} \lvert S_{\beta}^{rel}\rvert \cdot \delta_{\beta} \cdot \gamma \cdot \eta$

(wobei $\lvert\alpha\rvert$ den Absolutbetrag des entsprechenden Variablen- bzw. Operationsknoten bezeichnet).

<u>Hauptsatz der Linearisierungsmethode nach Stummel</u>:

E sei ein arithmetischer Ausdruck (resp. eine Abbildung F: $\mathbb{R}^n \to \mathbb{R}$), der (die) sich durch einen Rechengraphen beschreiben läßt. Dann gilt:

(1) falls der exakte Wert $\neq 0$:
$$F_{rel} \leq F_{*}^{rel} + F_{**}^{rel} + O(\eta^2)$$

(2) $$F_{abs} \leq F_{*}^{abs} + F_{**}^{abs} + O(\eta^2)$$

In <u>erster</u> Näherung gilt also folgende Fehlerabschätzung:

$$F_{rel} \leq F_{*}^{rel} + F_{**}^{rel}$$

$$F_{abs} \leq F_{*}^{abs} + F_{**}^{abs}$$

Nimmt man an, daß in allen Knoten ein Eingabe- bzw. Rundungsfehler auftritt (auftreten kann), d.h. <u>alle</u> $\delta_{\xi} = 1$, so resultieren folgende a-priori-Abschätzungen:

	Schranken für den	
	unvermeidbaren Fehler	durch Rundungsfehler bei den arithm. Operationen verursachten Fehleranteil
"Relativ"	$\varrho^D \cdot \gamma_{in} \cdot \eta := \sum\limits_{\substack{\alpha \text{ ist} \\ \text{Variablenkanten}}} \lvert S_\alpha^{rel} \rvert \cdot \gamma_{in} \cdot \eta$	$\varrho^R \cdot \gamma \cdot \eta := \sum\limits_{\substack{\beta \text{ ist} \\ \text{Operationskanten}}} \lvert S_\beta^{rel} \rvert \cdot \gamma \cdot \eta$
"Absolut"	$\sigma^D \cdot \gamma_{in} \cdot \eta := \sum\limits_{\substack{\alpha \text{ ist} \\ \text{Variablenkanten}}} \lvert \alpha \rvert \cdot \lvert S_\alpha^{abs} \rvert \cdot \gamma_{in} \cdot \eta$	$\sigma^R \cdot \gamma \cdot \eta := \sum\limits_{\substack{\beta \text{ ist} \\ \text{Operationskanten}}} \lvert \beta \rvert \cdot \lvert S_\beta^{abs} \rvert \cdot \gamma \cdot \eta$

Die Größen ϱ^R bzw. σ^R heißen relative bzw. absolute <u>Rundungskonditionszahlen</u>. ϱ^D bzw. σ^D heißen relative bzw. absolute <u>Datenkonditionszahlen</u>.

Damit ist folgende Definition zweckmäßig

<u>Definition der numerischen Stabilität</u>:

Es sei E ein arithmetischer Ausdruck mit N Variablen. Dann heißt ein Algorithmus zur Berechnung von E (bzw. der zugehörige Rechengraph) <u>numerisch stabil</u>, falls es eine nur von der Struktur von E abhängige positive reelle Zahl K gibt, so daß für <u>jede mögliche Datenkonstellation</u> zur Auswertung von E, für die ϱ^R und ϱ^D (bzw. σ^R und σ^D) definiert sind, gilt:

$$\varrho^R \leq K * \varrho^D \quad (\text{bzw. } \sigma^R \leq K * \sigma^D) \; .$$

K heißt Stabilitätsfaktor des Algorithmus.
Ist es möglich, K <u>unabhängig von der Struktur des Ausdrucks</u>, insbesondere <u>unabhängig von N</u>, als Konstante anzugeben, so

heißt der Algorithmus vollstabil.
Der Algorithmus heißt <u>numerisch instabil</u>, falls er nicht numerisch stabil ist.

Zur Abgrenzung verweisen wir auf die

<u>Definition eines schlecht konditionierten Problems</u>:

Es sei E ein arithmetischer Ausdruck. Dann heißt E (und nicht der Algorithmus zur Berechnung von E) <u>schlechtkonditioniert</u>, falls es Daten für E gibt, so daß für ϱ^D - bestimmt mit irgendeinem Rechengraphen von E - gilt:

$$\varrho^D \gg 1.$$

E heißt <u>gutkonditioniert</u>, falls E nicht schlechtkonditioniert ist.

1.2 Berechnung arithmetischer Ausdrücke - dargestellt für die Summation

<u>Einige Summationsalgorithmen</u>

<u>Aufgabe:</u> Gegeben x_i, $i = 1,\ldots,N$, $N \geq 2$

Berechne $S = \sum_{i=1}^{N} x_i$

Die modifizierte Aufgabenstellung, daß auch die Partialsummen interessieren, wird nicht betrachtet.

<u>Algorithmen</u>:

<u>Algorithmus SUM1</u> - "übliche" Art der Summation ($X(i) = x_i$)

```
      S = X(1)
      DO 1 I = 2,N
1     S = S + X(I)
```

<u>Algorithmus SSUM</u>: Numerisch äquivalent zu SUM1, aber in der Cray-Assemblersprache CAL geschrieben. Das erlaubt die Ausnutzung des "Chaining" auf der Cray-1.

<u>Kahan-Algorithmus</u>:
Der von Kahan (1965) als Ersatz für die doppeltgenaue Summation angegebene Algorithmus beruht auf folgender Idee: Der bei der Summation zweier Maschinenzahlen a' und b' gemachte Rundungsfehler wird näherungsweise berechnet und als Korrektur dem nächsten Summanden hinzugefügt. Als Korrektur wählt man die in Maschinenarithmetik berechnete Größe

$$r' := (a' - (a' + b')) + b' ,$$

sie ist eine gute Approximation des tatsächlichen Rundungsfehlers.

<u>Beispiel</u>: $a' = .1476 * 10^4$, $b' = .2321 * 10^2$
(4-stellige Mantisse)

$$\begin{aligned} a'+b' &= .14760000*10^4 \\ &+ .00232100*10^4 \\ &= .14992100*10^4 \end{aligned}$$

$$\begin{aligned} a'-(a'+b') &= .14760000*10^4 \\ &- .14990000*10^4 \\ &= -.00230000*10^4 \\ &= -.2300*10^2 \end{aligned}$$

$$\begin{aligned} (a'-(a'+b'))+b' &= -.2300*10^2 \\ &+ .2321*10^2 \\ &= .0021*10^2 \end{aligned}$$

Es resultiert das Programm

```
1   S = 0.0
2   R = 0.0
3   DO 7 I = 1, N
4   R = R + X(I)
5   T = S + R
6   R = (S - T) + R
7   S = T
```

In R (Anweisung 6) wird der Rundungsfehler approximativ bestimmt und beim nächsten Schleifendurchlauf dem nächsten Summanden als Korrektur hinzugefügt (Anweisung 4). Das Ergebnis steht nach der Schleifenabarbeitung in S.

<u>Linz'sche Methode (1970):</u>
paarweise Summation (rekursives Doppeln, binäre Summation, fälschlicherweise auch Kaskadensummation genannt)

<u>Numerische Stabilität von Summationsalgorithmen</u>

Wir betrachten zunächst solche Summationsalgorithmen, <u>die (N-1) Gleitpunktoperationen</u> verwenden (serielle Summation bzw. "Linz" als Extremfälle).

Nach Rönsch (1983) gilt

<u>Satz 1.2.1</u>: Sei $E := \sum_{i=1}^{N} x_i$ und der Rechengraph von E habe die Höhe h, d.h. $h \leq N-1$). Dann gilt:

$$\sigma_E^R \leq h * \sigma_E^D \, . \tag{1.2.1}$$

<u>Anmerkung</u>: Wir arbeiten mit den absoluten Verstärkungsfaktoren, da die relativen Verstärkungsfaktoren im Fall der Addition nur bei "Zwischenergebnis $\neq$ 0" definiert sind.

<u>Beweis</u>: Im Falle der Addition sind die absoluten Verstärkungsfaktoren allesamt = 1. Versieht man also den Rechengraphen mit all diesen Faktoren, so folgt sofort (vgl. Absatz 1.1)

$$\sigma_E^D = \sum_{i=1}^{N} |x_i| .$$

(1.2.1) folgt durch vollständige Induktion über h.

<u>Folgerungen</u>:

(1) Für die relativen Konditionszahlen gilt:

$$\varrho^R = \sigma^R / |\sum x_i| \leq h * \sigma^D / |\sum x_i| = h * \varrho^D .$$

(2) Für die serielle Addition ergibt sich der größte Stabilitätsfaktor K = N-1 .

(3) Für die Linz'sche Methode ergibt sich der kleinste Stabilitätsfaktor K = $\lceil \log_2 N \rceil$ ($\lceil a \rceil$ bezeichnet die kleinste ganze Zahl $\geq$ a).

In analoger Weise, aber technisch komplizierter, erhält man (Rönsch (1983))

<u>Satz 1.2.2</u>: Für den Kahan-Algorithmus gilt:

$$\sigma_N^R \leq 3 * \sigma_N^D , \quad N > 1 ,$$

d.h. der Kahan-Algorithmus ist vollstabil.

Cray-1S geeignete Summationsalgorithmen und ihre numerische Stabilität

Wir erläutern die Umsetzung von SUM1 durch den CRAY-1 - Vectorizer anhand der Berechnung von

$$S = \sum_{i=1}^{259} x_i \ .$$

Wegen 259 = 4 * 64 + 3 werden die x_i wie folgt zu Vektoren (der Länge 64) zusammengefaßt.

x1	x2	x3	0	0	...	0	"+" Schleife Nr. 1
x4	x5	x6	...			x67	"+" Schleife Nr. 2
x68	x69	x70	...			x131	"+" Schleife Nr. 3
x132	x133	x134	...			x195	"+" Schleife Nr. 4
x196	x197	x198	...			x259	
α_1	α_2	α_3	...			α_{64}	= Zwischenergebnisvektor $\alpha = (\alpha_1, \ldots, \alpha_{64})$

Aus α wird durch den sogenannten rekursiven Vektorbefehl $S = \sum_{i=1}^{64} \alpha_i$ berechnet.

Zu den anderen Algorithmen vergleiche man Rönsch (1983).

Die Berechnung der Stabilitätsfaktoren für die betrachteten Algorithmen gemäß Absatz 1.1 ergibt ($N = m*64$ mit $m \geq 1$):

Summ. Algorithmus	Stabilitätsfaktor K	Kommentar
(1) SUM1 (skalar)	N - 1	schlechteste Methode
(2) SUM1 (vektoriell)	(N - 1)/64 + 10	beide Methoden sind
(3) SSUM	(N - 1)/64 + 11	numerisch identisch
(4) Linz-Methode	$\log_2 N$	bei N-1 Operationen
		die beste Methode
(5) Kahan-Alg. (vekt.)	9	Vollstabil
(6) Kahan-Alg. (skalar)	3	Vollstabil

Mißt man die MFLOPS-Raten der Algorithmen in Abhängigkeit von N, so resultiert auf der CRAY-1S:

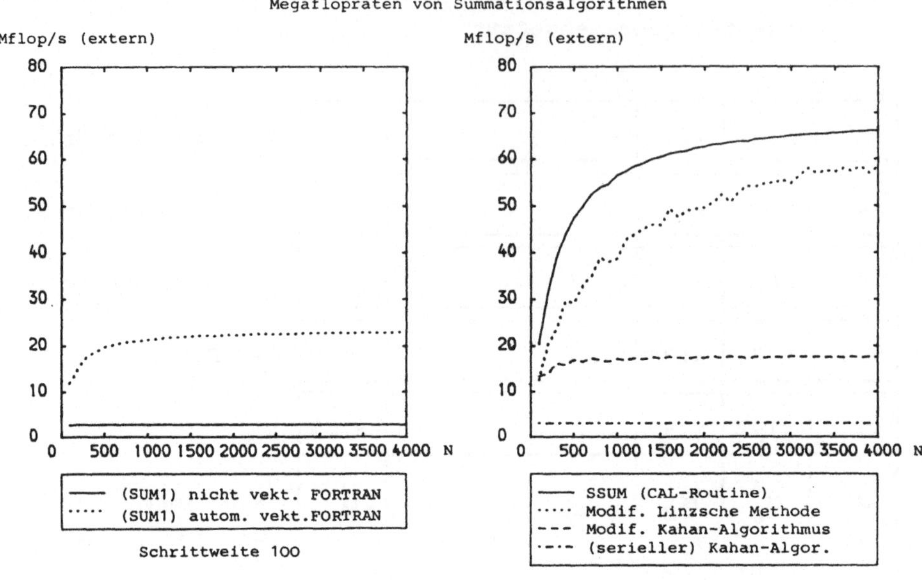

2 Konstruktion paralleler Algorithmen

Schon für die Konstruktion serieller Algorithmen ist es nicht ganz einfach, vernünftige Grundprinzipien zu formulieren, die im konkreten Fall hilfreich sind, aber über diesen hinausreichen. Dies gilt umsomehr für vektorielle/parallele Algorithmen, wo man erst auf die Erfahrungen weniger Jahre - bestenfalls eines Jahrzehnts - zurückgreifen kann. Wir versuchen deshalb, uns der Thematik dieses Abschnittes 2 aus dreierlei Richtung zu nähern:

In Absatz 2.1 beschreiben wir einige Prinzipien zur Konstruktion und Auswahl von Vektoralgorithmen. Hier gehen vor allem unsere Erfahrungen mit dem Vektorrechner Cray-1 ein.

Absatz 2.2 "Parallelismen und DO-Schleifen" beruht darauf, daß in FORTRAN-Programmen Parallelismen i.d.R. in DO-Schleifen "versteckt" bzw. über diese zu programmieren sind. Der Ansatz ist dann derart, daß auf syntaktischer - nicht inhaltlich mathematischer - Ebene versucht wird, möglichst günstig vektorisierte/parallelisierte Programme zu erzeugen. Dies ist besonders wichtig, wenn umfangreiche serielle Programmpakete etwa auf Vektorrechner umzustellen sind.

Im letzten Absatz werden schließlich einige parallele Basisalgorithmen skizziert: Neben den elementaren Vektor/Matrixoperationen - einem rechenintensiven Kernstück vieler Programme - geht es vor allem um Rekursionen. Diese scheinen bei erster Betrachtung schwer vektorisierbar/parallelisierbar, sind aber in der Numerik von erheblicher Bedeutung.

2.1 Einige Prinzipien zur Konstruktion und Auswahl von Algorithmen für Vektorrechner

Wir beziehen uns in diesem Abschnitt auf die Cray-

Vektorrechner. Die Überlegungen sind aber sinngemäß auch auf andere Vektorrechner anwendbar.

Die Kenngrößen $n_{1/2}$ und n_{Br}

Sehr vereinfacht kann man einen Vektorrechner wie z.B. die Cray-1 oder eine 1-Prozessor-Cray X-MP als einen Rechner auffassen, der seine Berechnungen in zwei verschiedenen Zustandsarten ausführen kann: durch den Vektor- oder durch den Skalarteil.

Die prinzipiellen Unterschiede auf Hardwareebene zwischen Vektorrechnern und von-Neumann-Universalrechnern lassen sich kurz so zusammenfassen:

von-Neumann-Rechner:

- In jedem Zeitpunkt kann der Rechner genau eine Operation (Transfer; arithmetische Operation usw.) ausführen bzw. den Zustand eines Speicherwortes verändern (sog. skalare Operation).

- Auf Hardwareebene sind Datenstrukturen unbekannt, daher muß die Maschine jeden Operanden einzeln verarbeiten und sich um jeden Transport eines einzelnen Operanden von und zum Speicher kümmern (sog. von-Neumannscher Flaschenhals).

Vektorrechner (Cray-Maschinen):

- Auf Hardwareebene werden Datenstrukturen eingeführt (Cray-1 z.B. Vektorregister).

- Ein einzelner Befehl verarbeitet einen ganzen Block (Vektor) von Daten (Vektorbefehl).

- Die Datenstrukturen werden als einheitlicher Block betrachtet und durch den sog. Pipeline-Prozeß verarbeitet (kontinuierlicher Datenstrom).

- Parallelität der Pipelines:

  - Alle vorhandenen Pipelines können zur gleichen Zeit aktiv sein.

  - Jede Pipeline arbeitet - für sich betrachtet - in ihren Segmenten parallel auf verschiedenen Operanden.

Ein typisches Leistungsdiagramm für eine Vektoroperation auf einer Cray (Abb.2.1.1) zeigt, daß die Leistung (gemessen in Megaflops) dieser Maschine eine Funktion der Vektorlänge ist; dagegen ist die Leistung eines von-Neumann-Rechners konstant.

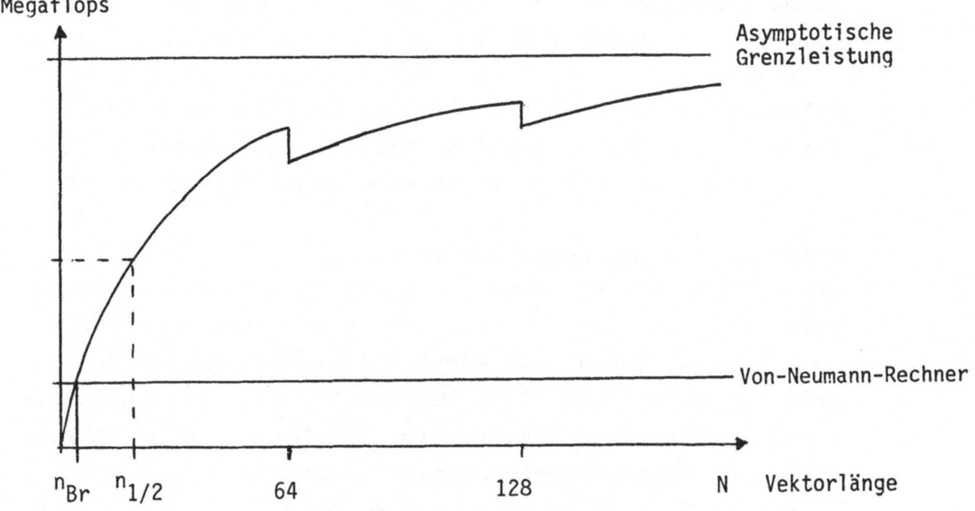

Abb. 2.1.1

In der Abbildung sind zwei wichtige Kennzahlen sichtlich:

$n_{1/2}$ diejenige Vektorlänge, bei der die halbe asymptotische Grenzleistung erreicht wird;

n_{Br} die Vektorlänge, bis zu der eine Bearbeitung im Skalarteil schneller ist als eine vektorielle Bearbeitung.

Für die Cray-1 gilt:

$n_{1/2} \approx 10 - 20$,
$n_{Br} \approx 3 - 5$.

Chaining / Bankkonflikte

Eine weitere Erhöhung der Rechengeschwindigkeit ergibt sich bei der Cray durch zwei Hardwaremerkmale:

(1) Chaining
Diese Zusammenschaltung der Additions- und Multiplikationspipelines ist z.B. möglich bei Triaden

$a + b * c$ oder $(a + b) * c$.

Es resultiert eine Beschleunigung um etwa den Faktor 2. Gezielt ausnutzbar ist das Chaining aber nur über die Cray-Assemblersprache, nicht über den FORTRAN-Compiler.

(2) Unterteilung des Speichers in Bänke
Zur Erhöhung der Übertragungsraten vom Speicher in die Vektorregister ist der Speicher in autonome Speicherbereiche (sog. Banks) mit eigener Adresslogik unterteilt. Jede Bank ist nach einem Zugriff auf ein Speicherwort (Komponente eines Vektors) für die Dauer von p Takten für einen erneuten Datenzugriff gesperrt.

Cray-1/M : 8 Banks ; p = 8 Takte
Cray-1/S : 16 Banks ; p = 4 Takte

Damit ist klar, daß die Leistung einer Cray-Maschine nicht nur eine Funktion der Vektorlänge, sondern auch der Speicherschrittweite ist.

Arithmetische Komplexität von Vektoralgorithmen

Bezeichnet man mit

C(N) die Anzahl der Rechenoperationen in Abhängigkeit von der Problemgröße N,

so gilt für von-Neumann-Rechner (Cray mit abgeschaltetem Vektorteil) die Rechenzeitformel

$$E_s(N) = C(N) * T_s ,$$

wobei

T_s die durchschnittliche Zeit zur Durchführung einer Rechenoperation (+,-,*,/) ist. Diese Größe ist im wesentlichen konstant.

Für Vektorrechner (mit Skalar- und Vektorteil) ergibt sich die Rechenzeitformel

$$E_v(N,A) = C_s(N) * T_s + \sum_{i=1}^{\infty} \sum_{j=1}^{\infty} C_v(N,a_{ij}) * t_{ij}^v$$

mit

$C_s(N)$ Anzahl der Rechenoperationen ausgeführt mit Skalarteil

T_s durchschnittliche Zeit zur Durchführung einer Operation im Skalarteil

$A=(a_{ij}),a_{ij}$ Anzahl der Vektoroperationen der Länge i und Schrittweite j (Vektoroperationen der Länge 1 sollen definitionsgemäß die Schrittweite 1 haben, d.h. $a_{12}=a_{13}=\ldots=0$)

$C_v(N,a_{ij})$ $i * a_{ij}$: Anzahl der im Vektorteil ausgeführten Operationen (skalar gezählt) mit Vektorlänge i und Schrittweite j

t_{ij}^{v} durchschnittliche Zeit für die Durchführung einer Operation im Vektorteil als Komponente einer Vektoroperation der Länge i und Schrittweite j.

Bei gegebenem Algorithmus (bzw. Programm) ist

$S_{op} = C_s(N)$ der sog. Skalaranteil und

$V_{op} = \sum_{VL=1}^{\infty} \sum_{K=1}^{\infty} C_v(N,VL,K)$ der sog. Vektoranteil

aller Rechenoperationen G_{op}, die der Algorithmus auszuführen hat.

Bei $V_{op}=0$ werden <u>alle</u> Rechenoperationen im <u>Skalarteil</u> durchgeführt (Vektorisierer abgeschaltet). Bei Benutzung des <u>Vektorisierers</u> resultiert V_{op}=VEK. Zusätzliche Compiler-Direktiven zur Unterstützung des Vektorisierers ergeben den höchsten Wert V_{op}=DIR. Insgesamt:

$$0 \leq \text{VEK} \leq \text{DIR} \leq V_{op}^{max} \leq G_{op} .$$

Hierbei bezeichnet V_{op}^{max} die vom verwendeten Algorithmus abhängige Höchstgrenze an Vektoroperationen. Die <u>oft erhebliche</u> Lücke zwischen DIR und V_{op}^{max} kann man durch Handvektorisierung - also auf <u>syntaktischer</u> Ebene ohne Eingriff in den Algorithmus - zu verringern suchen. Dieser Themenkomplex wird einschließlich der Vektorisierer in Absatz 2.2 erörtert.

Erst durch Wahl eines <u>anderen</u>, geeigneten <u>Algorithmus</u> ("Vektoralgorithmus") kann man den oft erheblichen Abstand zwischen V_{op}^{max} und G_{op} verringern (Absatz 2.3ff).

Diese Überlegungen insgesamt führen auf eine interessante Frage:

> Welcher Prozentsatz x aller Rechenoperationen G_{op} muß vom Vektorteil ausgeführt werden, um eine bestimmte Beschleunigung gegenüber einer Skalarabarbeitung erreichen zu können? Unter Beschleunigung versteht man denjenigen Faktor B(x), um den das Programm bei einem Vektoranteil von x % schneller als bei einem Vektoranteil von 0 % ist.

Unterstellt man beispielsweise, daß eine Operation im Vektorteil im Schnitt um etwa den Faktor 10 schneller als im Skalarteil abläuft (was natürlich von der Vektorlänge abhängt), so resultieren für die Cray ungefähr folgende Werte:

$$\left.\begin{array}{l} B(x) = 3 \\ B(x) = 5 \\ B(x) = 9 \end{array}\right\} \text{ falls } \begin{array}{l} x \geq 65\ \% \\ x \geq 80\ \% \\ x \geq 90\ \% \end{array}$$

Konsequenz: Ein Vektoralgorithmus kann u.U. mehr Operationen als ein entsprechender Skalaralgorithmus erfordern und dennoch schneller sein (dieses Phänomen kann auf einem von-Neumann-Rechner im Prinzip nicht auftreten).

2.2 Parallelismen und DO-Schleifen

Parallelismen in FORTRAN-Programmen konzentrieren sich fast ausschließlich auf die sog. DO-Schleifen. Solange FORTRAN-Versionen mit expliziten Parallelprogrammiermöglichkeiten nicht zur Verfügung stehen oder bei der Umstellung serieller Programme auf Vektor- oder Parallelrechner geht es also darum, per Software oder/und durch den Anwender festzustellen, welche DO-Schleifen vektorisierbar/parallelisierbar sind und diese entsprechend umzustellen. Einige Möglichkeiten hierfür wollen wir skizzieren, wobei wir uns - das sei nochmals erwähnt - ausschließlich auf die syntaktische Ebene beschränken. Inhaltlich-mathematische Erwägungen bleiben in diesem Absatz 2.2 unbeachtet. Im übrigen ist nicht jede Vektorisierung/Parallelisierung, auch wenn sie möglich ist, sinnvoll: Resultieren bei der Umstellung zu kurze Vektoren, so kann das geänderte, vektorielle/parallele Programm mehr Rechenzeit als das skalare Ausgangsprogramm erfordern.

Beim Konzept der Autovektorisierung/Autoparallelisierung wird die Suche nach impliziten Parallelismen durch spezielle Software ausgeführt. Diese ist entweder Bestandteil eines Compilers oder wird als Preprozessor vor dem Compilerlauf völlig unabhängig von diesem auf das Benutzerprogramm angewandt.

Bei der Handvektorisierung/Handparallelisierung bleibt diese Aufgabe dem Anwender überlassen, wobei er u.U. durch interaktive Tools unterstützt wird.

Bei der Optimierung von FORTRAN-Programmen für Vektorrechner finden alle genannten Prinzipien Anwendung. Die Suche nach impliziten Parallelismen beschränkt sich dabei in der Regel auf DO-Schleifen mit Zuweisungen an Feldelemente, da diese genau den Datentyp beinhalten, auf den die Hardware dieser Rechner spezialisiert ist. Außerhalb von DO-Schleifen sind in der Regel keine vektorisierbaren Anweisungen vorhanden, so daß eine Ausdehnung der Untersuchungen auf das gesamte Programm keine weitere Beschleunigung des Programmablaufes für diese Klasse von Rechnern bewirken würde.

<u>Abhängigkeit von Anweisungen</u>

Die Vektorisierung als spezielle Form der Parallelisierung findet Anwendung speziell in DO-Schleifen mit Zuweisungen an Feldelemente, da hier der Datentyp Vektor als Folge dieser Elemente in natürlicher Weise vorhanden ist.

Man ersetzt dabei die Schleife mit den skalaren Zuweisungen durch Anweisungen in vektorieller Form:

<u>Beispiel</u>: (I) DO-Schleife mit Skalar-Code:

```
          DO 100 I = 1,5
S1          A(I) = B(I)
S2          C(I) = A(I+1) + A(I-1)
     100 CONTINUE
```

(II) Schleife durch Vektor-Code ersetzt:

```
S1        A(1:5) = B(1:5)
S2        C(1:5) = A(2:6) + A(0:4)
```

Das in Teil (I) verwendete Programm führt in serieller Abarbeitung für jeweils einen festen Indexwert die Zuweisungen S1 und S2 unmittelbar hintereinander aus. Nach Abarbeiten der Schleife (I) hat der Vektor C die Belegung:

```
C(1) = A(2)alt + A(0)alt
C(2) = A(3)alt + A(1)neu
C(3) = A(4)alt + A(2)neu
C(4) = A(5)alt + A(3)neu
C(5) = A(6)alt + A(4)neu
```

Im Teil (II) des Beispiels werden zuerst in Anweisung S1 die Werte von A(1) bis A(5) neu berechnet, bevor mit der Ausführung von S2 begonnen wird. Man erhält als Ergebnis den Vektor C mit:

C(1) = A(2)neu + A(0)alt
C(2) = A(3)neu + A(1)neu
C(3) = A(4)neu + A(2)neu
C(4) = A(5)neu + A(3)neu
C(5) = A(6)alt + A(4)neu

Die voneinander abweichenden Ergebnisse zeigen, daß ein automatisches Ersetzen von skalaren Zuweisungen mit Feldelementen durch Vektoranweisungen nur unter Beibehaltung der Bearbeitungsreihenfolge möglich ist. Andernfalls würde das modifizierte Programm eventuell einen nicht äquivalenten Algorithmus darstellen und somit fehlerhafte Ergebnisse produzieren.

Ein Ansatz zur Untersuchung des Problems der Vertauschbarkeit von Operationen führt zu einer graphentheoretischen Betrachtung.

Man bestimmt dazu für jede Anweisung Si des zu untersuchenden Programmstückes zwei Mengen:

IN(Si) Menge aller Eingabevariablen in der Anweisung Si
OUT(Si) Menge aller Ausgabevariablen in der Anweisung Si

Die für die Bearbeitungsreihenfolge von je zwei Anweisungen Si und Sj relevanten Abhängigkeiten werden durch Relationen zwischen diesen Mengen beschrieben. Bei den auftretenden Abhängigkeiten werden im wesentlichen drei Typen unterschieden:

(1) Sj ist datenabhängig (data dependent) von Si genau dann, wenn es eine Variable A gibt mit
  (a) A ∈ OUT(Si) und A ∈ IN(Sj),
  (b) A nimmt in Sj den in Si berechneten Wert an.

(2) Si ist antiabhängig (antidependent) von Sj genau dann, wenn es eine Varaible A gibt mit

(a) $A \in OUT(Si)$ und $A \in IN(Sj)$,

(b) A nimmt in Sj nicht den in Si berechneten Wert an.

(3) Sj ist <u>ausgabeabhängig (output dependent)</u> von Si genau dann, wenn es eine Variable A gibt mit

(a) $A \in OUT(Si)$ und $A \in OUT(Sj)$,

(b) der in Sj berechnete Wert von A wird nach dem in Si berechneten Wert im Speicher abgelegt.

Zusammengefaßt werden die drei Abhängigkeitsrelationen unter dem Begriff der Flußabhängigkeit:

(4) Sj ist <u>flußabhängig</u> von Si genau dann, wenn mindestens eine der drei Abhängigkeiten (1), (2) oder (3) gilt.

Mit ihrer Hilfe läßt sich nun zu dem zu untersuchenden Programmstück der <u>Abhängigkeitsgraph (dependency graph)</u> angeben. Er enthält für jede einzelne Anweisung Si genau einen Knoten. Jede der Abhängigkeiten (1), (2) und (3) wird als gerichtete Kante von Si nach Sj eingetragen.

<u>Beispiel</u>: Abhängigkeitsgraph zu einem FORTRAN-Programm

```
            DO 100 I=1,N
S1             A(I)=B(I+1)
S2             C(I)=A(I)
S3             A(I)=A(I)*D(I)
        100 CONTINUE
```

In diesem Programm bestehen folgende Abhängigkeiten:

a) datenabhängig sind S2 von S1, S3 von S1;

b) antiabhängig ist S3 von S2;

c) ausgabeabhängig ist S3 von S1.

Man erhält somit als Abhängigkeitsgraph:

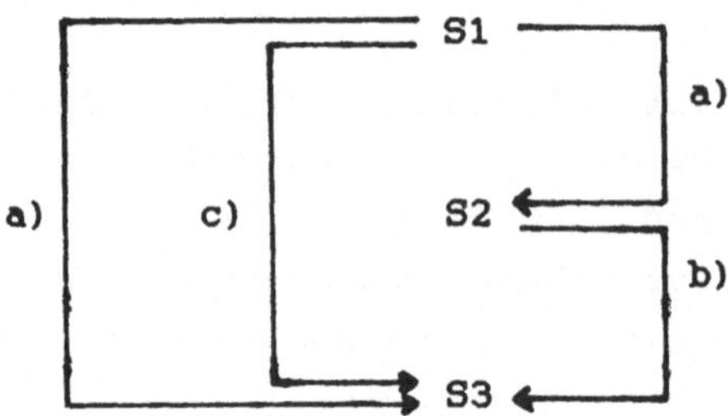

Mit Hilfe dieses Graphen kann man für je zwei Anweisungen Si und Sj des untersuchten Programmbereiches entscheiden, ob sie hinsichtlich der Bearbeitungsreihenfolge unabhängig sind. Existiert zwischen ihnen eine Kante, so sind sie in der vorgegebenen Reihenfolge abzuarbeiten.

Im oben angegebenen Beispiel ergibt sich damit als einzig mögliche Reihenfolge die Abarbeitung in der Folge:

S1 vor S2 vor S3,

da S1 sowohl vor S2 als auch vor S3 abgearbeitet werden muß (beide sind datenabhängig von S1), und aufgrund der vorliegenden Antiabhängigkeit die Ausführung von S3 nur nach der von S2 erfolgen kann.

Will man eine Anweisung durch einen Vektorbefehl ersetzen, so muß überprüft werden, ob die dadurch bedingte Änderung der Abarbeitungsreihenfolge gegen die zuvor ermittelten Flußabhängigkeiten verstößt. Das geschieht, indem man für alle mit dem zugehörigen Knoten inzidierenden Knoten überprüft, ob die Ersetzung die bestehenden Abhängigkeiten verletzt. Ist das bei mindestens einer Inzidenz der Fall, so würde die Ersetzung zu einem nicht äquivalenten Algorithmus und somit möglicherweise zu falschen Resultaten führen.

Enthält also eine Schleife <u>nur vorwärtsgerichtete Abhängig-</u>

keiten, so ist sie wie oben angegeben vektorisierbar. Existiert zwischen zwei Anweisungen Si und Sj einer Schleife eine zyklische Abhängigkeit

Si -> Sj und Sj -> Si,

so kann diese Schleife nicht wie oben angegeben vektorisiert werden.

Sind im Abhänigkeitsgraphen zwei Knoten Si und Sj unverbunden, so können sie völlig unabhängig voneinander abgearbeitet werden.

Über die Parallelisierbarkeit einer DO-Schleife kann dann nicht entschieden werden, wenn sie Anweisungen enthält, bei denen die Flußabhängigkeit nicht überprüft werden kann. Man bezeichnet diese Fälle als Pseudoabhängigkeiten.

Pseudoabhängigkeiten liegen zum Beispiel dann vor, wenn die Schleife Unterprogrammaufrufe enthält. Die zugehörigen Unterprogramme werden meist erst nach der Compilation in den Code eingebunden, so daß während der Suche nach Parallelismen nicht bekannt ist, welche Wirkung das Unterprogramm auf die in der DO-Schleife auftretenden Variablen hat.

Probleme bei der Anwendung

Wendet man das Verfahren der Abhängigkeitsanalyse auf Programme an, so können während der Analyse vier verschiedene Fälle eintreten:

(1) Die Anweisungen eines Abschnittes sind parallelisierbar/vektorisierbar; dieses wird durch die Analyse erkannt und bei der anschließenden Übersetzung wird für die einzelnen Anweisungen paralleler/vektorisierter Code erzeugt.

(2) Die Anweisungen eines Abschnittes sind nicht parallelisierbar/vektorisierbar; dieser Fall wird bei der Analyse immer erkannt und führt deswegen zur Erzeugung skalaren Codes.

(3) Die Anweisungen eines Abschnittes sind parallelisierbar/vektorisierbar, jedoch verhindern Pseudoabhängigkeiten ein Erkennen dieses Tatbestandes. Es könnte theoretisch paralleler Code erzeugt werden, da aber die Analyse dieses nicht erkennen kann, wird skalarer Code erzeugt.

(4) Die Anweisungen eines Abschnittes sind zwar aufgrund ihrer Abhängigkeiten untereinander nicht parallelisierbar, aber durch Veränderungen am Programm kann Parallelisierbarkeit erreicht werden. Solche Umstellungen sind zum Teil automatisch mit vertretbarem Aufwand durchführbar, so daß dann paralleler Code erzeugt werden könnte.

Während die Fälle (1) und (2) problemlos abgehandelt werden können, bedürfen die Fälle (3) und (4) einer intensiveren Behandlung. Diese kann zur Erzeugung optimalen Codes auch die Einbeziehung des Programmierers in den Analyseprozeß erfordern. Erst die sich ergänzenden Informationen des Programmierers über Semantik und Daten und des Analyseprogrammes über die syntaktische Struktur des untersuchten Programmes reichen eventuell für eine korrekte Entscheidung über die Parallelisierbarkeit aus.

Im übrigen kann sich durch die Vektorisierung/Parallelisierung eines Algorithmus seine <u>numerische Stabilität</u> verändern.

2.3 Einige parallele Basisalgorithmen

Wir betrachten parallele Basisalgorithmen für zwei Bereiche:

- Vektor/Matrixoperationen
- Rekurrente Relationen

Vektor/Matrixoperationen

Die häufigsten Grundoperationen dieser Art sind die Operationen:

Vektor * Vektor
Matrix * Vektor
Matrix * Matrix

Da es sich um Operationen handelt, die gemäß ihrer mathematischen Definition inhärent parallel sind, geht es primär darum, geeignete Programme für diese Operationen zu entwikkeln. Konkret und auf FORTRAN bezogen: Wie sind die DO-Schleifen anzuordnen? Wir knüpfen damit an Absatz 2.2 an bzw. konkretisieren die dort gemachten Ausführungen.

Vektor * Vektor

I.d.R. handelt es sich um ein Skalarprodukt; die Multiplikationen bereiten keine Probleme. Die anschließende Addition kann z.B. über rekursives Doppeln geschehen; s. unten.

Hinweis: Es gibt Vektorrechner (z.B. Cyber 205) mit einem eigenen Skalarproduktbefehl (die 2-Pipe Cyber 205 erreicht dabei im 64-Bit-Modus r_∞ = 100 MEGA-FLOPS).

Matrix * Vektor

$$y = Ax \Leftrightarrow \begin{bmatrix} y_1 \\ . \\ . \\ . \\ y_N \end{bmatrix} = \begin{bmatrix} a_{11} & \cdots & a_{1N} \\ . & & . \\ . & & . \\ . & & . \\ a_{N1} & \cdots & a_{NN} \end{bmatrix} * \begin{bmatrix} x_1 \\ . \\ . \\ . \\ x_N \end{bmatrix} \Leftrightarrow y_i = \sum_{k=1}^{N} a_{ik} x_k$$

Naheliegend wäre

(2.3.1) y_i = (i-te Zeile von A) * x ,

das steht aber im Widerspruch zur FORTRAN-Speicherung von A.

Wegen

$$\begin{bmatrix} y_1 \\ . \\ . \\ . \\ y_N \end{bmatrix} = \begin{bmatrix} a_{11} \\ . \\ . \\ . \\ a_{N1} \end{bmatrix} * x_1 + \begin{bmatrix} a_{12} \\ . \\ . \\ . \\ a_{2N} \end{bmatrix} * x_2 + \ldots + \begin{bmatrix} a_{1N} \\ . \\ . \\ . \\ a_{NN} \end{bmatrix} * x_N$$

bietet sich der Triaden-orientierte Algorithmus

$$(2.3.2) \quad \begin{bmatrix} y_1 \\ . \\ . \\ . \\ y_N \end{bmatrix} := 0; \quad \begin{bmatrix} y_1 \\ . \\ . \\ . \\ y_N \end{bmatrix} := \begin{bmatrix} y_1 \\ . \\ . \\ . \\ y_N \end{bmatrix} + x_j * \begin{bmatrix} a_{1j} \\ . \\ . \\ . \\ a_{Nj} \end{bmatrix} \qquad j=1,\ldots,N$$

Vektor = Vektor + Skalar * Vektor

an.

Anstelle der üblichen "skalaren" Schleife (2.3.1)

```
      DO 1 I = 1,N
      DO 1 J = 1,N
 1      Y(I) = Y(I) + X(J) * A(I,J)
```

empfiehlt sich also die triaden-orientierte "Vektor-Schleife" (2.3.2)

```
      DO 1 J = 1,N
      DO 1 I = I,N
 1      Y(I) = Y(I) + X(J) * A(I,J)
```

Bei der FORTRAN-Codierung sind also lediglich die innere und äußere Schleife, also I und J zu vertauschen. Dies ist auch der Ansatzpunkt für die Matrizenmultiplikation.

Matrix * Matrix

$$C = A * B \iff (c_{ij}) = \left(\sum_{K=1}^{N} a_{ik} * b_{kj} \right)$$

Die "übliche" FORTRAN-Codierung lautet:

```
          DO 1 I = 1,N
(2.3.3)   DO 1 J = 1,N
          DO 1 K = 1,N
       1    C(I,J) = C(I,J) + A(I,K) * B(K,J).
```

Die letzten beiden Programmzeilen beschreiben ein Skalarprodukt. Es könnte wie oben über rekursives Doppeln oder einen Skalarproduktbefehl berechnet werden. Das bedeutete aber, daß bei diesem Inner-Product-Algorithmus nur Skalarprodukte vektoriell bzw. parallel berechenbar wären. Insgesamt wären dann N^2 Skalarprodukte (nacheinander) zu berechnen. Wir permutieren deshalb die Laufindizes I,J,K um "N - bzw. N^2 - Parallelität" zu erhalten.

Offenbar gibt es 3*2 = 6 Möglichkeiten für die Reihenfolge der 3 Indizes. Die innerste Anweisung

C(I,J) = C(I,J) + A(I,K) * B(K,J)

bleibt dabei immer dieselbe. Je nach der Reihenfolge der Laufindizes bezieht man sich dabei skalar, vektoriell (Reihen bzw. Spalten) oder insgesamt auf die Matrix.

<u>Notation</u> (Dongarra (1983)):

> * skalarer Zugriff, ⟷ bzw. ↕ Reihen- bzw. Spalten-Zugriff, ⇔ bzw. ↕↕↕ Zugriff auf die Gesamt-Matrix.

<u>Möglichkeit 1</u> (<u>Inner</u>-Product-Algorithmus) (IJK)

[* * *] = [⟷] * [↕↕↕]

C = A * B

nicht empfehlenswert, da nicht der beste Algorithmus

<u>Möglichkeit 2</u> (JIK)

[* * *] = [⟷ ⟷ ⟷] * [↕]

nicht empfehlenswert:
bei Cray-1: Bankkonflikte und es gibt schnellere Algorithmen
bei Cyber 205: es gibt schnellere Algorithmen

<u>Möglichkeit 3</u> (<u>Outer</u>-Product-Algorithmus) (KIJ)

[⟷ ⟷ ⟷] = [* * *] * [⟷]

Möglichkeit 4 (KJI)

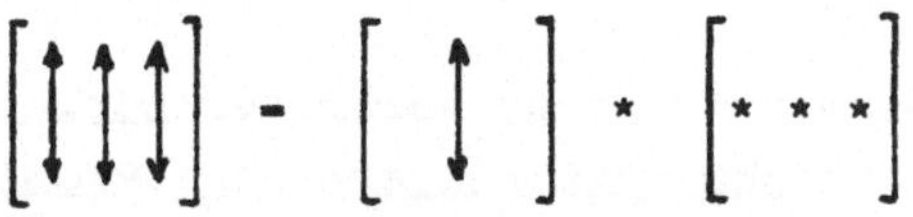

[↕↕↕] = [↕] * [* * *]

Zu den Möglichkeiten 3 und 4:
Auf Vektorrechnern ungünstig, da jeweils die gesamte Matrix geladen und abgespeichert werden muß pro Durchlauf der äußersten Schleife.
Auf Arrayrechnern wie ICL-DAP die günstigste Möglichkeit.

Möglichkeit 5 (IKJ)

[←→] = [* * *] * [⇔⇔⇔]

Für Cray genauso gut geeignet wie Möglichkeit 6; für Cyber 205 ist Möglichkeit 6 wegen des spaltenweisen Zugriffs noch besser.

Möglichkeit 6 (Middle-Product) (JKI)

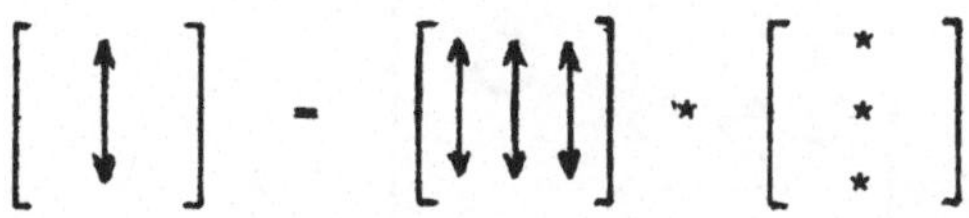

[↕] = [↕↕↕] * [* * *]

Der beste Algorithmus für Cray-1 und Cyber 205:
Chaining bei der Cray-1 (CAL); Triaden bei der Cyber 205.

Rekurrente Relationen

Bei numerischen Berechnungen ergibt sich die Lösung oft als eine Folge $x_1,\ldots,x_n$ ($x_i \in \mathbb{R}$), wobei jedes x_i von den vorhergehenden Folgegliedern x_j abhängen kann ($j<i$). Die Glei-

chungen, die diese Abhängigkeit beschreiben, werden rekurrente Relationen (Rekursionen) genannt.

Da Rekursionen scheinbar typische Vertreter serieller, nicht parallelisierbarer (nicht vektorisierbarer) Probleme sind, kommt ihnen in der Parallelen Numerik besondere Bedeutung zu.

Wir betrachten zunächst einige Beispiele für das Auftreten von Rekursionen in der Numerik.

Beispiel 1:

$$S = \sum_{k=1}^{n} x_k \qquad \text{(Summe)}$$

$$S_o := 0$$

$$S_k := S_{k-1} + x_k, \quad k=1,\dots,n$$

$$S = S_n$$

(lineare Rekursion 1. Ordnung)

Beispiel 2:

$$S = \vec{x}^T * \vec{y} \qquad \text{(Skalarprodukt)}$$

$$S_o := 0$$

$$S_k := S_{k-1} + x_k * y_k, \quad k=1,\dots,n$$

$$S = S_n$$

(lineare Rekursion 1. Ordnung)

Beispiel 3: L * U - Zerlegung einer tridiagonalen Matrix

$$A := \begin{bmatrix} a_1 & b_1 & & & \bigcirc \\ c_2 & a_2 & b_2 & & \\ & \cdot & \cdot & \cdot & \\ & & \cdot & \cdot & \cdot \\ \bigcirc & & & c_n & a_n \end{bmatrix} = L * U$$

mit

$$L := \begin{bmatrix} 1 & & & \bigcirc \\ l_2 & 1 & & \\ & \cdot & \cdot & \\ & & \cdot & \cdot \\ \bigcirc & & l_n & 1 \end{bmatrix}, \quad U := \begin{bmatrix} u_1 & b_1 & & & \bigcirc \\ & u_2 & b_2 & & \\ & & \cdot & \cdot & \\ & & & \cdot & b_{n-1} \\ \bigcirc & & & & u_n \end{bmatrix}$$

Wie aus der Matrizenrechnung bekannt, gilt:

$$(2.3.4)\quad \begin{aligned} u_1 &:= a_1 \\ u_k &:= a_k - c_k * b_{k-1} / u_{k-1}, \quad k=2,\ldots,n \end{aligned}$$

(nicht-lineare Rekursion 1. Ordnung mit einem vektorwertigen Ergebnis).

Multipliziert man (2.3.4) mit u_{k-1}, so resultiert eine <u>lineare rekurrente Relation 2. Ordnung</u> mit vektorwertigem Ergebnis:

$$q_k = a_k * q_{k-1} - c_k * b_{k-1} * q_{k-2},$$

wobei $q_o := 1$, $q_1 := a_1$, $q_k := u_k * q_{k-1}$ ist.

Aus den u_k können dann die l_k leicht parallel bzw. vektorisiert berechnet werden:

$$l_k := c_k / u_{k-1}$$

Kehren wir zurück zum Beispiel 1. Offenbar kann man die Summe von (o.B.d.A) $n = 2^p$ Zahlen gemäß folgendem Schema berechnen:

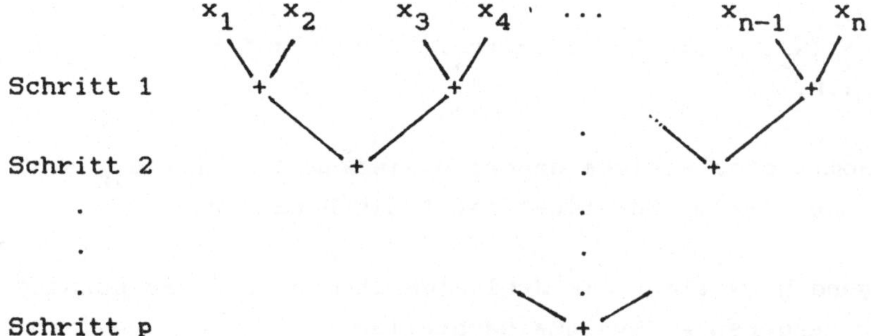

Im ersten Schritt können $n/2 = 2^{p-1}$ Additionen gleichzeitig ausgeführt werden; im zweiten Schritt sind es noch $n/4 = 2^{p-2}$ Additionen. Im letzten, dem $p = \log_2 n$-ten, Schritt fällt das Ergebnis an. Im Gegensatz zur seriellen Summenberechnung, die (n-1) <u>Zeitschritte = Additionen</u> erfordert, sind es nach obigem Schema nurmehr <u>$\log_2 n$ Zeitschritte</u>, aber unverändert <u>(n-1) Additionen</u>. Die eben dargestellte Parallelisierungs-/Vektorisierungstechnik wird als <u>rekursives Doppeln</u> bezeichnet (andere synonym verwandte Begriffe für diese Vorgehensweise bzw. die daraus resultierenden Algorithmen betrachten wir unten).

Wir wollen nach diesen exemplarischen Ausführungen nun <u>systematisch</u> die <u>Parallelisierung/Vektorisierung linearer rekurrenter Relationen</u> betrachten.

<u>Def. 2.3.1:</u> Ein lineares rekurrentes System $R\langle n,m\rangle$ der Ordnung m für n Gleichungen ist definiert für $m \leq n-1$ durch

$$(2.3.2) \qquad R\langle n,m\rangle: \; x_k := \begin{cases} 0 & k \leq 0 \\ c_k + \sum_{j=k-m}^{k-1} a_{kj} * x_j & 1 \leq k \leq n \end{cases}$$

In Matrix-Vektor-Notation ergibt sich für (2.3.2)

$$x = Ax + c$$

mit $x := (x_1,\ldots,x_n)^T$, $c := (c_1,\ldots,c_n)^T$ und $A := (a_{ik})$, $i,k=1,\ldots,n$.

A ist somit eine strikte untere Dreiecksmatrix mit $a_{ik} = 0$ für $i \leq k$ oder $i-k > m$. Für $m < n-1$ ist A ein Bandmatrix.

Im folgenden wollen wir drei Algorithmen zur Berechnung linearer rekurrenter Systeme darstellen:

(i) den sogenannten Column-Sweep-Algorithmus, der auf

alle linearen rekurrenten Systeme anwendbar ist,

(ii) die zyklische Reduktion ("cyclic reduction") mitsamt ihren Varianten,

(iii) den rekurrenten Produktform-Algorithmus, der besonders für lineare rekurrente Systeme R<n,m> mit kleinem m geeignet ist.

(a) Column-Sweep-Algorithmus:

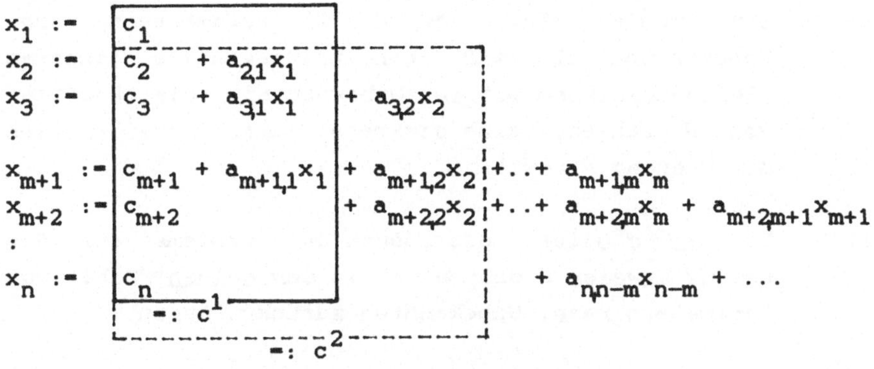

...

Schritt 1: x_1 ist bekannt. Die Ausdrücke

$$c_i^1 := a_{i1}x_1 + c_i \,, \quad 2 \leq i \leq m+1$$

können daher parallel ausgewertet werden (Triade!); damit ist x_2 bekannt.

Schritt 2: x_1, x_2 sind bekannt. Die Ausdrücke

$$c_i^2 := a_{i2}x_2 + c_i^1 \,, \quad 3 \leq i \leq m+1$$

$$c_{m+2}^2 := a_{m+2\,2}x_2 + c_{m+2}$$

können dann parallel ausgewertet werden

(Triade!); damit ist x_3 bekannt; usw.

(b) <u>Zyklische Reduktion</u> (syn. "rekursives Doppeln", "Divide and Conquer", "odd-even-reduction", "Kaskaden-Algorithmus", "log-sum-Algorithmus")

Die zyklische Reduktion (cyclic reduction) ist ein allgemeines Prinzip zur Parallelisierung resp. Vektorisierung der verschiedensten Probleme. Es läßt sich wie folgt charakterisieren:

(i) Ein Problem hänge von $N = 2^p$ Paramentern resp. Unbekannten ab (z.B. ein tridiagonales lineares Gleichungssystem mit N Unbekannten, die Addition von N Zahlen, eine diskrete Fouriertransformation der Ordnung N usw.)

(ii) Es <u>sei</u> möglich, die Lösung des Problems auf die Lösung <u>zweier</u> Probleme mit je der <u>halben</u> Zahl von Parametern resp. Unbekannten zurückzuführen.

(iii) Die Lösung des Problems mit nunmehr einem bzw. zwei Parametern resp. Unbekannten sei in einfacher Weise möglich.

(iv) Dann kann das Problem (i) kaskadenartig bis zum Problem (iii) zurückgeführt und dieses gelöst werden. Die kaskadenartigen Reduktionen führen zu parallelen Algorithmen.

Der Reduktionsschritt (ii) kann beispielsweise darauf beruhen, daß eine <u>assoziative</u>, <u>zweistellige Relation o</u> auf einer <u>Menge M</u> vorliegt. Dann gilt offenbar mit $q := 2^{p-1}$:

$$x_1 \circ x_2 \circ \ldots \circ x_{2q} = (x_1 \circ \ldots \circ x_q) \circ (x_{2q+1} \circ \ldots \circ x_{2q})$$

Bekannte Beispiele für Relationen dieser Art sind

- Addition, Multiplikation, Max- bzw. Min-Bildung in R
- Addition, Multiplikation quadratischer Matrixen

Damit ist auch die oben dargestellte Berechnung einer Summe reeller Zahlen durch rekursives Doppeln in eine allgemeine Vorgehensweise eingeordnet.

(c) <u>Der rekurrente Produktform-Algorithmus:</u>

Der rekurrente Produktform-Algorithmus ergibt sich aus der Tatsache, daß die Lösung x eines Systems $R<n,n-1>$

$$x = Ax + c$$
(A: strikte untere Dreiecksmatrix)

in der Form

$$x = (I - A)^{-1} * c = L^{-1} * c$$

mit

$$L^{-1} = M_n * M_{n-1} * \dots * M_1$$

dargestellt werden kann (vgl. Kogge (1974)).

$$M_i := \begin{bmatrix} 1 & & & & & \\ & \ddots & & & \bigcirc & \\ & & 1 & & & \\ & & -a_{i+1,i} & \ddots & & \\ & \bigcirc & \vdots & & \ddots & \\ & & -a_{n,i} & & \bigcirc & 1 \end{bmatrix}$$

Der Lösungsvektor x läßt sich damit durch

$$x = M_n * M_{n-1} * \dots * M_1 * c$$

bestimmen. Durch die Anwendung des rekursiven Doppelns läßt sich die Berechnung in $O(\log_2 n)$ Zeitschritten durchführen.

Die Änderungen des Algorithmus für beliebige R<n,m> Systeme $(1 \leq m \leq n-1)$ ist ohne weiteres möglich.

<u>Anmerkung:</u> Bei allen drei Algorithmen handelt es sich sozusagen um <u>Prototypen</u> vektorieller/paralleler Algorithmen für eine Reihe von Grundaufgaben. Ihre Adaption an konkreten Problemstellungen und konkreten Vektor- bzw. Parallelrechnern ist keinesfalls trivial. Auch ist nicht jeder dieser Algorithmen für jeden Rechner geeignet.

3 Einige parallele Algorithmen

3.1 Lineare Gleichungssysteme

Bei der direkten (nicht iterativen) Lösung linearer Gleichungssysteme unterstellt man - zumindest für Komplexitätsanalysen - gerne einen hypothetischen Parallelrechner. Dieser ist als SIMD-Rechner konzipiert, in dem jederzeit parallel eine beliebige Anzahl von Prozessoren benutzbar ist. Speicherzugriffszeiten oder Datenkonflikte bleiben unbeachtet.

Wir betrachten in diesem Absatz 3.1 vollbesetzte Systeme. Tridiagonale Gleichungssysteme als wichtiger Spezialfall dünn besetzter Systeme erörtern wir in Absatz 3.2.

Da bei manchen Algorithmen die Pivotsuche die Rechengeschwindigkeit erheblich reduzieren kann, unterscheiden wir auch diesbezüglich.

Ein Resultat von Csanky

Wie man sich leicht überlegen kann, erfordert die parallele Berechnung einer von m Größen abhängigen Größe mindestens $\lceil \log_2 m \rceil$ (Rechen-)Zeitschritte. Die Lösung x eines voll besetzten linearen Gleichungssystems

(3.1.1) $A\,x = b$

hängt von den n^2 Koeffizienten von A und den n Koeffizienten von b ab. Bei unbegrenzter Prozessorzahl sind daher mindestens

$$O(\lceil \log_2(n^2 + n) \rceil) = O(2 \log_2 n)$$

Zeitschritte erforderlich. Andererseits läßt sich beispielsweise der Gauß-Jordan-Algorithmus zur Berechnung von A^{-1} bei ausreichend vielen Prozessoren in O(n) Zeitschritten tatsächlich ausführen. Durch Anwendung einer von Leverrier 1840 entwickelten Methode konnte Csanky (Csanky (1976)) einen Algorithmus angeben, der A^{-1} bzw. $x = A^{-1}b$ in

$O((\log_2 n)^2) < O(n)$ Zeitschritten bei
$O(n^4)$ Prozessoren

berechnet. Dies ist sehr interessant; auch eine Pivotsuche entfällt bei diesem Algorithmus. Andererseits ist der Algorithmus numerisch instabil. Auch die Prozessorzahl von $O(n^4)$ ist wohl noch auf längere Zeit indiskutabel. Das Resultat von Csanky ist also vor allem im Rahmen der Komplexitätstheorie interessant.

Gauß-Elimination ohne Pivotsuche

Sei A nicht singulär, Pivotsuche überflüssig und

$$\text{(3.1.1)} \quad A x = b \iff \begin{array}{l} a_{11} x_1 + \ldots + a_{1n} x_n = a_{1,n+1} \\ a_{21} x_1 + \ldots + a_{2n} x_n = a_{2,n+1} \\ \quad\vdots \\ a_{n1} x_1 + \ldots + a_{nn} x_n = a_{n,n+1} \end{array}$$

Die übliche zeilenorientierte Form der Gauß-Elimination

$$\text{(3.1.2)} \quad \text{i-te Zeile} := \text{1-te Zeile} * (-a_{i1}/a_{11}) + \text{i-te Zeile}$$

usw. ist wegen der spaltenweisen Speicherung von Matrizen in FORTRAN offenbar wenig geeignet für eine Vektorisierung bzw. Parallelisierung.

Man kann aber - zunächst für die erste Stufe der Gauß-

Elimination – (3.1.2) für $i = 2,\dots,n$ untereinander schreiben und spaltenweise zusammenfassen und erhält (der obere Index j bezeichnet das Resultat der j-ten Stufe der Gauß-Elimination; $a_{ik}^{(0)} := a_{ik}$)

$$\begin{bmatrix} a_{2k}^{(1)} \\ \cdot \\ \cdot \\ \cdot \\ a_{nk}^{(1)} \end{bmatrix} := - \begin{bmatrix} a_{21}^{(0)} \\ \cdot \\ \cdot \\ \cdot \\ a_{n1}^{(0)} \end{bmatrix} * \frac{a_{1k}^{(0)}}{a_{11}^{(0)}} + \begin{bmatrix} a_{2k}^{(0)} \\ \cdot \\ \cdot \\ \cdot \\ a_{nk}^{(0)} \end{bmatrix} \qquad k=2,\dots,n+1 \tag{3.1.3}$$

also eine Triade der Form

Vektor * Skalar + Vektor (Vektorlänge n–1).

Allgemein ergibt die j-te Stufe der Elimination

$$\begin{bmatrix} a_{j+1,k}^{(j)} \\ \cdot \\ \cdot \\ \cdot \\ a_{n,k}^{(j)} \end{bmatrix} := - \begin{bmatrix} a_{j+1,j}^{(j-1)} \\ \cdot \\ \cdot \\ \cdot \\ a_{n,j}^{(j-1)} \end{bmatrix} * \frac{a_{j,k}^{(j-1)}}{a_{j,j}^{(j-1)}} + \begin{bmatrix} a_{j+1,k}^{(j-1)} \\ \cdot \\ \cdot \\ \cdot \\ a_{n,k}^{(j-1)} \end{bmatrix} \qquad k=j+1,\dots,n+1 \tag{3.1.4}$$

also wieder eine Triade der Form

Vektor * Skalar + Vektor (Vektorlänge n–j).

Es resultiert das Dreieckssystem

$$\begin{array}{rcl} a_{11}^{(0)} x_1 + a_{12}^{(0)} x_2 + a_{13}^{(0)} x_3 + \dots + a_{1n}^{(0)} x_n & = & a_{1,n+1}^{(0)} \\ a_{22}^{(1)} x_2 + a_{23}^{(1)} x_3 + \dots + a_{2n}^{(1)} x_n & = & a_{2,n+1}^{(1)} \\ \cdot \qquad \cdot & & \cdot \\ \cdot \qquad \cdot & & \cdot \\ a_{nn}^{(n-1)} x_n & = & a_{n,n+1}^{(n-1)} \end{array} \tag{3.1.5}$$

Die übliche, skalare Lösung von (3.1.5) erfolgt über die Rekursionsformel

$$x_i = (a_{i,n+1}^{(i-1)} - \sum_{k=i+1}^{n} a_{ik}^{(i-1)} x_k) / a_{ii}^{(i-1)}$$

(3.1.5) läßt sich aber günstiger nach dem triadenorientierten Column-sweep-Algorithmus aus Absatz 2.3 auswerten (vgl. Gentzsch (1984), S. 97/98).

<u>Hinweis:</u> Zur Berechnung von A^{-1} wird die Gauß-Elimination gleichzeitig auf die n rechten Seiten $e_1,\dots,e_n$ angewendet.

<u>Gauß-Elimination mit Pivotsuche</u>

Falls $a_{jj}^{(\dots)} = 0$ an irgendeiner Stelle des Gauß-Jordan-Algorithmus resp. der Gauß-Elimination, so ist es hinreichend, in dieser Spalte - unterhalb der Diagonale - nach einem Pivot-Element zu suchen (Teilpivotsuche). Das führt insgesamt auf jeden Fall zu

$$\sum_{j=1}^{n-1} \lceil \log_2(n-j) \rceil = O(n * \log_2 n)$$

zusätzlichen Vergleichsschritten (Heller (1978)).

(Das Maximum einer Folge von $m = 2^p$ Zahlen zu finden, erfordert z.B. über das rekursive Doppeln $\log_2 m$ Vergleichsoperationen, im allgemeinen Fall $m \neq 2^p$ aber $\lceil \log_2 m \rceil$ Vergleichsoperationen. Wie sich dies im Vergleich zu der Zahl der arithmetischen Operationen bei der eigentlichen Elimination und im Wechselspiel mit der Datenanordnung im Speicher auswirkt, hängt u.a. vom "Parallelitätsgrad" des betrachteten Rechners ab (vgl. z.B. Heller (1978)). Bei den meisten Vektor-/Parallelrechnern reduziert die Pivotsuche die Effizienz des Algorithmus auf jeden Fall wesentlich.

3.2 Vergleich von Algorithmen zur Lösung tridiagonaler linearer Gleichungssysteme auf der Cray-1

Wir betrachten tridiagonale lineare Gleichungssysteme der Form

$$(3.2.1)\qquad \begin{bmatrix} a_1 & c_1 & & & \bigcirc \\ b_2 & a_2 & c_2 & & \\ & \ddots & \ddots & \ddots & \\ & & \ddots & \ddots & c_{n-1} \\ \bigcirc & & & b_n & a_n \end{bmatrix} * \begin{bmatrix} x_1 \\ x_2 \\ \vdots \\ \vdots \\ x_n \end{bmatrix} = \begin{bmatrix} y_1 \\ y_2 \\ \vdots \\ \vdots \\ y_n \end{bmatrix}$$

$$A \quad * \quad x \quad = \quad y$$

mit regulärer Matrix A und einer oder mehreren rechten Seiten. Während man früher vor allem vorhandene serielle Algorithmen vektorisierte/parallelisierte, geht man heute zunehmend von der Problemstellung (3.2.1) direkt zum entsprechenden Vektor-/Parallel-Algorithmus.

Da die Pivotsuche für einen Vektoralgorithmus ein grundsätzliches Problem darstellt (die Vektorisierung des Algorithmus auf einem Vektorrechner wird zerstört), arbeiten alle hier vorgestellten Algorithmen ohne Pivotsuche. Der Verzicht auf Pivotsuche ist in Einzelfällen gerechtfertigt, i.a. jedoch unbefriedigend. Die dargestellten Algorithmen scheinen (!) im übrigen auch ein geeigneter Ausgangspunkt für MIMD-Rechner zu sein.

Gauß-Algorithmus mit Varianten

Der Original-Gauß-Algorithmus OR-GAUSS formt die Matrix A aus (3.2.1) um in

$$(3.2.2) \qquad A = \begin{bmatrix} 1 & g_1 & & & \bigcirc \\ & 1 & g_2 & & \\ & & \ddots & \ddots & \\ & & & 1 & g_{n-1} \\ \bigcirc & & & & 1 \end{bmatrix}$$

gemäß

```
        h_1 = y_1/a_1
        g_1 = c_1/a_1
        FOR i = 2,n-1
                f = a_i - b_i * g_(i-1)
S        (R1)  g_i = c_i / f
         (R2)  h_i = (y_i - b_i * h_(i-1)) / f
        END
        x_n = (y_n - b_n * h_(n-1)) / (a_n - b_n * g_(n-1))
        FOR i = n-1,1
S        (R3)  x_i = h_i - g_i * x_(i+1)
        END
```

In der obigen Form ist aufgrund der Rekursionen:

R1: nichtlineare Rekursion

R2: lineare Rekursion

R3: lineare Rekursion

keine Abarbeitung durch den Vektorteil eines Vektorrechners möglich. Der Algorithmus wird in dieser Form rein skalar ausgewertet. Durch Umstellung der auf der Cray-1 zeitaufwendigen Division in der ersten Schleife resultiert GAUSS-V1, das schnellste skalare FORTRAN-Programm für die Cray-1.

Ansatzpunkt für die Vektorisierung des Gauß-Algorithmus ist zunächst die lineare Rekursion (R3). Naheliegend wäre es, die Column-Sweep-Technik aus Absatz 2.3 anzuwenden. Dies führt allerdings für die Cray-1 zu keinen Verbesserungen gegenüber GAUSS-V1.

Eine andere in Absatz 2.3 dargestellte Technik zur Vektorisierung von Rekursionen ist das rekursive Doppeln (syn. zyklische Reduktion (ZR)). Die Idee dieser Vektorisierung besteht darin, die eine Hälfte der Variablen x_i zu eliminieren und die andere Hälfte untereinander abhängig zu machen. Diesen Prozeß führt man so lange fort, bis eine Reduktion auf eine einzige Gleichung erreicht worden ist. Sodann durchläuft man die einzelnen Reduktionsschritte rückwärts und bestimmt von x_n ausgehend die übrigen Variablen x_i.

Kombiniert man diese Technik mit dem Anfang von GAUSS-V1, so erhält man einen effizienteren Algorithmus. Allerdings ist es sehr viel zweckmäßiger und direkter, die zyklische Reduktion, wie auch die Column-Sweep-Technik, nicht auf Teile des Gauß-Algorithmus sondern auf die Problemstellung "Lösung tridiagonaler Gleichungssysteme" direkt anzuwenden. Als Ergebnis der "zyklischen Reduktion" resultiert ein als "serielle zyklische Reduktion" (Hockney-Jesshope (1981)) bekanntes Verfahren. Die Anwendung der Column-Sweep-Technik führt auf die sogenannte "parallele zyklische Reduktion", die aber beispielsweise für die Cray-1 ungeeignet ist (ca. 6-8 mal langsamer).

Serielle zyklische Reduktion (SZR)

Das Ausgangssystem (3.2.1) wird durch Elimination der Variablen z.B. mit ungeradem Index auf ein tridiagonales System halber Größe reduziert. Dieser Prozeß wird sodann zyklisch wiederholt, bis das System auf eine Gleichung verringert ist. Diese wird gelöst, d.h. die entsprechende Variable wird bestimmt und anschließend werden die übrigen Variablen durch Rückeinsetzen in die durch den Reduktionsprozeß erhaltenen Systeme berechnet.

Anhand eines Beispiels mit $n = 8$ wird der Reduktionsprozeß kurz erläutert:

$$
(3.2.3) \quad \begin{bmatrix} a_1 & c_1 & & & \\ b_2 & a_2 & c_2 & & \\ & b_3 & \ddots & \ddots & \\ & & \ddots & \ddots & c_7 \\ & & & b_8 & a_8 \end{bmatrix}
$$

Die Variablen mit ungeradem Index werden eliminiert:

Die 1. Zeile wird mit $-b_2/a_1$, die 3. Zeile mit $-c_2/a_3$ multipliziert und zur 2. Zeile addiert, anschließend wird die 3. Zeile mit $-b_4/a_3$, die 5. Zeile mit $-c_4/a_5$ multipliziert und zur 4. Zeile addiert usw. Dieser Prozeß ist vektoriell durchführbar, indem die Zeilenmanipulationen nicht nacheinander, sondern gleichzeitig ausgeführt werden.

Es resultiert folgendes System:

$$
(3.2.4) \quad
\begin{array}{c} \\ \\ \\ \\ \\ \\ \\ \\ \\ \end{array}
\begin{array}{cccccccc}
x_1 & x_2 & x_3 & x_4 & x_5 & x_6 & x_7 & x_8 \\
\end{array}
$$

$$
\begin{bmatrix}
a_1 & c_1 & & & & & & \\
0 & a_2-c_1b_2/a_1-c_2b_3/a_3 & 0 & -c_3c_2/a_3 & & & & \\
 & b_3 & a_3 & c_3 & & & & \\
 & -b_3b_4/a_3 & 0 & a_4-c_3b_4/a_3-c_4b_5/a_5 & 0 & -c_5c_4/a_5 & & \\
 & & & b_5 & a_5 & c_5 & & \\
 & & & -b_5b_6/a_5 & 0 & a_6-c_5b_6/a_5-c_6b_7/a_7 & 0 & -c_7c_6/a_7 \\
 & & & & & b_7 & a_7 & c_7 \\
 & & & & & -b_7b_8/a_7 & 0 & a_8-c_7b_8/a_7
\end{bmatrix}
$$

Die rechte Seite des Ausgangssystems (3.2.3) ist entsprechend zu modifizieren. Aus (3.2.4) erhält man das reduzierte System (3.2.5), dabei bedeutet "X" eine Besetzung mit einem Wert aus (3.2.4).

$$(3.2.5)\qquad \begin{array}{cccc} x_2 & x_4 & x_6 & x_8 \end{array}$$
$$\begin{bmatrix} X & X & 0 & 0 \\ X & X & X & 0 \\ 0 & X & X & X \\ 0 & 0 & X & X \end{bmatrix}$$

(3.2.5) ist ein tridiagonales System halber Größe, auf das der Reduktionsprozeß erneut angewandt werden kann. Dadurch wird dann x_2 und x_6 eliminiert und beim abschließenden Reduktionsschritt dann x_4. x_8 kann aus einer einzigen Gleichung bestimmt werden.

Den Abschluß der zyklischen Reduktion bildet der sogenannte Rückeinsetzungsprozeß, d.h. aus x_8 müssen alle anderen Variablen bestimmt werden.

Rückeinsetzungsprozeß:
Aus x_8 wird x_4 und daraus dann x_2 und x_6 bestimmt. Die Variablen x_1, x_3, x_5 und x_7 erhält man folgendermaßen aus (3.2.4):

$$\begin{array}{lll} x_1 = & c_1 / a_1 & \\ x_3 = & (b_3*x_2 - c_3*x_4) / a_3 & \text{vektoriell} \\ x_5 = & (b_5*x_4 - c_5*x_6) / a_5 & \text{durchführbar} \\ x_7 = & (b_7*x_6 - c_7*x_8) / a_7 & \end{array}$$

Bemerkungen zur seriellen zyklischen Reduktion:

(1) Der soeben beschriebene Prozep läßt sich auch dann ganz entsprechend durchführen, wenn n keine Zweierpotenz ist.

(2) Statt den Reduktionsprozeß durch Elimination der Variablen mit ungeradem Index auszuführen, lassen sich in jedem Schritt auch die Variablen mit geradem Index eliminieren.

(3) Die Ausführung der seriellen zyklischen Reduktion auf einem Vektorrechner ist allerdings auch mit einigen Nachteilen verbunden.

(a) Die Operationsanzahl (skalar gezählt) erhöht sich auf rund 17n, das ist etwa das Doppelte gegenüber dem Original-Gauß-Algorithmus.

(b) Die Vektorlängen nehmen beim Reduktionsprozeß zunächst ab: n/2; n/4; n/8 usw. bzw. anschließend beim Rückeinsetzungsprozeß wieder zu: 2; 4; 8; 16; usw.

(c) Sowohl beim Reduktions- als auch beim Rückeinsetzungsprozeß treten Bankkonflikte auf, da auf jede 2^1., 2^2., 2^3. usw. Komponente eines Vektors zugegriffen wird. Ab 2^3 ist dieser Zugriff mit Zeitverlusten bei der Übertragung zwischen Speicher und Vektorregistern verbunden. Auf Kosten zusätzlichen Speicherplatzes läßt sich dieser Nachteil umgehen.

(4) Einen Vorteil gegenüber dem Gauß-Algorithmus besitzt die serielle zyklische Reduktion bei Diagonaldominanz des Ausgangssystems. In diesem Fall kann unter Umständen der Reduktionsprozeß ohne Genauigkeitsverlust vorzeitig abgebrochen werden.

Anmerkung: Die serielle zyklische (wie auch die parallele zyklische) Reduktion kann mit Nulldivision zusammenbrechen, ohne daß die Ausgangsmatrix singulär sein muß.

Weitere Algorithmen

Weitere Algorithmen wurden u.a. von Wang (Wang (1981), Kowalik et al.(1984)) und Kershaw (1982) angegeben.

Rechenzeiten

Nachstehende Tabelle gibt Rechenzeiten für folgende Algorithmen an:

GAUSS - V1	(skalar, FORTRAN-Programm)
SZR	(vektoriell, FORTAN-Programm)
Kershaw	(vektoriell, als FORTRAN-Programm und als Assembler-Programm mit Vermeidung von Bankkonflikten)

Die Zahl N der Unbekannten wurde zwischen 10 000 und 100 000 gewählt.

			Kershaw-Algorithmus	
N	GAUSS-V1	SZR	FORTRAN	Assembler
10 000	13.78	9.56	49.59	3.44
20 000	27.53	18.89	99.17	6.83
30 000	41.29	28.19	147.98	10.23
40 000	55.03	37.52	197.05	13.62
50 000	68.78	46.82	246.25	17.01
60 000	82.53	56.12	295.42	20.40
70 000	96.28	65.47	344.59	23.80
80 000	110.03	74.82	393.75	27.19
90 000	123.78	84.04	442.89	30.58
100 000	137.53	93.38		

Rechenzeiten auf der Cray-1S in msec

3.3 Die Fast-Fourier-Transformation (FFT)

Die Fourier-Transformation spielt eine erhebliche Rolle bei der Lösung wichtiger Probleme, z.B.:

(1) Berechnung der Auto-Korrelation, Kreuz-Korrelation und das Glätten von Zeitreihen,

(2) Übergang von Zeit- in den Frequenzbereich,

(3) Lösung linearer partieller Differentialgleichungen,

(4) Berechnung von Faltungen.

Problemstellung

Der diskreten Fourier-Transformation (DFT) liegt folgende Problemstellung zugrunde: Berechne

(3.3.1) $\alpha_j = \sum_{k=0}^{N-1} x_k \exp(i*2\pi jk/N)$, $j=0,1,\ldots, N-1$,

$x_k \in \mathbb{R}$ oder $\in \mathbb{C}$

In Matrixschreibweise formuliert: Berechne

(3.3.2) $\alpha = Tx$ mit $T = (t_{j,k} = w^{jk})$, $w = \exp(i\cdot 2\pi/N)$
$i,j=0,\ldots N-1$

Offenbar ist (1/N)T eine unitäre Matrix ($TT^* = I$, T^* die konjugiert-komplexe Matrix, d.h. $T^* = T^{-1}$). Somit gilt

(3.3.3) $x = (1/N)\ T^*\alpha$

Offenbar läßt sich T dadurch vereinfachen, daß im Exponenten j*k durch j*k (mod N) ersetzt und von $w^{N/2} = -1$ Gebrauch gemacht wird. Mit der Schreibweise T(N), um die Abhängigkeit von N explizit auszudrücken falls notwendig, ergibt sich beispielsweise für N = 8

$$T(8) = \begin{bmatrix} 1 & 1 & 1 & 1 & 1 & 1 & 1 & 1 \\ 1 & w & w^2 & w^3 & -1 & -w & -w^2 & -w^3 \\ 1 & w^2 & -1 & -w^2 & 1 & w^2 & -1 & -w^2 \\ 1 & w^3 & -w^2 & w & -1 & -w^3 & w^2 & -w \\ 1 & -1 & 1 & -1 & 1 & -1 & 1 & -1 \\ 1 & -w & w^2 & -w^3 & -1 & w & -w^2 & w^3 \\ 1 & -w^2 & -1 & w^2 & 1 & -w^2 & -1 & w^2 \\ 1 & -w^3 & -w^2 & -w & -1 & w^3 & w^2 & w \end{bmatrix}$$

Die FFT läßt sich nun als eine spezielle Faktorisierung der Matrix T oder direkt über die Komponentenformel (3.3.1) darstellen; wir wählen den ersten Weg (Wang (1980)).

Die FFT, der Pease- und Stockham-Algorithmus

Die Fast-Fourier-Transform (FFT) von Cooley-Tukey (1967) liefert den konstruktiven Beweis, daß α resp. x nicht in N^2 sondern in $N*\log_2 N$ Schritten berechenbar ist. Der Pease-Algorithmus (1968) ist eine parallelisierte Fassung dieses Algorithmus.

Wir beschränken uns auf die $\sqrt{2}$ - FFT. Das heißt $N = 2^n$. Die Idee der FFT besteht darin, das Problem (3.3.1) in zwei Teilprobleme derselben Art aber mit jeweils N/2 Werten zu zerlegen und diesen Vorgang zyklisch zu wiederholen. Dies führt auf $O(N*\log_2 N)$ Operationen.

R bezeichne im weiteren die <u>Bit-Umkehrtransformation</u>: Diese permutiert defininitionsgemäß die Komponenten eines Vektors, in dem jeder Index "bit-umgekehrt wird" (z.B. 4 = <u>100</u> in 1 = <u>001</u>. I(n) sei wie üblich die n-Einheitsmatrix. Dann gilt, wie leicht nachzuweisen, beispielsweise für $N = 2^3$ die Faktorisierung

$$T'(8) := R * T(8) = D_1 * Q_1 * D_2 * Q_2 * D_3 * Q_3$$

mit D_1 := diag(1,1,1,1,1,1,1,1)
D_2 := diag(1,1,1,w^2,1,w,1,w^3)
D_3 := diag(1,1,1,1,1,1,w^2,w^2)
Q_1 : vier Diagonalblöcke der Form $\begin{bmatrix} I(1) & I(1) \\ I(1) & -I(1) \end{bmatrix}$
Q_2 : zwei Diagonalblöcke der Form $\begin{bmatrix} I(2) & I(2) \\ I(2) & -I(2) \end{bmatrix}$
Q_3 : ein Diagonalblock der Form $\begin{bmatrix} I(4) & I(4) \\ I(4) & -I(4) \end{bmatrix}$

Diese Faktorisierung gilt strukturell unverändert auch im allgemeinen Fall $N = 2^n$.

Mit D_i = Diagonalmatrix von Potenzen von w
Q_i = Blockdiagonalmatrix mit 2^{n-i} identischen Blöcken

gilt die <u>Berechnungsvorschrift</u>

(3.3.3) $\alpha' := T' x := R T x$

(3.3.4) $T' x := S_1 * S_2 * S_3 * \dots * S_n x$

(3.3.5) $S_i := D_i * Q_i$, $i=1, \dots n$

Offenbar gilt

$$\alpha = R \alpha' = R T' x = R^2 T x$$

(Details der Rechenvorschrift entnehme man Wang (1980), wo sich auch die Beweise finden. Uns interessiert in diesem Zusammenhang der strukturelle Aufbau der Berechnungsvorschrift als Basis für die Vektorisierung/Parallelisierung.)

Offenbar arbeitet eine direkte Implementierung von (3.3.4) und (3.3.5) auf einem Vektorrechner im ersten Schritt (S_n) mit Vektoren der Länge N/2; im zweiten Schritt (S_{n-1}) werden doppelt so viele Vektoroperationen der Länge N/4 ausgeführt usw. Die durchschnittliche Vektorlänge wird $n = \log_2 N$.

Pease (1968) benutzte zur Behebung dieses Problems die als "Perfect-Shuffle" bekannte Permutation P von Elementen; beachte $P^{-(n-1)} = P$. Er konnte zeigen:

$$Q_2 = P\, Q_1\, P^{-1},\; Q_3 = P^2\, Q_1\, P^{-2}, \ldots, Q_n = P^{n-1}\, Q_1\, P^{-(n-1)};$$

also geht (3.3.4), (3.3.5) über in

$$(3.3.6) \qquad T' = \prod_{i=1}^{n} Q_1\, P\, C_i = \prod_{i=1}^{n} P\, Q_n\, C_i$$

mit den Diagonalmatrizen $C_i := P^{-i}\, D_{i+1}\, P^i$

Die Auswertung von (3.3.6) geschieht über Vektoren der Länge N/2 resp. N. Es ist daran zu erinnern, daß das Ergebnis in permutierter Form $\alpha' = T'x$ anfällt. Hieraus α zu berechnen ist für Vektorrechner relativ ineffizient.

Beim Stockham-Algorithmus fallen – auf Kosten eines zusätzlichen Arrays – die Ergebnisse in der richtigen Reihenfolge an: $\alpha = Tx$.

Wir illustrieren die Idee für N = 8. Die Matrix T(8) beispielsweise läßt sich wie folgt faktorisieren (Wang (1980)):

$$T(8) =: T_1(8) * U_1$$

mit

$$T_1(8) = \begin{bmatrix} 1 & 1 & 1 & 1 & 0 & 0 & 0 & 0 \\ 0 & 0 & 0 & 0 & 1 & w & w^2 & w^3 \\ 1 & w^2 & -1 & -w^2 & 0 & 0 & 0 & 0 \\ 0 & 0 & 0 & 0 & 1 & w^3 & -w^2 & w \\ 1 & -1 & 1 & -1 & 0 & 0 & 0 & 0 \\ 0 & 0 & 0 & 0 & 1 & -w & w^2 & -w^3 \\ 1 & -w^2 & -1 & w^2 & 0 & 0 & 0 & 0 \\ 0 & 0 & 0 & 0 & 1 & -w^3 & -w^2 & -w \end{bmatrix},$$

$$U_1 = \begin{bmatrix} I(4) & I(4) \\ I(4) & -I(4) \end{bmatrix} .$$

$T_1(8)$ enthält in jeder Zeile nur halb soviele Nichtnullelemente wie T(8). $T_1(8)$ seinerseits läßt sich in zwei Matrizen $T_2(8)$ und U_2 faktorisieren, wobei $T_2(8)$ in jeder Zeile nur halb soviele Nichtnullelemente enthält wie $T_1(8)$:

$$T_1(8) =: T_2(8)*U_2$$

mit

$$T_2(8) = \begin{bmatrix} 1 & 1 & 0 & 0 & 0 & 0 & 0 & 0 \\ 0 & 0 & 1 & w & 0 & 0 & 0 & 0 \\ 0 & 0 & 0 & 0 & 1 & w^2 & 0 & 0 \\ 0 & 0 & 0 & 0 & 0 & 0 & 1 & w^3 \\ 1 & -1 & 0 & 0 & 0 & 0 & 0 & 0 \\ 0 & 0 & 1 & -w & 0 & 0 & 0 & 0 \\ 0 & 0 & 0 & 0 & 1 & -w^2 & 0 & 0 \\ 0 & 0 & 0 & 0 & 0 & 0 & 1 & -w^3 \end{bmatrix} ,$$

$$U_2 = \begin{bmatrix} 1 & 0 & 1 & 0 & 0 & 0 & 0 & 0 \\ 0 & 1 & 0 & 1 & 0 & 0 & 0 & 0 \\ 0 & 0 & 0 & 0 & 1 & 0 & w^2 & 0 \\ 0 & 0 & 0 & 0 & 0 & 1 & 0 & w^2 \\ 1 & 0 & -1 & 0 & 0 & 0 & 0 & 0 \\ 0 & 1 & 0 & -1 & 0 & 0 & 0 & 0 \\ 0 & 0 & 0 & 0 & 1 & 0 & -w^2 & 0 \\ 0 & 0 & 0 & 0 & 0 & 1 & 0 & -w^2 \end{bmatrix} .$$

Da $T_2(8)$ genauso "sparse" ist wie U_1 und U_2, ist die Zerlegung beendet. Mit $U_3 := T_2(8)$ gilt also insgesamt:

$$(3.3.7) \qquad T(8) = U_3\, U_2\, U_1 .$$

Offenbar kann jedes U_i in der Form

$$U_i = V_i E_i$$

geschrieben werden, wobei V_i dasselbe Nichtnullmuster wie U_i besitzt, aber dort nur 1 resp. -1 enthält, und E_i eine Diagonalmatrix ist. Also:

$$T(8) = V_3 E_3 V_2 E_2 V_1 E_1$$

$$\text{mit } E_1 = I(8)$$
$$E_2 = \mathrm{diag}(1,1,1,1,1,1,w^2,w^2)$$
$$E_3 = \mathrm{diag}(1,1,1,w,1,w^2,1,w^3) .$$

Im allgemeinen Fall $N = 2^n$ ergibt sich eine Zerlegung in Sparse-Matrizen

(3.3.8) $$T(N) = V_n E_n V_{n-1} E_{n-1} \dots V_1$$

mit

$$V_i = \begin{bmatrix} I(2^{n-i}) & I(2^{n-i}) & 0 & 0 & \dots 0 & 0 \\ 0 & 0 & I(2^{n-i}) & I(2^{n-i}) & \dots 0 & 0 \\ \vdots & \vdots & \vdots & \vdots & . & \\ 0 & 0 & 0 & 0 & I(2^{n-i}) & I(2^{n-i}) \\ I(2^{n-i}) & -I(2^{n-i}) & 0 & 0 & 0 & 0 \\ 0 & 0 & I(2^{n-i}) & I(2^{n-i}) & 0 & 0 \\ \vdots & \vdots & \vdots & \vdots & . & \\ 0 & 0 & 0 & 0 & I(2^{n-i}) & -I(2^{n-i}) \end{bmatrix}$$

Zur Darstellung der E_i benötigen wir die verallgemeinerte Perfect-Shuffle-Permutation $P(N, 2^k)$ (Korn & Lambiotte (1979)):

Seien Y0 und Y1 die "untere" resp. "obere" Hälfte eines Vektors Y

$$Y = (\underbrace{y_0, y_1,}_{Y0} \underbrace{\dots, y_{N-1}}_{Y1})$$

Wir unterteilen Y0 und Y1 in jeweils $N*2^{-k-1}$ gleiche Gruppen und "mischen sie perfekt" - wie beim Kartenspielen. Das Ergebnis bezeichnen wir mit

$$P(N,2^k)Y$$

z.B.

$$P(8,2)Y = P(8,2)(\ y_0,y_1 \mid y_2,y_3 \parallel y_4,y_5 \mid y_6,y_7\ )$$
$$= (\ y_0\ y_1\ y_4\ y_5\ y_2\ y_3\ y_6\ y_7\ )\ ,$$

$$P(8,1)Y = P(8,1)(\ y_0 \mid y_1 \mid y_2 \mid y_3 \parallel y_4 \mid y_5 \mid y_6 \mid y_7)$$
$$= (\ y_0\ y_4\ y_1\ y_5\ y_2\ y_6\ y_3\ y_7\ )\ .$$

$P^{-1}(N,2^k)$ bezeichne die Umkehroperationen, z.B.

$$P^{-1}(8,1)Y = (\ y_0\ y_2\ y_4\ y_6\ y_1\ y_3\ y_5\ y_7\ )\ ,$$

$$P^{-1}(8,2)Y = (\ y_0\ y_1\ y_4\ y_5\ y_2\ y_3\ y_6\ y_7\ )\ .$$

Sei F_i eine Diagonalmatrix, deren k-tes Element (k=0,...,N/2-1) den Wert w^{2n-i} besitzt, falls das (n+i-1)-te Bit in der Binärdarstellung von k gleich 1 ist. Sonst wird dieses Diagonalelement = 1 gesetzt. Mit

$$G_1 = I(N/2)$$

definieren wir rekursiv die Diagonalmatrizen

$$\text{(3.3.9)} \qquad G_i := F_i\ G_{i-1}\ , \quad i=2,\ldots,n\ .$$

Dann können wir die Matrizen E_i in (3.3.8) schreiben in der Form:

$$E_i = P(N,2^{n-i})\ E_i'\ P^{-1}(N,2^{n-i})$$

$$\text{mit } E_i' = \mathrm{diag}(I(N/2),G_i(N/2))\ ;$$

mit $P_i := P(N,2^{n-i})$ also schließlich

$$(3.3.10) \quad T(N) = V_n P_n E'_n P_n^{-1} V_{n-1} P_{n-1} E'_{n-1} P'_{n-1} \dots P_2^{-1} V_1$$

Die den Stockham-Algorithmus darstellende Formel (3.3.10) läßt sich durch Schritt-um-Schritt-Faktorisierung, wie im obigem Beispiel geschehen, verifizieren. Man kann darüberhinaus leicht verifizieren, daß gilt

$$V_i P_i = V_1 , \quad i=2,\dots,n ,$$

so daß (3.3.10) übergeht in

$$(3.3.11) \quad \boxed{T(N) = V_1 E'_n P_n^{-1} V_1 E'_{n-1} P_{n-1}^{-1} \dots P_2^{-1} V_1}$$

Die Implementierung des Pease-Algorithmus

Es geht um die Berechnung von – vgl. (3.3.1) und (3.3.6) –

$$\alpha = R T' x$$

$$\text{mit } T' = \prod_{i=1}^{n} P Q_n C_i := \prod_{i=1}^{n} H C_i .$$

Die Diagonalmatrix Z_i enthalte an der (k,k)-Position den Wert $w^{2^{i-1}}$, falls das (n-i)-te Bit in der Binärdarstellung von k (k=0,...,N/2-1) den Wert 1 hat; andernfalls steht dort der Wert 1. Mit $B_n = I(N/2)$ beginnend berechnen wir rekursiv

$$B_i := B_{i+1} Z_i , \quad i=n-1,\dots,1 .$$

Dann gilt

$$C_i = \mathrm{diag}(I(N/2), B_i(N/2)) .$$

Die Berechnung von

$$\alpha = R\,T'\,x = R(\prod_{i=1}^{n} H\,C_i\,x)$$

erfordert also

(1) die Berechnung von $Y_i = C_i\,x$, $i=1,\dots,n$;

(2) die Berechnung von $T'\,x = \prod_{i=1}^{n} H\,Y_i$;

(3) und die Berechnung von $\alpha = R\,T'\,x$.

<u>Die Implementierung des Stockham-Algorithmus</u>

Wegen (3.3.11) besteht der Stockham-Algorithmus ebenfalls aus n Schritten. Jeder Schritt besteht aus Transformationen, die durch das Matrixprodukt

$$V_1\,E_i'\,P_i^{-1}$$

(mit $E_1'\,P_1^{-1} = I$) dargestellt werden. Die Anwendung <u>eines</u> solchen Schritts auf einen Vektor Y läßt sich wie folgt beschreiben:

(1) Erzeuge einen neuen Vektor Y' aus einem Vektor Y, indem dessen Elemente gemäß P_i^{-1} permutiert werden. Wir bezeichnen die "untere" und die "obere" Hälfte von Y' mit Y0' und Y1'.

(2) Berechne die Diagonale von G_i nach (3.3.9) und speichere das elementweise Produkt von Y1' mit den Diagonalen von G_i in Y1'.

(3) Bilde die Summe und Differenz von Y0' und Y1' und speichere das Resultat in Y

$$Y := (Y0' + Y1',\ Y0' - Y1')\ .$$

Die Transformation reeller Daten und weitere Algorithmen

Der Fall x_k läßt sich natürlich als Spezialfall der allgemeinen komplexen DFT betrachten, d.h. die Hälfte der Eingabedaten ist Null. Sind $g_o,\ldots,g_{N-1}$ reelle Eingabewerte, so ist es ökonomisch

$$f_j := g_{2j} + i * g_{2j+1}, \quad 0 \leq j \leq N/2-1$$

zu setzen und die Transformation entsprechend zu modifizieren.

Hierzu, zu den Beweisen der einzelnen Formeln und zu den konkreten Implementationsüberlegungen beispielsweise für die Cray-1 oder die Cyber 205 vergleiche man u.a. (Hockney-Jesshope (1981), Korn/Lambiotte (1979), Swarztrauber (1982), Temperton (1983), Wang (1986)).

3.4 Partielle Differentialgleichungen

Die Lösung insbesondere 3-dimensionaler Differentialgleichungen ist eines der wesentlichen Argumente, das für Vektor- und Parallelrechner spricht. Aus didaktischen Gründen und weil über 3-dimensionale partielle Differentialgleichungen bzgl. ihrer Lösbarkeit auf Vektorrechnern erst relativ wenig publiziert ist, wollen wir in diesem Paragraphen nur die iterative Lösung 2-dimensionaler elliptischer Probleme und "schnelle Poisson-Solver" besprechen. Eine weitere interessante Entwicklung stellen die Mehrgitterverfahren dar (z.B. Hackbusch/Trottenberg (1982)).

a) Iterative Lösung 2-dimensionaler elliptischer Probleme: SOR, SLOR und ADI

Wir betrachten die lineare PDGL in 2 Veränderlichen

$$(3.4.1) \qquad A(x,y)\frac{\partial^2\phi}{\partial x^2} + B(x,y)\frac{\partial\phi}{\partial x} + C(x,y)\frac{\partial^2\phi}{\partial y^2} + D(x,y)\frac{\partial\phi}{\partial y}$$

$$+ E(x,y)\phi = \rho(x,y) \quad , \qquad (x,y)\in\Omega$$

sowie Randbedingungen/Anfangsbedingungen auf $\partial\Omega$.

Wir nehmen in diesem Abschnitt an, Ω sei ein Quadrat und dieses werde durch ein n*n-Gitter diskretisiert, Gitterpunkte: $p,q = 0,1,2,\ldots,n+1$.

Diskretisiert man (3.4.1) in der üblichen Weise, so resultiert ein System linearer Gleichungen

$$(3.4.2) \qquad a_{p,q}\phi_{p,q-1} + b_{p,q}\phi_{p,q+1} + c_{p,q}\phi_{p-1,q} + d_{p,q}\phi_{p+1,q}$$

$$+ e_{p,q}\phi_{p,q} = f_{p,q} \quad , \qquad p,q = 1(1)n \ .$$

Hierbei sind $\phi_{p,q} \approx \phi(\ldots)$ die berechneten Näherungen in den Gitterpunkten (p,q) und $a_{p,q},\ldots,f_{p,q}$ bekannte Werte, die durch A,...E, ρ, die Diskretisierungsmethode und die Randbedingungen/Anfangsbedingungen festgelegt sind.

Das Gauß-Jacobi-Verfahren zur iterativen Lösung von (3.4.2) lautet:

$$(3.4.3) \qquad \phi^{*}_{p,q} = (f_{p,q} - a_{p,q}\phi^{alt}_{p,q-1} - b_{p,q}\phi^{alt}_{p,q+1}$$

$$- c_{p,q}\phi^{alt}_{p-1,q} - d_{p,q}\phi^{alt}_{p+1,q}) \ / \ e_{p,q}$$

Dieses Gesamtschritt-Verfahren ist in trivialer Weise parallelisierbar - mit n^2-Parallelität. Das Verfahren ist aber so langsam konvergent, daß es in praxi nicht in Frage kommt. Wir zeigen dies anhand des

Modellproblems:

Poissongleichung: (3.4.4)

$$\phi_{xx} + \phi_{yy} = f(x,y)$$
$$(x,y) \in \Omega := \{0 < x < 1,\ 0 < y < 1\}$$
$$\phi(x,y) = 0 \text{ für } (x,y) \in \partial\Omega$$

Diskretisierung:

Gitter: $(p,q) = (p\Delta x, q\Delta y)$, $\Delta x = \Delta y = 1/(n+1)$

Differenzenoperator:

$$\phi_{xx}(p,q) \approx \phi_{p-1,q} - 2\phi_{p,q} + \phi_{p+1,q}$$
$$\phi_{yy}(p,q) \approx \phi_{p,q-1} - 2\phi_{p,q} + \phi_{p,q+1}$$

(3.4.5)

	1	
1	-4	1
	1	

Differenzenstern

d.h. $a_{p,q} = b_{p,q} = c_{p,q} = d_{p,q} = 1$, $e_{p,q} = -4$, $f_{p,q} = f(p\Delta x, q\Delta y)$

Hinweis: Das Modellproblem wird in der Wirklichkeit immer mit den Verfahren der nächsten beiden Absätze gelöst - zumindest solange die Matrix des resultierenden linearen Gleichungssystems den Arbeitsspeicher nicht überfordert. Diese Verfahren sind für das Modellproblem i.d.R. wenigstens 10mal schneller als die iterativen Verfahren.

Asymptotisch reduziert sich für das Modellproblem die Norm des Fehlervektors $\|\phi^{(\cdot\cdot)}_{\cdots} - \phi\|_2$ beim Gesamtschrittverfahren (3.4.3) pro Schritt um den Faktor

$$\lambda = \cos(\pi/n) \approx 1 - 0.5\pi^2/n^2$$

(Varga (1962)). Um den Fehlervektor auf das 10^{-p}-fache

(normmäßig) zu reduzieren, benötigt man asymptotisch

$$t^* = -p/\log\lambda \approx (2/\pi^2 * \log e) * pn^2 \approx pn^2/2$$

Iterationen.

Für beispielsweise n=128, p=3 (also Reduktion des Fehlers auf etwa ein Tausendstel des Ausgangsfehlers) benötigte man

$$t^* = 3*128^2/2 \approx 24000$$

Iterationen. Obwohl sehr gut parallelisierbar, ist das Gauß-Jacobi-Verfahren aufgrund seiner meist sehr langsamen Konvergenz wenig geeignet.

Wesentlich besser ist i.d.R. die <u>sukzessive Überrelaxation</u> (SOR). Hier werden Werte $\phi^{**}_{p,q}$ nach dem Gaußschen Einzelschrittverfahren berechnet: Punkt nach Punkt und Zeile nach Zeile, teils aus alten und teils schon aus neuen Werten. Hieraus berechnet man beim SOR-Verfahren

$$(3.4.6) \quad \phi^{neu}_{p,q} := \omega * \phi^{**}_{p,q} + (1 - \omega)\, \phi^{alt}_{p,q} \; .$$

Asymptotische optimale Konvergenzgeschwindigkeit ergibt sich beim Modellproblem für

$$\omega = \omega_b := 2/(1 + (1 - \cos^2(\pi/n))^{1/2}) \; .$$

Bei erster Betrachtung scheint die SOR-Iterationsvorschrift (3.4.6) seriell zu sein. Unterteilt man aber die Gitterpunkte gemäß folgender Abbildung in even-Punkte ("Kreise") und odd-Punkte ("Kreuze"), so kann man die SOR-Iteration (3.4.6) in zwei Teil-Iterationen für die odd- resp. even-Punkte aufteilen. Es resultieren <u>zwei</u> Iterationsschritte - jeweils voll parallelisierbar - für Vektoren der <u>halben</u> Länge, insgesamt also $n^2/2$-Parallelität.

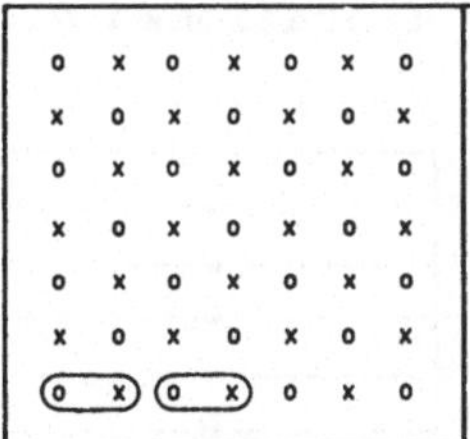

Für das Modellproblem resultiert

$$\lambda_{SOR} \approx 1 - 2\pi / n$$

Reduktion des Ausgangsfehlers um den Faktor 10^{-p} erfordert nur

$$t^*_{SOR} \approx p\, n / 3$$

Iterationen.

Bei der <u>zeilenweisen sukzessiven Überrelaxation</u> (SLOR) werden Werte $\Phi^{***}_{p,q}$ für <u>alle</u> Punkte einer Zeile gleichzeitig berechnet, ausgehend von allen Punkten der Zeile darüber und darunter: Das ergibt ein tridiagonales lineares Gleichungssystem für die Werte einer Zeile, also n tridiagonale lineare Gleichungssysteme pro Iterationsschritt und <u>n/2 resp. n^2/2-Parallelität</u>! (Von den n Gleichunssystemen pro Iterationsschritt können jeweils n/2 gleichzeitig gelöst werden.)

Man erhält

$$\lambda_{SLOR} = \omega_b - 1 \approx 1 - \sqrt{2}\,(2\pi/n)$$

und

$$t^*_{SLOR} = t^*_{SOR}/\sqrt{2} \approx n*p / 4$$

SLOR erfordert also zur Erzielung gleicher Genauigkeit etwa

die 0.7-fache Zahl der Iterationen wie SOR.

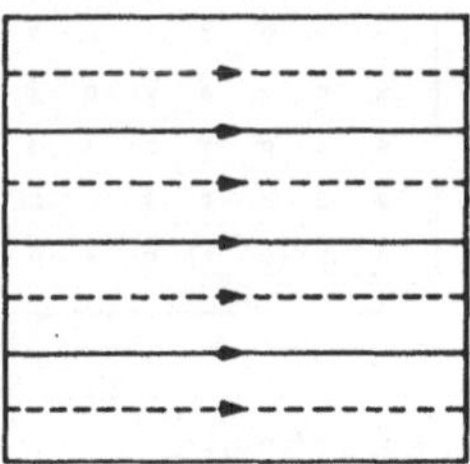

Bei der Alternating-direction-implicit-Methode schreibt man die Differenzengleichungen (3.4.2) in der Form

$$(L_x + L_y)\phi = \varrho$$

L_x resp. L_y sind Matrizen, die die finiten-Differenzen-Operatoren in x- resp. y-Richtung repräsentieren. Mit dem Startwert $\phi^{(0)}$ iteriert man gemäß

$$(I + r_n L_x)\phi^{(n+1/2)} = (I - r_n L_y)\phi^{(n)} + r_n\varrho$$

$$(I + r_n L_y)\phi^{(n+1)} = (I - r_n L_y)\phi^{(n+1/2)} + r_n\varrho$$

b) Schnelle-Poisson-Löser

Das lineare Gleichungssystem (3.4.2) besitzt eine schwachbesetzte, sehr spezielle $(n^2 * n^2)$-Matrix A, die – zumindest für unser Modellproblem positiv definit ist. Die Cholesky-Zerlegung $A = L L^T$ erfordert <u>skalar</u> ca. $n^4/2$ und <u>vektoriell</u> ca. $O(n^3)$ Operationen; die Bandmatrix L (mit n Nicht-Null-Nebendiagonalen; vgl. Stoer-Bulirsch S.247) benötigt ca. n^3 Speicherplätze. Dieser Speicheraufwand ist der Grund, warum die üblichen direkten Verfahren - Gauß-Elimination resp. Dreieckszerlegung - für realistische Werte von n nicht in Frage kommen. Der Speicherplatzbedarf bei den Iterationsverfahren liegt dagegen nur in der Größenordnung n^2.

Für den Spezialfall der Poisson-Gleichung in einem Quadrat resp. Rechteck lassen sich dagegen direkte Verfahren entwickeln, die i.d.R. um eine Größenordnung schneller als die Iterationsverfahren sind und mit einem Speicheraufwand auskommen, der realistisch feine Gitter ermöglicht.

Unter dem Begriff <u>schnelle</u> Poissonlöser faßt man alle die Verfahren zusammen, die höchstens $\underline{O(n^2 * \log_2 n)}$ Operationen bei skalarer Rechnung und höchsten $\underline{O(n * \log_2 n)}$ Operationen bei paralleler Rechnung erfordern.

Eine der Möglichkeiten, zu Verfahren dieser Art zu gelangen, ergibt sich über die <u>vollständige zyklische Reduktion</u> und ist als <u>Buneman</u>-Algorithmus bekannt (Buneman (1969), Hockney-Jesshope (1981)). Es sind mittlerweile weitere, noch effizientere Schnelle-Poisson-Löser angegeben worden. Es scheint aber, daß deren Bedeutung insofern zurückgeht, als in Form der Mehrgittermethode (mindestens so) leistungsfähige Methoden entwickelt wurden, die zudem sehr viel allgemeiner anwendbar sind.

c) Die Mehrgittermethode

Im Gegensatz zu anderen Verfahren zur Lösung partieller Differentialgleichungen wird bei der Mehrgittermethode nicht nur auf dem vorgegebenen Gitter operiert, in dessen Kreuzungspunkten die Funktionswerte der Näherungslösung gesucht werden, sondern auch mit weiteren, vergröberten Gittern gearbeitet. Motiviert ist dieses Vorgehen durch zwei - für sich gesehen jeweils recht triviale - Beobachtungen:

- Einige der bekannten iterativen Verfahren zur Lösung elliptischer Randwertaufgaben (z.B. die Gauß-Seidel-Relaxation) haben zwar keine befriedigenden Konvergenzeigenschaften, wirken aber fehlerglättend, d.h. sie reduzieren die hochfrequenten Komponenten des Fehlers stark, die niederfrequenten dagegen kaum; dies läßt sich auch theoretisch durch Fourieranalyse belegen.

- Auf einem groben Gitter kann ein diskretisiertes Randwertproblem mit wesentlich weniger Rechenaufwand gelöst werden als auf einem feinen, da man es mit viel weniger Punkten zu tun hat; dabei tritt jedoch ein deutlicher Informationsverlust auf: durch das grobe Gitter werden die niederfrequenten Komponenten zwar gut, die hochfrequenten jedoch nicht erfaßt.

Letzteres bedeutet, daß glatte Größen auch auf groben Gittern gut dargestellt werden können. Es liegt also nahe, auf einem feinen Gitter durch Relaxation eine Glättung des Fehlers zu erreichen, um anschließend ohne wesentlichen Informationsverlust auf ein gröberes Gitter übergehen zu können. Dort kann der Fehler - aufgefaßt als eine zu bestimmende Korrektur - in guter Näherung als Lösung einer Defektgleichung ermittelt werden. Der Wechsel zwischen den Gittern erfolgt durch geeignete Restriktions- und Interpolationsoperatoren.

Die algorithmische Umsetzung dieses Prinzips wird deutlich, wenn man zunächst den Aufbau einer Zwei-Gitter-Iteration betrachtet (gegeben sei eine Näherungslösung der Gleichung $L_h u_h = f_h$; L_h ist Differentialoperator auf einem Gitter der Maschenweite h, u_h ist die gesuchte diskrete Lösung, f_h die diskretisierte rechte Seite):

1 - Zunächst wird der Fehler der gegebenen Näherungslösung durch einige Relaxationsschritte geglättet.

2 - Dann wird der zugehörige Defekt berechnet und auf ein gröberes Gitter (i.d.R. mit der Maschenweite H=2h) restringiert.

3 - Dort wird die der ursprünglichen Gleichung äquivalente Defektgleichung gelöst.

4 - Dann wird die berechnete Korrektur wieder auf das ursprüngliche Gitter interpoliert und zur relaxierten Näherungslösung der Ursprungsgleichung addiert.

5 - Abschließend werden noch einige Relaxationen auf die korrigierte Näherung angewandt.

Das Mehrgitterkonzept wird vervollständigt, indem man zur Lösung der Defektgleichung (Punkt 3) einige Schritte der entsprechenden, gröberen Zwei-Gitter-Iteration ausführt usw.; das bedeutet eine rekursive Anwendung einer Zwei-Gitter-Methode bis zu einem gröbsten Gitter, das nur noch sehr wenige Punkte enthält und auf dem sich die auftretende Gleichung leicht lösen läßt. Das Flußdiagramm auf der folgenden Seite zeigt einen kompletten MGI-Schritt (multigrid iteration). Dort kennzeichnet der untere Index jeweils das Gitter: z.B. ist u_k eine Näherung auf Gitter k (die Nummmer 0 kennzeichnet das gröbste, m das feinste Gitter, auf dem letztendlich die Lösung gesucht ist); v_k:=RELAX$^{\nu}(v_k, L_k, d_k)$ soll bedeuten, daß auf v_k ν Schritte eines geeigneten Relaxationsverfahrens für $L_k v_k = d_k$ angewandt werden; I_k^{k-1} bzw. I_k^{k+1} seien die Operatoren, die den Transfer vom feineren zum gröberen Gitter bzw. umgekehrt vollziehen.

Das bisher erläuterte iterative Verfahren läßt sich i.d.R. noch vervollkommnen, indem man die sog. eingebettete Iteration (nested iteration) verwendet: ausgehend vom gröbsten

Flußdiagramm für einen Zyklus (MGI-Schritt)

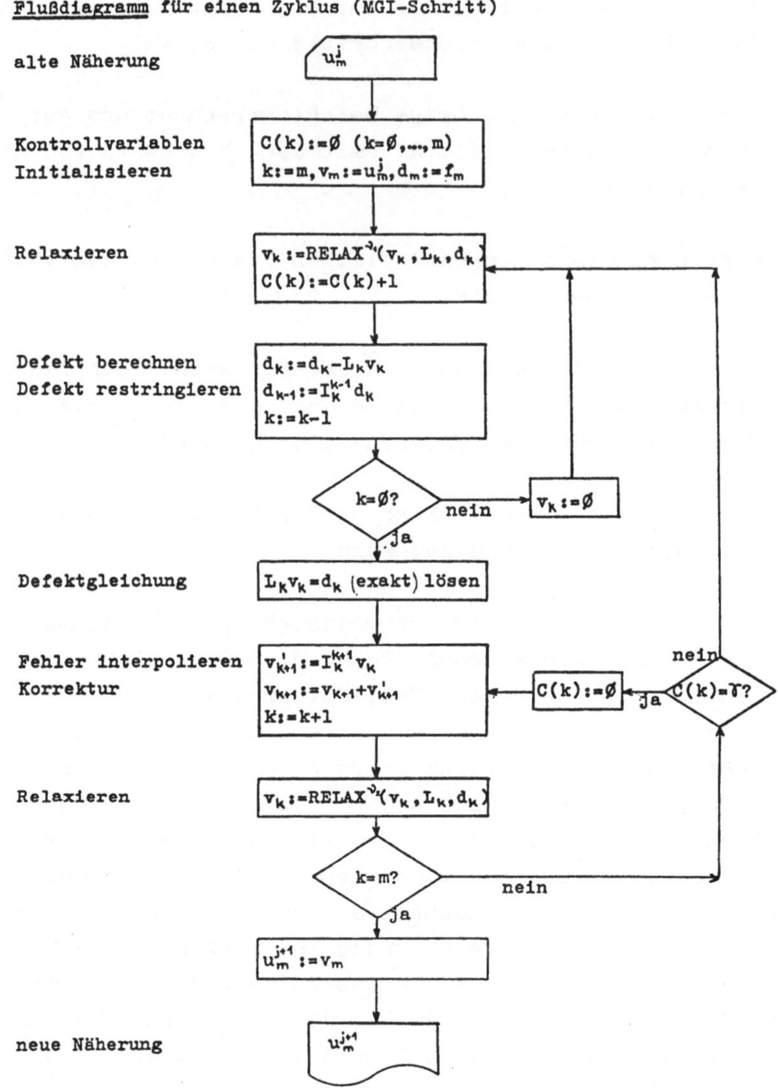

Gitter werden vorhandene Näherungen auf das nächstfeinere Gitter interpoliert und als Startwert für einen MGI-Zyklus benutzt, das Ergebnis wiederum interpoliert und so fort. Der resultierende FMG-Modus (full multigrid mode) ist asymptotisch optimal, d.h. der Rechenaufwand ist proportional zur Anzahl der Unbekannten, und die Näherungslösung kann bis zu einem Fehler berechnet werden, der kleiner ist als der Diskretisierungsfehler.

Aus dem bisher Gesagten geht schon hervor, daß ein Mehrgitterverfahren aus mehreren Komponenten (Relaxation, Interpolationen, Restriktion) besteht, die jede für sich und in ihrem Zusammenwirken über die Effizienz des gesamten Verfahren entscheiden.

Das Mehrgitterprogramm MG01

Bei der GMD wurde unter der Leitung von U. Trottenberg u.a. auch das Programm MG01 von K. Stüben geschrieben. Es dient zur Lösung der Helmholtz-Gleichung

$$\Delta u - c(x,y)\, u = f(x,y)$$

auf nicht-rechteckig begrenzten Gebieten Ω mit Dirichlet-Randbedingung

$$u = g(x,y)$$

auf $\partial\Omega$. Als Gebiet sind dabei solche Punktmengen zugelassen, die sich durch eine linke und eine rechte Grenze sowie je eine Funktion beschreiben lassen, die Ω nach unten bzw. oben beschränken:

$$\Omega = \{(x,y) \mid A \leq x \leq B; FL(x) \leq y \leq FH(x)\} .$$

Zur Diskretisierung benutzt man das unendliche Gitter

$$G_h := \{(x,y) \mid x = XA+(i-1)h; y = YA+(j-1)h; i,j \in \mathbb{N}\} .$$

Dabei muß $XA \le A$ und $YA \le FL(x)$ für alle $x \in [A,B]$ gelten.

Die Menge der inneren Gitterpunkte ist

$$\Omega_h := \Omega \cap G_h .$$

Die Randgitterpunkte $\partial\Omega_h$ sind gegeben durch den Schnitt von $\partial\Omega$ mit den Gitterlinien von G_h.

Dem ursprünglichen, stetigen Problem auf Ω entspricht dann ein diskretes auf $\Omega_h \cup \partial\Omega_h$.

Als reguläre innere Gitterpunkte bezeichnet man alle Elemente von Ω_h, deren Nachbarn in nördlicher, westlicher, südlicher und östlicher Richtung ebenfalls zu Ω_h gehören; irregulär werden alle inneren Gitterpunkte genannt, die nicht regulär sind.

In regulären inneren Gitterpunkten wird der Laplace-Operator durch den gewöhnlichen 5-Punkte-Differenzenstern approximiert:

$$\Delta_h \mathrel{\hat{=}} 1/h^2 \begin{bmatrix} & 1 & \\ 1 & -4 & 1 \\ & 1 & \end{bmatrix} .$$

In irregulären inneren Gitterpunkten wird dagegen der 5-Punkte-Stern von Shortley-Weller benutzt:

$$\Delta_h \mathrel{\hat{=}} 2 \begin{bmatrix} & 1/h_N(h_N+h_S) & \\ 1/h_W(h_W+h_O) & -1/h_W h_O - 1/h_N h_S & 1/h_O(h_W+h_O) \\ & 1/h_S(h_N+h_S) & \end{bmatrix}$$

Hier bedeute h_X den Abstand zum Nachbarpunkt in X-Richtung.

Vergröbert wird in x- und y-Richtung jeweils um den Faktor 2. Als Relaxation zur Fehlerglättung wird das Gauß-Seidel-Verfahren nach Schachbrettmuster verwendet. Der Fein-Grob-Transfer erfolgt durch den sog. Half-Weighting-Operator. Um die auf dem gröbsten Gitter auftretende Gleichung zu lösen, wird eine geeignete Anzahl von Relaxationsschritten ausgeführt. Der Grob-Fein-Transfer erfolgt durch bilineare Interpolation. Die FMG-Interpolation ist - soweit möglich - bikubisch.

Vektorisierung von MG01

Eine erste Vektorisierung von MG01 wurde von Weidner und Steffen, KFA Jülich, für die dort installierte Cray X-MP vorgenommen. Diese Überlegungen wurden von H. Strauß weitergeführt (siehe sein Beitrag in M. Feilmeier (Hrsg.) (1986)). Um den etwa auf einer Cray-1S resultiernden Rechenaufwand einschätzen zu können, nun ein einfaches Beispiel:

$\Delta u = f$ mit

$f(x,y) = 5\pi^2 \sin(\pi(x+2y))$ auf Ω und

$g(x,y) = u(x,y) = \sin(\pi(x+2y))$ auf $\partial\Omega$

$\Omega = \{(x,y) \mid x^2+y^2 \leq 1/4\}$

(Kreis um (0,0) mit Radius 1/2)

Maschenweite 1/64

ca. 8500 innere Punkte

Die Rechenzeiten für dieses Beispiel zeigt die folgende Tabelle: Mit Version 1 ist dabei die bereits optimierte MG01-Fassung von Weidner und Steffen gemeint, Version 2 enthält die von Strauß zusätzlich vorgenommenen Verbesserungen. Um die erzielten Beschleunigungen detailierter betrachten zu können, wurden die Zeiten für die beiden Interpolationen getrennt gemessen. Alle folgenden Angaben beziehen sich auf die Cray-1S unter dem Betriebssystem COS 1.14

und dem Compiler CFT 1.13.

	MG01-Rechenzeiten in µsec		Anteile an Gesamtrechenzeit in %	
	Vers.1	Vers.2	Vers.1	Vers.2
Geometrie	22405	22400	23.7	30.3
Funktionen	7563	7566	8.0	10.2
Relaxation	20519	20684	21.7	28.0
MGI-Interpolation	16379	4805	17.3	6.5
FMG-Interpolation	18599	10145	19.7	13.7
Rest	9107	8309	9.6	11.3
Total	94572	73909	100.0	100.0

Diese Werte zeigen schon - trotz des recht kleinen Problems - eine deutliche Beschleunigung bei den weiter optimierten Verfahrenskomponenten. Der größte Rechenzeitgewinn ergab sich, wie auch zu erwarten war, bei der relativ leicht zu vektorisierenden MGI-Interpolation: der Beschleunigungsfaktor beträgt hier 3.41. Die FMG-Interpolation hingegen erfolgt nur um das 1.83-fache schneller.

Zusammenfassung

Die oben angeführten Rechenzeiten belegen, daß sich innerhalb von MG01 auch die Interpolationen durch eine dem Vektorrechner angepaßte Programmierung wesentlich beschleunigen lassen (die Auswirkungen auf die Gesamtrechenzeit sind bei einfachen Problemen allerdings recht bescheiden). Die Rechenzeitgewinne durch Vektorisierung steigen insgesamt stark mit der Größe des Problems, d.h. der Feinheit der Diskretisierung.

Das vektorisierte MG01-Programm enthält einen Vorbereitungsteil, der insbesondere von der zu lösenden Gleichung abhängt. Die eigentlichen Programmteile <u>Relaxation</u> und <u>Interpolationen</u> hängen kaum von der zu lösenden Gleichung ab, sondern hauptsächlich von der Größe des Problems.

Mit steigender Zahl der Gitterpunkte greift die Vektorisierung immer stärker. Allerdings kann sie durch die Form des Lösungsgebietes gestört werden: die Vektorlänge ist in allen Verfahrensteilen von MG01 durch die Länge einer vertikalen Gitterlinie nach oben beschränkt; sie ergibt sich i.d.R. aus der Anzahl der Punkte in der jeweiligen Spalte minus einiger Sonderfälle am unteren und oberen Ende der Spalte dividiert durch 2 (bedingt durch das Mehrgitterprinzip). Also wird i.a. die Vektorlänge auch innerhalb eines Gitters evtl. stark schwanken. Außerdem wirkt sich die Vektorisierung bei in x-Richtung großen, in y-Ausdehnung jedoch kleinen Gebieten (viele kurze Vektoren) nicht so positiv aus wie bei umgekehrt proportionierten (einige lange Vektoren). Dieser durch das MG01-Konzept bedingte Einfluß der Gebietsform wäre etwa auf einer Cyber 205 noch größer als auf einer Cray.

Literatur

1.) O. Buneman: 'A compact non-iterative Poissonsolver' Stanford University Institute for Plasma Research, Report No.294, (1969)

2.) J.W. Cooley, J.W. Tukey: 'An algorithm for the machine calculation of complex Fourier series' Math. Comp., 19, (1965), 297-301

3.) L. Csanky: 'Fast Parallel Matrix Inversions Algorithms' SIAM J. on Computing, 5, (1976), 618-623

4.) J.J Dongarra: 'Redesigning linear algebra algorithms' Proc. 1. Int. Coll. on Vector & Parallel Computing in Scient. Appl. Bull. de la Direction des Etudes et Recherches, Serie C, 1, (1983), 51-59

5.) M. Feilmeier (Hrsg.): 'Abschlußbericht zum DFG - Projekt: Numerische Algorithmen für parallel arbeitende Rechenanlagen' München, (1986)

6.) W. Gentzsch: 'Vectorization of Computer Programs with applications to Computational Fluid Dynamics' (1984)

7.) W. Hackbusch, U. Trottenberg (ed.): 'Multigrid Methods' Lecture Notes in Mathematics 960, Springer-Verlag, (1982)

8.) D. Heller: 'A Survey of Parallel Algorithms in Numerical Linear Algebra' SIAM Review, vol.20, No.4, (1978)

9.) R.W. Hockney, C.R. Jesshope: 'Parallel Computers' Adam Hilger Ltd., (1981)

10.) D. Kershaw: 'Solution of Single Tridiagonal Linear Systems and Vectorization of the ICCG Algorithm on the CRAY-1'
in: Parallel Computation
Ed.: G. Rodrigue, Academic Press, (1982)

11.) P.M. Kogge: 'Parallel Solution of Recurrence Problems'
IBM J. Res. Develop. 18, 2, (1974), 138-148

12.) D.G. Korn, J.J. Lambiotte: 'Computing the fast Fourier transform on a vector computer'
Math. Comp., 33, (1979), 977-992

13.) J.S. Kowalik, R.E. Lord, S.P. Kuwar: 'Design and Performance of Algorithms for MIMD Parallel Computers'
in: High-Speed Computation
Ed.: J.S. Kowalik, Springer-Verlag, (1984), 257-276

14.) M.C. Pease: 'An adaption of the fast Fourier transform for parallel processing'
JACM, 15, (1968), 252-264

15.) W. Rönsch: 'Stabilitäts- und Zeituntersuchungen arithmetischer Ausdrücke auf dem Vektorrechner CRAY-1S'
Dissertation, TU Braunschweig, (1983)

16.) C.L. Seitz: 'The Cosmic Cube'
Comm. of the ACM, 28-1, (1985), 22-33

17.) J. Stoer, R. Bulirsch: 'Einführung in die Numerische Mathematik II'
Springer Verlag, (1978)

18.) P.N. Swarztrauber: 'Vectorizing the FFT`s'
in: Parallel Computation
Ed.: G. Rodrigue, Academic Press, (1982)

19.) C. Temperton: 'Fast Fourier Transforms on the Cyber 205'
Vortrag beim Nato-Workshop Jülich, (1983)

20.) U. Trottenberg: 'On the SUPRENUM-Conception'
Parallel Computing 85, Proceedings of the Second International Conference on Parallel Computing, Berlin 1985, (1986), 97-105

21.) H.H. Wang: 'On Vectorizing the Fast Fourier Transform'
BIT 20, (1980), 233-243

22.) H.H. Wang: 'A parallel method for tridiagonal equations'
ACM Trans. on Math. Software, 7-2, (1981), 170-183

RECHNERARITHMETIK UND DIE BEHANDLUNG ALGEBRAISCHER PROBLEME

Ulrich Kulisch
(Institut für Angewandte Mathematik der Universität Karlsruhe)

Siegfried M. Rump
(IBM Deutschland GmbH, Forschung und Entwicklung, Böblingen)

Einleitung

Rechenanlagen sind ursprünglich einmal für umfangreiche Berechnungen im technisch-wissenschaftlichen Bereich entwickelt und erfunden worden. Heute ist eine Rechenanlage eine Universalmaschine. D.h. sie wird in den verschiedensten Wissensgebieten eingesetzt, wie beispielsweise im Bankwesen, in Spielautomaten, als Platzbuchungssystem, zur Verkehrskontrolle, bei der medizinischen Diagnose, zur Sprachübersetzung oder zur Inventarüberwachung. Wegen dieser vielfältigen Anwendungen übersieht man häufig die zentrale Rolle, die der Rechner beim technisch-wissenschaftlichen Rechnen auch heute noch immer spielt.

Berechnungen spielen sich in Rechenanlagen in zwei unterschiedlichen Zahlsystemen ab. Das eine besteht aus einer beschränkten Teilmenge der ganzen Zahlen, das andere sind die sogenannten Gleitkommazahlen. Für Anwendungen im Bereich des nichtnumerischen Rechnens, von den im ersten Abschnitt einige genannt wurden, benötigt man ausschließlich das System der ganzen Zahlen. Solange der Bereich der darstellbaren ganzen Zahlen nicht überschritten wird, verlaufen Rechnungen in diesem Zahlbereich aus mathematischer Sicht - solange der Rechner technisch intakt ist - fehlerfrei. Wegen der großen Zahl derartiger Anwendungen wird der Rechner heute vielfach für ein perfektes mathematisches Werkzeug gehalten. Was der Rechner liefert, so glaubt man, ist korrekt wie ein mathematisch bewiesener Satz.

Für den Bereich des technisch-wissenschaftlichen Rechnens trifft dies leider nicht zu. Diesen Bereich wollen wir hier näher betrachten. Gleitkommazahlen und Gleitkommaoperationen können die reellen Zahlen und deren Verknüpfungen nur approximieren. Ein Hauptärgernis besteht hier in der Tatsache, daß der Rechenfehler nur mühsam und häufig gar nicht beherrschbar ist. Man wird hier mit einer scheinbar paradoxen Situation konfrontiert. Viele Rechenanlagen führen die Gleitkommaoperationen heute mit maximaler Genauigkeit aus. D.h. das Ergebnis einer solchen Verknüpfung ist die dem korrekten Verknüpfungsergebnis im Sinne der reellen Zahlen nächst gelegene Gleitkommazahl. Nichtsdestoweniger kann das Ergebnis einer Rechnung, welche aus mehreren Verknüpfungen zusammengesetzt ist, auch nach nur wenigen Operationen bereits völlig falsch sein. Die Berechnung der folgenden Summe möge dies illustrieren:

$$10^{50} + 511 - 10^{50} + 10^{35} - 812 - 10^{35} = -301 \ .$$

Praktisch alle auf dem Markt befindlichen Rechenanlagen liefern bei der Berechnung der Summe in der angegebenen Reihenfolge das falsche Ergebnis Null, da die üblichen Gleitkommaformate den großen Zahlbereich der auftretenden Summanden nicht erfassen können.

Die ersten Universalrechner im heutigen Sinne sind Anfang der fünfziger Jahre auf den Markt gekommen. Die damit verbundene enorme Steigerung der Möglichkeit Rechenoperationen auszuführen, der Eintritt ins Computerzeitalter, wurde als eine Art Revolution empfunden. Was war geschehen? Zur Zeit der elektromechanischen Tischrechner galt die Faustregel, daß eine geübte Person in der Lage ist, einigermaßen zuverlässig 1000 Rechenoperationen pro Tag auszuführen. Dies sind größenordnungsmäßig etwa $0.1 = 10^{-1}$ Rechenoperationen in der Sekunde. Die ersten elektronischen Rechenanlagen Anfang der fünfziger Jahre waren demgegenüber in der Lage, größenordnungsmäßig $100 = 10^2$ Gleitkommaoperationen in der Sekunde auszuführen. Dies bedeutete eine gigantische Geschwindigkeitssteigerung um den Faktor 1000 ($=10^3$) gegenüber ihren unmittelbaren elektromechanischen Vorgängern.

Seit dieser Zeit hat sich eine stille, aber noch viel größere Computerrevolution vollzogen. Die schnellsten heute existierenden Rechner sind in der Lage, größenordnungsmäßig 1 Milliarde = 10^9 Gleitkommaoperationen in der Sekunde auszuführen. Dies ist noch einmal eine Geschwindigkeitssteigerung um den Faktor 10^7 gegenüber den elektronischen Rechenanlagen der frühen fünfziger Jahre. Daraus muß man den Schluß ziehen, daß die eigentliche Computerrevolution nach Aufkommen der ersten elektronischen Rechenanlagen stattgefunden hat. Die nochmalige Geschwindigkeitssteigerung um den Faktor 10^7 bedeutet nicht nur einen quantitativen, sondern auch einen qualitativen Sprung.

Es ist schwierig, die enorme Rechenleistung einer Großrechenanlage unserer Tage zu erfassen. Sie sei daher an einem Beispiel illustriert. Auf der Erde leben heute ca. 5×10^9 (= 5 Milliarden) Menschen. Wenn wir jedes menschliche Wesen (Männer, Frauen und Kinder) mit einem elektromechanischen Tischrechner oder einem einfachen elektronischen Taschenrechner ausstatten, könnten diese, wenn sie alle rechnen, gerade die Leistung einer der schnellsten Rechenanlagen unserer Tage erbringen ($5 \times 10^9 \times 0,1 = 5 \times 10^8$).

Mechanische Tischrechner oder einfache elektronische Taschenrechner erlauben eine gewisse Kontrolle des Rechenvorganges durch den Benutzer. Der Benutzer gibt jede Rechenoperation selbst ein und nimmt jedes Zwischenergebnis selbst entgegen. Durch sein Verständnis dessen was abläuft, kontrolliert er den Rechenprozeß. Vom Gebrauch des Rechenschiebers oder eines Taschenrechners ist diese Art der Kontrolle einer maschinell unterstützten Rechnung auch heute noch vielen vertraut.

Mit dem Aufkommen der elektronischen Rechenanlagen war diese interaktive Art der Fehlerkontrolle einer Rechnung durch den Benutzer nicht mehr praktikabel. Die enorme Geschwindigkeitssteigerung verlangte die Entwicklung systematischerer Methoden zur Fehlerkontrolle. Die für die ersten elektronischen Rechenanlagen entwickelten Methoden basieren auf Fehlerabschätzungen jeder einzelnen Gleitkommaoperation. Da der Rechner in der Lage ist, eine große Anzahl von Operationen auszuführen, muß der Benutzer eine große Anzahl von Fehlerschätzungen vornehmen. Darüberhinaus muß er studieren, wie sich diese Fehler in komplizierten Algorithmen fortpflanzen.

Bei den heute erzielbaren Rechengeschwindigkeiten von einer Milliarde Operationen in der Sekunde, ist auch diese Vorgehensweise kaum mehr praktikabel. Mangels einer Alternative wird häufig gar keine Fehleranalyse durchgeführt. Damit wird das Rechnen zu einem systematischen, häufig aussichtslosen Experimentieren. Wenn in einem komplizierten Rechenprozeß Teilrechnungen der obigen Art anfallen, ist in der Regel die gesamte Rechnung wertlos. Das Problem der Fehleranalyse entpuppt sich damit als ähnlich schwierig oder vielleicht noch schwieriger als der Rechenprozeß selbst.

Nun sind Rechenanlagen einmal dazu erfunden worden, komplizierte Aufgaben dem Menschen abzunehmen. Es ist daher nur naheliegend, zu versuchen, auch den Prozeß der Fehleranalyse einer numerischen Rechnung selbst wieder dem Rechner zu übertragen.

In Anbetracht dieser Entwicklung wurde Ende der sechziger Jahre vom ersten der Autoren dieses Beitrages die Vorstellung entwickelt, daß die arithmetische Basis des Gleitkommarechnens gegenüber früheren Ansätzen noch einmal wesentlich verbreitert werden muß, wenn man bei der Frage der Rechengenauigkeit und Rechenkontrolle weiterkommen will. Verantwortlich für das Auftreten von Rechenfehlern sind die bei jeder einzelnen Operation ausgeführten Rundungen. Ziel einer Basisverbreiterung des wissenschaftlichen Rechnens mußte es demnach sein, die Anzahl der in einem Rechenprozeß ausgeführten Rundungen drastisch herunterzudrücken. Als ein wichtiger Schritt in dieser Richtung wurde der Versuch unternommen, in den üblichen linearen Räumen der Mathematik, wie reelle und komplexe Zahlen, Vektoren und Matrizen, sowie den zugehörigen Intervallräumen die arithmetischen Verknüpfungen nicht wie bisher aus einzelnen Gleitkommaoperationen aufzubauen, sondern mit maximaler Genauigkeit im Rechner direkt zu erzeugen. Die Rechnerarchitektur muß dazu natürlich so ausgelegt werden, daß dies möglich ist.

So wurde zunächst eine allgemeine Theorie der Rechnerarithmetik entwickelt, welche diese Idee systematisch verfolgt. Die einschlägigen Untersuchungen waren Mitte der siebziger Jahre abgeschlossen. Sie haben in zwei Buchveröffentlichungen ihren Niederschlag gefunden:
[12], [15].

Die neue Theorie der Rechnerarithmetik gipfelt in einer neuartigen Definition der arithmetischen Verknüpfungen in Rechenanlagen. Eines der für die Praxis relevanten Hauptergebnisse dieser Untersuchungen besteht in dem Nachweis, daß es möglich ist, alle in den oben aufgeführten linearen Räumen und zugehörigen Intervallräumen auftretenden inneren und äußeren Verknüpfungen mit maximaler Genauigkeit zu berechnen, wenn der Rechner in der Lage ist, Skalarprodukte zweier Vektoren beliebiger Länge maximal genau auszuführen. Dem Skalarprodukt zweier Vektoren kommt demnach eine ganz zentrale Bedeutung zu.

Die neue Arithmetik beeinflußt auch die Entwicklung von Programmiersprachen. Es sind Erweiterungen der Programmiersprachen PASCAL und FORTRAN ausgearbeitet worden, welche das Programmieren im Bereich technisch-wissenschaftlicher Anwendungen erheblich vereinfachen und zuverlässiger machen [4], [33], [37].

Während der Jahre 1977 bis 1979 wurde am Institut von Professor Kulisch mit Unterstützung des BMFT und der Nixdorf Computer AG ein erster Rechner aufgebaut, welcher vollständig mit der neuen Arithmetik ausgestattet ist. Es zeigt sich, daß ein so gebauter Rechner in der Lage ist, bei praktisch allen Grundaufgaben der Numerik die Lösung mit maximaler Genauigkeit in Schranken einzuschließen. Die neue Arithmetik erlaubt darüberhinaus eine anschließende

Verifikation der Lösung, d.h. den rechnerischen Nachweis der Existenz und Eindeutigkeit der Lösung des Problems innerhalb der berechneten Schranken. Ist diese nicht gegeben, so stellt der Rechner dies fest und informiert hierüber den Benutzer. Der Rechner informiert den Benutzer auch dann, wenn er mittels des vorgegebenen Algorithmus oder des verwendeten Zahlenformates die Lösung nicht finden kann. Dies sind Ergebnisse, welche mit herkömmlicher Gleitkommaarithmetik nicht erzielt worden sind und auch nicht erzielt werden können. Die aufzuwendende Rechenzeit ist stets von der gleichen Größenordnung wie diejenige, welche auch bei Ausführung eines herkömmlichen Gleitkomma-Näherungsalgorithmus aufzuwenden wäre. Die neue Arithmetik eröffnet der Numerik neue Dimensionen im Hinblick auf eine automatisierte Fehlerkontrolle bzw. eine Nachkorrektur von Rechenergebnissen durch den Rechner selbst bis hin zu maximaler Genauigkeit und sogar noch darüber hinaus. Numerisches Rechnen wird mit diesem Werkzeug in vieler Hinsicht von dem Niveau einer experimentellen auf das einer mathematischen Wissenschaft angehoben.

1 Die Räume des numerischen Rechnens

Wir beginnen mit einer Auflistung derjenigen Räume, welche beim numerischen Rechnen mit Rechenanlagen auftreten.
Numerische Algorithmen werden in der Regel definiert und hergeleitet im Raum R der reellen Zahlen, der Vektoren VR oder der Matrizen MR über den reellen Zahlen. Daneben treten gelegentlich auch die entsprechenden komplexen Räume ₵, V₵ und M₵ auf. All diese Räume sind geordnet bezüglich der Ordnungsrelation $\leqq$. Diese wird in den Produkträumen komponentenweise erklärt. Mittels dieser Ordnungsrelation lassen sich Intervalle bilden. Das Rechnen mit Mengen über den zunächst genannten Räumen wird notwendig für die später beschriebenen Algorithmen mit verifizierten Ergebnissen. Als Mengen, in denen Operationen auf dem Rechner effizient implementierbar sind, kommen z.B. Intervalle in Betracht. Numerische Algorithmen werden so gelegentlich auch für Intervalle über den bereits genannten Räumen formuliert. Wenn wir die Menge der Intervalle über einer geordneten Menge $\{M, \leqq\}$ mit IM bezeichnen, entstehen so die Räume IR, IVR, IMR und I₵, IV₵ und IM₵. Siehe dazu die zweite Spalte in der Figur 1.

Die in diesen Räumen gegebenen Algorithmen lassen sich nun aus verschiedenen Gründen auf dem Rechner nicht ausführen. Das Rechnen mit reellen Zahlen approximiert man daher in einem Teilsystem S (single precision), in welchem die Verknüpfungen stets einfach und schnell ausführbar sind. Auf Rechenanlagen dienen dazu sogenannte Gleitkommasysteme mit einer festen Anzahl von Ziffern in der Mantisse. Erst dann, wenn die gewünschte Genauigkeit des Ergebnisses anders nicht gewährleistet werden kann, geht man zu umfassenderen Systemen D (double precision) mit der Eigenschaft $R \supset D \supset S$ über. Ausgehend von S können wir nun entsprechend Vektoren (n-tupel), Matrizen (n^2-tupel), Komplexifizierungen (Paare), Vektoren und Matrizen solcher Paare, sowie die entsprechenden Räume der Intervalle über diesen Mengen bilden. Wir kommen so zu folgenden Mengen: S, VS, MS, ¢S, V¢S, M¢S, IS, IVS, IMS,I¢S, IV¢S, IMCS, sowie den entsprechenden Räumen über D. Siehe dazu die 3. und 4. Spalte in Figur 1. Unter Rechenarithmetik wollen wir hier alle in den Räumen der 3. und 4. Spalte der Figur 1 zu erklärenden inneren und äußeren Verknüpfungen verstehen.

		R	⊃	D	⊃	S
		VR	⊃	VD	⊃	VS
		MR	⊃	MD	⊃	MS
PR	⊃	IR	⊃	ID	⊃	IS
PVR	⊃	IVR	⊃	IVD	⊃	IVS
PMR	⊃	IMR	⊃	IMD	⊃	IMS
		¢	⊃	¢D	⊃	¢S
		V¢	⊃	V¢D	⊃	V¢S
		M¢	⊃	M¢D	⊃	M¢S
P¢	⊃	I¢	⊃	I¢D	⊃	I¢S
PV¢	⊃	IV¢	⊃	IV¢D	⊃	IV¢S
PM¢	⊃	IM¢	⊃	IM¢D	⊃	IM¢S

\- Figur 1 -

Die Anzahl dieser Verknüpfungen ist größer als man vielleicht erwartet. Eine komplexe Matrix läßt sich beispielsweise wieder mit einer komplexen Matrix multiplizieren, aber auch mit einem komplexen Vektor oder einer komplexen Zahl darüber hinaus aber auch mit einer reellen Matrix, einem reellen Vektor oder einer reellen Zahl oder einer ganzzahligen Matrix, einem ganzzahligen Vektor oder einer ganzen Zahl.

Im Sinne des Typkonzeptes in Programmiersprachen sind dies alles verschiedene Verknüpfungen. Zählt man allein die in der letzten Spalte der Figur 1 zu erklärenden inneren und äußeren Verknüpfungen, so erhält man eine Zahl von einigen Hundert.

2 Herkömmliche Definition der Rechnerarithmetik

Die herkömmliche Definition der Rechnerarithmetik unterscheidet sich ganz wesentlich von der im folgenden anzugebenden. Herkömmlicherweise versteht man unter Rechnerarithmetik nur die Verknüpfungen in den Mengen D und S. Von den einigen Hundert Verknüpfungen in der Spalte unter S stellen herkömmliche Rechenanlagen nur 4, nämlich die Addition, Subtraktion, Multiplikation und Division von Gleitkommazahlen zur Verfügung. Alle anderen Verknüpfungen muß der Benutzer im Bedarfsfalle selbst programmieren. Es geschieht dies in Form von Prozeduren. Jede in einem Algorithmus auftretende von den vier Grundrechnungsarten verschiedene Verknüpfung verlangt dann einen eigenen Prozeduraufruf. Diese Vorgehensweise ist umständlich, zeitraubend und vor allem viel zu ungenau.

Bei der Schaffung von Programmiersprachen (ALGOL und FORTRAN) in den fünfziger Jahren galt es als allgemeiner Konsens, daß man die Arithmetik nicht verbindlich festlegt, sondern ihre Realisierung dem Hersteller überläßt. Dies hat zur Folge, daß der Benutzer im allgemeinen nicht weiß, was passiert, wenn er in einem Algorithmus +, -, · oder / schreibt. Zwei Rechenmaschinen verschiedener Hersteller unterscheiden sich so häufig in der Arithmetik. Die Numerik ist folglich nicht in der Lage, auf allgemein verbindlichen Grundannahmen über die Arithmetik aufzubauen. Alles was man tun kann, besteht darin, die Grundannahmen, welche bei der Fehleranalyse numerischer Algorithmen benutzt werden, als Ersatzdefinition der Arithmetik anzusehen. Betrachten wir zunächst

2.1 Die Grundverknüpfungen

Die Fehleranalyse numerischer Algorithmen arbeitet weitgehend mit folgenden Annahmen über die Arithmetik (Wilkinson). Sofern kein Überlauf und kein Unterlauf auftritt, gilt für das gerundete Bild $\square a$ einer Zahl a :

$$\square a = a(1 - \varepsilon) \quad \text{mit} \quad |\varepsilon| < \varepsilon^* . \tag{1}$$

Für die Maschinenverknüpfungen $\boxed{*}$, $* \in \{+,-,\cdot,/\}$ gilt

$$a \boxed{*} b = (a * b)(1 - \varepsilon) \quad \text{mit} \quad |\varepsilon| < \varepsilon^*. \tag{2}$$

D.h. der relative Fehler der Rundung bzw. jeder Verknüpfung ist dem Betrage nach kleiner als eine Maschinenkonstante ε^*:

$$|\square a - a| < \varepsilon^* |a| \tag{3}$$

$$|a \boxed{*} b - a * b| < \varepsilon^* |a * b| \tag{4}$$

Die Konstante ε^* besagt, daß der bei der Rundung wie auch bei jeder Verknüpfung begangene Fehler sich höchstens auf die letzte mitgeführte Ziffer der Mantisse auswirkt (relative Rundungsfehlereinheit).

Mit diesen Fehlerformeln gelingt es in der Numerik, einige Algorithmen auf ihre Genauigkeit hin zu untersuchen. Tatsache aber ist, daß alle so gewonnenen Fehlerabschätzungen nicht dazu benutzt werden können, zuverlässige Schranken für die berechnete Lösung daraus abzuleiten. Vor der Formel (1) müßte nämlich stehen für alle $a \in R$ und vor der Formel (2) für alle $a, b \in S$, sofern kein Unterlauf und kein Überlauf auftritt. Für viele der auf dem Markt befindlichen Großrechenanlagen aber gelten (1) und (2) nicht strikt in diesem Sinne.

Subtrahiert man beispielsweise auf einer an vielen Hochschulen installierten Großrechenanlage die beiden Zahlen a = 134 217 728.0 und b = 134 217 727.0 so erhält man in allen Sprachen ALGOL, FORTRAN, PASCAL usw. als Ergebnis 2 und nicht 1 [25]. Der relative Fehler ist also 1 und nicht 10^{-8}, was nach (2) zu erwarten gewesen wäre. Was passiert auf der Rechenanlage? Die beiden Zahlen lauten im Dualsystem $a = 0.100\ldots0 * 2^{28}$ und $b = 0.11 \ldots 1 * 2^{27}$. Sie sind in der Rechenanlage ohne Rundung exakt darstellbar. Vor der Subtraktion gleicht die Rechenanlage den Exponenten der Zahl b an, d.h. die 2. Zahl wird um eine Stelle nach rechts verschoben. Das Ergebnis erhält man dann so:

$$\begin{array}{l|l} 0.1\,0\,0\,\ldots\,0 & \ \ * 2^{28} \\ 0.0\,1\,1\,\ldots\,1 & 1 * 2^{28} \\ \hline 0.0\,0\,0\,\ldots\,0 & 1 * 2^{28} \end{array} \tag{5}$$

Auf der realen Rechenanlage aber wird die letzte 1 des Subtrahenden abgeschnitten. Als Ergebnis der Subtraktion erhält man folglich 2 anstelle von 1.

Ähnliche Beispiele lassen sich auch für andere Großrechenanlagen anführen. Der Effekt ist offenbar unabhängig von der Mantissenlänge, was die Punkte in (5) andeuten sollen.

Führt man bei einer Rechenanlage, welche mit n ziffriger Mantisse arbeitet, die Subtraktion in einem Akkumulator der Länge n aus, so gibt es größenordnungsmäßig b^n [1)] Subtraktionen, für die (2) nicht gilt.

Was soll eine Fehleranalyse, welche auf (2) beruht, wenn schon die Grundformeln derart durchlöchert sind? Die konsequente Folgerung aus dieser Misere besteht darin, daß man beim Bau der Arithmetik deren Eigenschaften durch mathematische Forderungen erklärt, welche vom Hersteller einzuhalten sind.

2.2 Höhere arithmetische Verknüpfungen

Um die Betrachtungen nicht unnötig zu verkomplizieren, beschränken wir uns auf einen kleinen Ausschnitt aus Figur 1, die Räume R, ¢ und M¢, sowie deren auf einer Rechenanlage darstellbaren Teilmenge S, ¢S und M¢S; siehe dazu die Figur 2. Komplexe Matrizen spielen bei vielen numerischen Anwendungen, etwa der schnellen Fourier Transformation eine Rolle. Mit den Verknüpfungen der reellen Zahlen R werden nach bekannten Formeln die Verknüpfungen für die komplexen Zahlen ¢ erklärt und mit diesen wiederum die Verknüpfungen für die komplexen Matrizen M¢ mittels der Skalarproduktformel bzw. der komponentenweisen Addition. Nach denselben Formeln erklärt man nun auch bei herkömmlichen Rechenanlagen die Verknüpfungen für die jeweiligen auf der Rechenmaschine darstellbaren Teilmengen $S \subset R$, ¢S ⊂ ¢ und M¢S ⊂ M¢. Dabei nimmt man an, daß die Verknüpfungen in S einigermaßen ordentlich erklärt sind und etwa der Formel (2) genügen. Die folgende Figur veranschaulicht diesen Zusammenhang:

---

1) b ist die Basis des verwendeten Zahlsystems.

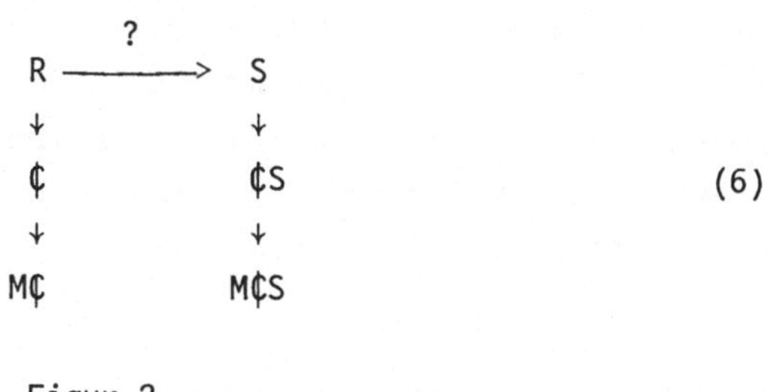

- Figur 2 -

Das Skalarprodukt etwa in MCS wird zurückgeführt auf die Verknüpfungen in CS und diese wiederum auf diejenigen in S. Mittels der mit den komplexen Zahlen $\alpha = \alpha_1 + i\alpha_2$ und $\beta = \beta_1 + i\beta_2$, sowie den komplexen Matrizen $a = (a_{ij})$ und $b = (b_{ij})$ gebildeten Produktformeln

$$\alpha \cdot \beta = (\alpha_1\beta_1 - \alpha_2\beta_2, \alpha_1\beta_2 + \alpha_2\beta_1)$$

$$a \cdot b = (\sum_{k=1}^{n} a_{ik} \cdot b_{kj})$$

rechnet man leicht nach, daß bei einer Matrix mit nur 100 Zeilen und Spalten ca. 800 Ungenauigkeitsfaktoren ε_i benötigt werden, um den Fehler der einzelnen Komponenten der Produktmatrix zu beschreiben, für die gesamte Produktmatrix also ca. 8 Millionen Ungenauigkeitsfaktoren ε_i. Eine Fehleranalyse bei großen Algorithmen gestaltet sich dementsprechend schwierig und führt in der Regel auf viel zu grobe und unrealistische Schranken.

Wir werden unten eine Definition der arithmetischen Verknüpfungen in M₵S angeben, welche das Auftreten derart vieler Ungenauigkeitsfaktoren bei einer einzigen Multiplikation in M₵S vermeidet. Was hier für die Zeilen R, ₵ und M₵ gesagt wurde, gilt entsprechend auch für alle anderen Zeilen der Figur 1.

Bei der hier betrachteten, herkömmlichen Definition der Rechnerarithmetik werden alle Verknüpfungen in der Spalte unter S in Figur 1 an die Verknüpfungen in S angehängt. Wir sprechen daher von der senkrechten Methode. Eine unklare Definition der Eigenschaften der Arithmetik in S setzt sich dadurch in alle darunter liegenden Räume der Figur 1 fort.

2.3 Fehleranalyse bei numerischen Algorithmen

Die traditionelle Fehleranalyse numerischer Algorithmen unterscheidet die beiden Formen der "Vorwärts-Analyse" und der "Rückwärts-Analyse".

Die natürliche Weise Rechenungenauigkeiten zu betrachten, ist die Vorwärts-Analyse. Dabei fragt man einfach wie weit das errechnete Resultat vom exakten Resultat abweicht. In der herkömmlichen Numerik hat es sich nahezu als ein Axiom erhärtet, daß die Vorwärts-Analyse numerischer Algorithmen im allgemeinen zu schwierig bzw. nicht möglich ist.

Statt dessen betreibt man die Rückwärts-Analyse. Bei ihr wird das errechnete Ergebnis interpretiert als das exakte Ergebnis zu veränderten Eingangsdaten. Je kleiner die Abweichung von den Eingangsdaten ausfällt, umso größer ist die Genauigkeit des berechneten Ergebnisses. Die Rückwärts-Analyse hat durchaus Erfolge aufzuweisen. Dennoch haftet ihr der Makel an, daß sie im Grunde nur Ersatz ist für eine im allgemeinen nicht ausführbare Vorwärts-Analyse. Darüber hinaus kann man sich auch auf ihre Ergebnisse nicht streng verlassen, da auch die Rückwärts-Analyse mit den im allgemeinen nicht strikt realisierten Formeln (1) und (2) arbeitet.

Die unten angegebene Definition einer Rechnerarithmetik erlaubt es hingegen, auf Grund eines ziemlich allgemein verwendbaren Prinzipes sehr genaue Schranken für die Lösung eines gegebenen Problems mit dem Rechner selbst zu berechnen. Im allgemeinen lassen sich damit auch scharfe Schranken für die Lösung von Problemen mit ungenauen Ausgangsdaten ermitteln.

Das Bedürfnis nach einer mittels mathematischer Methoden für spezielle Algorithmen durchgeführten Vorwärts- oder Rückwärts-Analyse erscheint damit als sekundär. Da eine mathematische Theorie immer eine ganze Klasse von Problemen betrachten muß, werden die vom Rechner mittels der individuellen Daten errechneten Schranken für die Lösung des Problems i.a. ohnehin auch schärfer ausfallen.

3 Die neue Definition der Rechnerarithmetik mittels Semimorphismen

Versuche, den Begriff Rechnerarithmetik zu präzisieren und zu formalisieren wurden schon des öfteren unternommen. Man orientierte sich dabei stets am Übergang von den reellen Zahlen zu den Gleitkommazahlen (1. Zeile der Figur 1). Die reellen Zahlen aber besitzen sehr viele spezielle Eigenschaften, so daß es schwierig sein dürfte, allein an diesem Modell die mathematisch tragenden Eigenschaften herauszufinden. Eine allgemeine Theorie läßt sich zudem schwerlich an einem einzigen Modell entwickeln, man muß nach weiteren Modellen Ausschau halten. Diese bieten sich an in der Gesamtheit der Zeilen der Figur 1.

3.1 Eigenschaften von Semimorphismen

Wir wollen jetzt die Verknüpfungen in den Räumen der 3. und 4. Spalte der Figur 1 nach einem allgemeinen Prinzip erklären. Zunächst können wir feststellen, daß die Verknüpfungen in einigen Räumen der 2. Spalte der Figur 1 wohl bekannt sind. Es sind dies die Räume R, VR, MR, ¢, V¢ und M¢. Es bezeichne zunächst M eine dieser Mengen und * eine darin erklärte Verknüpfung. Dann können wir auch in der Potenzmenge PM von M, das ist die Menge aller Teilmengen von M, eine Verknüpfung * erklären durch die Vorschrift

$$\bigwedge_{A,B \in PM} A * B := \{a * b \mid a \in A \wedge b \in B\} . \qquad (7)$$

Mittels dieser Definition lassen sich alle Verknüpfungen in M in die zugeordnete Potenzmenge PM übertragen. Wir können damit feststellen, daß in den in Figur 1 aufgeführten Mengen die Verknüpfungen bekannt sind jeweils in dem Element ganz links einer jeden Zeile. Das allgemeine Prinzip besteht nun darin, ausgehend von diesen Verknüpfungen auch in den rechts davon stehenden Teilmengen Verknüpfungen nach einer geeigneten Vorschrift zu definieren.

Dazu bezeichne M jetzt irgendeine Menge der Figur 1, in der Verknüpfungen bekannt sind, und N die unmittelbar rechts davon stehende Teilmenge der Figur 1. Für jede Operation * in M erklären wir eine Operation $\boxed{*}$ in N nach der Vorschrift:

(RG) $\bigwedge_{a,b \in N} \quad a \boxed{*} b := \square(a * b) \qquad \text{für alle} \quad * \in \{+,-,\cdot,/\}$.

Dazu bezeichnet $\square : M \longrightarrow N$ eine monotone und antisymmetrische Projektion von M in N, welche wir als Rundung bezeichnen. Diese Abbildung hat folgende Eigenschaften

(R1) $\bigwedge_{a \in N} \quad \square a = a$ (Rundung)

(R2) $\bigwedge_{a,b \in M} \quad (a \leqq b \Longrightarrow \square a \leqq \square b)$ (Monotonie)

(R4) $\bigwedge_{a \in M} \quad \square(-a) = -\square a$ (Antisymmetrie)

Wenn man vor die Aufgabe gestellt wird, eine gegebene algebraische Struktur durch eine andere zu ersetzen, anzunähern oder zu approximieren, so wird man zunächst versuchen, auf bewährte mathematische Abbildungseigenschaften wie Isomorphismus oder Homomorphismus zurückzugreifen. In allen Zeilen der Figur 1 treten aber als unmittelbare Nachbarn Mengen auf, die nicht gleich mächtig sind und zwischen nicht gleichmächtigen Mengen kann es keinen Isomorphismus geben. Durch einfache Beispiele oder auch durch einen mathematischen Satz [24] läßt sich darüberhinaus zeigen, daß sich auch Homomorphismen auf sinnvolle Weise nicht einrichten lassen. Man kann jetzt versuchen, die Abbildungseigenschaften des Homomorphismus weiter abzuschwächen. Die oben aufgeführten Abbildungseigenschaften (RG) bis (R4) lassen sich als notwendige Bedingungen an einen Homomorphismus zwischen geordneten algebraischen Strukturen in M und N ableiten. Wir bezeichnen eine Abbildung, welche die Eigenschaften (RG), (R1), (R2) und (R4) besitzt, daher als einen Semimorphismus. Man zeigt nun leicht, daß ein Semimorphismus von einem Semimorphismus wieder ein Semimorphismus ist. Mit einem Semimorphismus geht man gewissermaßen so nahe an einen Homomorphismus heran wie möglich. Auch alle in Figur 1 auftretenden äußeren Verknüpfungen (Skalar mal Vektor, Matrix mal Vektor usw.) erklären wir durch entsprechende Semimorphismen.

Im Falle der Intervallräume der Figur 1 verlangen wir von der Rundung $\square$ darüberhinaus noch die Eigenschaft

(R3) $\bigwedge_{a \in M} a \leqq \square a$. (nach oben gerichtet)

In diesem Falle bezeichnet $\leqq$ die Inklusion $\subseteq$.

Man mache sich an dieser Stelle deutlich den Unterschied zwischen der herkömmlichen und der neuen Definition der Rechnerarithmetik klar. Bei der letzteren werden die Verknüpfungen in einer in der Figur 1 auftretenden Teilmenge direkt erklärt anhand der Verknüpfungen in der unmittelbar links daneben stehenden Grundmenge mittels der Vorschriften des Semimorphismus. Da wir oben bereits gesehen haben, daß die Verknüpfungen in den Mengen ganz links einer jeden Zeile der Figur 1 wohl definiert sind, sind sie damit in jeder in der Figur 1 auftretenden Menge erklärt. Die Verknüpfungen in M¢S (vergleiche dazu die Figur 3) werden also beispielsweise direkt definiert anhand der Verknüpfungen in M¢ und nicht auf dem Umwege über ¢, R, S, ¢S nach M¢S, wie im Falle der vertikalen Methode.

$$\begin{array}{ccc} R & \longrightarrow & S \\ \downarrow & & \\ ¢ & \longrightarrow & ¢S \\ \downarrow & & \\ M¢ & \longrightarrow & M¢S \end{array}$$

- Figur 3 -

Bei der Definition der arithmetischen Verknüpfungen in einer Teilmenge $N \subseteq M$ der Figur 1 mittels Semimorphismus erhält man in allen Fällen aufgrund der Formeln (RG), (R1), (R2) maximale Genauigkeit in dem Sinne, daß zwischen dem Ergebnis einer Verknüpfung und seiner Approximation kein weiteres Element aus N liegt.

Darüberhinaus lassen sich im Falle des Überganges von R nach S (1. Zeile der Figur 1) die obigen Fehlerformeln (1) und (2) jetzt als mathematischer Satz beweisen [12], [15]. Diese Fehlerformeln gelten jetzt aber auch für alle anderen Zeilen der Figur 1, also beispielsweise auch für die Verknüpfungen reeller oder komplexer Gleitkommamatrizen:

$$\bigwedge_{a \in M} |\square a - a| < \varepsilon^* |a|$$

$$\bigwedge_{a,b \in N} |a \boxed{*} b - a * b| < \varepsilon^* |a * b|$$

mit einem einzigen skalaren und zwar dem gleichen ε^* wie in (3) und (4). Die Vereinfachung gegenüber den oben abgezählten 8 Millionen ε_i bei einem einfachen Produkt zweier komplexer Matrizen der Dimension 100 ist also offensichtlich. Fehlerabschätzungen für komplexere Algorithmen, wie etwa die Matrixinvertierung gestalten sich dementsprechend einfacher und fallen wesentlich schärfer aus [6].

Wir wollen jetzt noch kurz auf die Herleitung und Implementierung von Semimorphismen zu sprechen kommen.

3.2 Zur Herleitung von Semimorphismen

Wir haben oben schon erwähnt, daß sich die wesentlichen Eigenschaften des Semimorphismus als notwendige Bedingungen an einen Homomorphismus gewinnen lassen. Es gibt aber noch weitere Möglichkeiten, diese Eigenschaften herzuleiten. An einigen Modellen der Figur 1 kann man sie direkt anschaulich ablesen. Betrachten wir etwa den Übergang von der Potenzmenge der komplexen Zahlen P₵ zu den Intervallen über den komplexen Zahlen I₵. Ein Intervall [a,b] zwischen zwei vergleichbaren komplexen Zahlen a $\leqq$ b ist ein Rechteck in der komplexen Zahlenebene (Figur 4a). Wenn man zwei komplexe Intervalle A und B im Sinne der Vorschrift (7) miteinander multipliziert, erhält man i.a. nicht wieder ein Intervall, sondern ein Element A · B der Potenzmenge P₵.

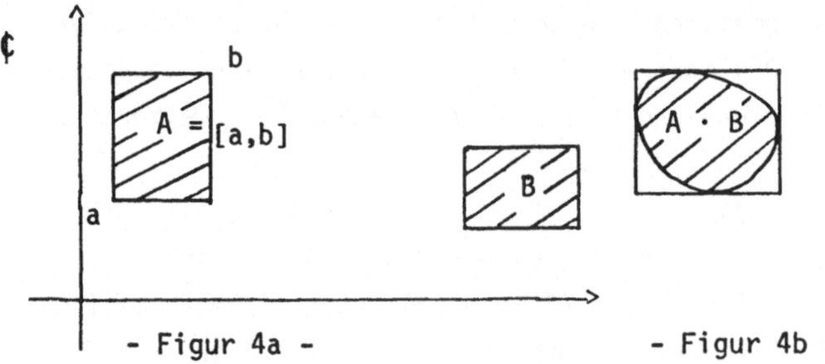

- Figur 4a -   - Figur 4b -

Als Ergebnis einer Intervallverknüpfung aber will man wieder ein Intervall bekommen. Es bietet sich daher an, das Produkt A $\cdot$ B auf das kleinste einschließende Intervall (Figur 4 b) abzubilden. Man kann sich nun unmittelbar anschaulich davon überzeugen, daß diese Abbildung $\square$: P$\mathbb{C}$ ⟶I$\mathbb{C}$ alle Eigenschaften (R1,2,3,4) und (RG) eines Semimorphismus besitzt. Die Ordnungsrelation ist hier natürlich die Inklusion $\subseteq$. Wenn die Menge A $\cdot$ B bereits ein Intervall ist, bewirkt die Abbildung $\square$ keine Änderung (R1). Wenn man die Menge A $\cdot$ B aufbläht, wird auch das kleinste einhüllende achsenparallele Viereck vergrößert (R2). (R3) ist unmittelbar klar und (R4) ergibt sich aus Symmetrieüberlegungen. Nach unserer Konstruktion erfüllt das Verknüpfungsergebnis ferner die Formel (RG) $A \boxed{*} B = \square (A * B)$.

Man kann diese Eigenschaften nun auch am Modell der ersten Zeile der Figur 1 veranschaulichen. Will man zwei Gleitkommazahlen a und b addieren, so ist die korrekte Summe c = a + b i.a. nicht wieder eine Gleitkommazahl (Figur 5). Um wieder eine Gleitkommazahl zu erhalten, rundet man das Ergebnis jetzt noch in das Raster der Gleitkommazahlen.

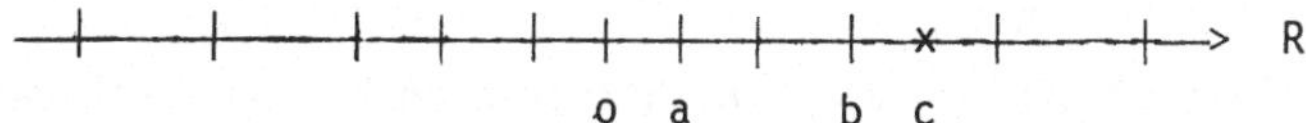

Dieser Rundungsprozeß erfüllt nun ebenfalls wieder die Eigenschaften (R1), (R2) und (R4). Die Ordnungsrelation ist hier das $\leqq$. Die Verknüpfung erfüllt die Formel (RG).

Natürlich kommt man mit der Anschauung nicht bei allen Modellen der Figur 1 durch. Dies ist auch gar nicht notwendig; denn seine eigentliche Begründung erhält das Abbildungsprinzip des Semimorphismus dadurch, daß es gewisse sinnvolle Strukturen, sogenannte geordnete bzw. schwach geordnete Ringoide und Vektoide invariant läßt. Auf diese Eigenschaften kann aber hier nicht weiter eingegangen werden. Siehe dazu [12], [15].

3.3 Implementierung von Semimorphismen

Es stellt sich natürlich die Frage, ob sich die Regeln des Semimorphismus auch auf Rechenanlagen in allen Zeilen der Figur 1 durch schnelle Algorithmen implementieren lassen. Zunächst sieht es so aus, als ob eine Implementierung der Vorschrift (RG) schon im Falle der ersten Zeile der Figur 1 unmöglich wäre, da das Resultat $a * b$ auf der Rechenanlage nicht in allen Fällen darstellbar sein wird (sonst bräuchte man es ja nicht zu approximieren). Ist beispielsweise a von der Größenordnung 10^{50} und b von der Größenordnung 10^{-50}, so bräuchte man zur Darstellung der Summe $a + b$ etwa 100 Dezimalstellen und auch die größten Rechenanlagen verfügen über keine so langen Register. Man kann jedoch zeigen, daß in allen Fällen, in denen das Verknüpfungsergebnis $a * b$ auf der Rechenanlage nicht darstellbar ist, ein geeignetes Ersatzergebnis $a \tilde{*} b$ angegeben werden kann, welches darstellbar und effektiv berechenbar ist und die Eigenschaft $\square (a * b) = \square (a \tilde{*} b)$ hat. Dies kann zur Definition von $a \boxed{*} b$ verwendet werden nach der Formel

$$\bigwedge_{a,b \in S} a \boxed{*} b :=\square (a \tilde{*} b) = \square (a * b) .$$

Der Nachweis dieser Aussage wird in allen nichttrivialen Fällen durch detaillierte Angabe der betreffenden Algorithmen (Fallunterscheidungen) gegeben [12], [15] .

Bei sorgfältiger Implementierung dieser Algorithmen fallen leicht auch die beiden monotonen gerichteten Rundungen ∇ und Δ , welche erklärt sind durch (R1), (R2) und

$$\text{(R3)} \quad \bigwedge_{a \in R} \nabla a \leqq a \qquad\qquad \bigwedge_{a \in R} a \leqq \Delta a ,$$

sowie die mittels dieser Verknüpfungen nach (RG) erklärten Verknüpfungen $\boxed{\nabla\!*}$, $\boxed{\Delta\!*}$, $* \in \{+,-,\cdot,/\}$, an. Die Rundungen ∇, Δ und die Verknüpfungen $\boxed{\nabla\!*}$ und $\boxed{\Delta\!*}$ werden für eine saubere Fehleranalyse in der Numerik benötigt. Sie sind mit den Verknüpfungen für Intervalle über S äquivalent. Eine genaue Analyse zeigt, daß mit diesen Algorithmen die Implementierung von Semimorphismen möglich ist in den Zeilen 1, 2 und 4 und 5 der Figur 1 .

Eine Lücke bleibt zunächst in der Zeile 3. Schwierigkeiten bereitet hier vor allem die Multiplikation von Gleitkommamatrizen $a = (a_{ij})$ und $b = (b_{ij})$. Die Formel (RG) verlangt hier eine Implementierung der Vorschrift

$$a \boxdot b := \square (a \cdot b) = \square \left(\sum_{k=1}^{n} a_{ik} \cdot b_{kj} \right) .$$

Dabei treten in der Summe ganz rechts die Addition und Multiplikation reeller Zahlen auf. Die Rundung darf nur am Schluß ein einziges Mal (komponentenweise) ausgeführt werden. Berücksichtigt man, daß hier a_{ij} und b_{ij} Gleitkommazahlen sind, und daß die Produkte $a_{ik} \cdot b_{kj}$ in einem doppeltlangen Akkumulator korrekt dargestellt werden können, so reduziert sich das Problem auf eine Realisierung der Formel

$$c = \square \left(\sum_{k=1}^{n} c_k \right) \tag{8}$$

Darin sind die c_i, $i = 1(1)n$, doppeltlange Gleitkommazahlen und c ist eine einfachlange Gleitkommazahl. Das Summenzeichen in (8) beschreibt die korrekte Addition für reelle Zahlen. Da man natürlich in der Lage sein will, Matrizen beliebiger Dimension zu multiplizieren, verlangt die Vorschrift (8) Algorithmen, welche in der Lage sind, beliebig lange Summen von Gleitkommazahlen bis auf eine Einheit der letzten Ziffer genau auszuführen. Ein solcher Algorithmus wurde zunächst in [13] angegeben. Ein sehr eleganter weiterer Algorithmus findet sich in [2] . Beide Algorithmen sind auch in [15] beschrieben. Inzwischen sind weitere Algorithmen zur Lösung dieser Fragestellung angegeben worden. Man überlegt sich leicht, daß mit diesen Algorithmen das Problem der Implementierung von Semimorphismen auch gelöst ist für die Zeilen 3, 7, 8 und 9 der Figur 1.

Die Frage der Implementierung bleibt damit zunächst noch offen in den Zeilen 6, 10, 11 und 12 der Figur 1. Hier begegnet man abermals einer neuen Problematik, welche noch kurz geschildert werden soll.

Die Verknüpfungen in IMR (Zeile 6 der Figur 1) wurden erklärt mittels der Formel

$$\text{(RG)} \quad \bigwedge_{A,B\,\in\,IMR} A \boxed{*} B := \square (A * B) \quad \text{für alle} \quad * \in \{+,-,\cdot\}\,.$$

Darin bezeichnet * das Verknüpfungszeichen in PMR, welches nach (7) erklärt ist. Die Verknüpfungen in der Potenzmenge aber sind prinzipiell nicht ausführbar.

Unabhängig von der Menge IMR kann man aber die Menge MIR, das sind Matrizen, deren Komponenten Intervalle sind, betrachten. In MIR lassen sich ebenfalls Verknüpfungen einführen:

$$\bigwedge_{A = (A_{ij}),\, B=(B_{ij}) \in MIR} \begin{cases} A \oplus B := (A_{ij} \boxplus B_{ij})\,, \\ A \odot B := (\square (\boxed{\Sigma}_{k=1}^{n} A_{ik} \boxdot B_{kj})) \end{cases}$$

Dabei werden auf der rechten Seite die ausführbaren Verknüpfungen in IR verwendet. Bereits in [10] wurde gezeigt, daß die Verknüpfungen in IMR und MIR bezüglich der Abbildung

$$([a_{ij}^{1}, a_{ij}^{2}]) \longleftrightarrow [(a_{ij}^{1}), (a_{ij}^{2})]$$

isomorph sind.

In [21], [22] wurde dann nachgewiesen, daß entsprechende Isomorphismen auch gelten, wenn man in den Räumen der letzten drei Zeilen der Figur 1 das I nach rechts durchschiebt:

$$\begin{aligned} I\mathbb{C} &\longleftrightarrow \mathbb{C}IR\,, \\ IV\mathbb{C} &\longleftrightarrow V\mathbb{C}IR\,, \\ IM\mathbb{C} &\longleftrightarrow M\mathbb{C}IR\,. \end{aligned}$$

Es sei hier darauf verzichtet, die entsprechenden Abbildungen anzugeben. Die Verhältnisse sind natürlich komplizierter.

In [14] wurde schließlich gezeigt, daß diese Isomorphien erhalten bleiben, wenn man mittels Semimorphismen in die betreffenden Teilmengen der 3. und 4. Spalte der Figur 1 fortschreitet. Es gilt also beispielsweise

IMS <——> MIS ,
I¢S <——> ¢IS ,
IV¢S <——> V¢IS ,
IM¢S <——> M¢IS .

Der Nachweis dieser Isomorphien muß natürlich unter Einschränkung auf die in den betreffenden Teilmengen vorliegenden schwachen Strukturen geführt werden, welche zu diesem Zwecke sorgfältigst analysiert werden müssen. Der Nachweis von Isomorphien für die betreffenden äußeren Verknüpfungen erfolgt analog.

Mittels dieser Isomorphien kann man dann zeigen, daß ein Algorithmus zur optimalen Berechnung von Skalarprodukten auch dazu benutzt werden kann, um die Verknüpfungen in den Mengen der Zeilen 6, 10, 11 und 12 mittels Semimorphismen auf optimale Weise zu implementieren. Die Algorithmen zur optimalen Berechnung von Skalarprodukten, welche ursprünglich für die Zeile 3 entwickelt wurden, gewährleisten demnach auch die Implementierung von Semimorphismen in den Zeilen 6 bis 12. Siehe dazu insbesondere das Kapitel 6 in [15].

4 Rechnerarithmetik und Programmiersprachen

Herkömmliche Programmiersprachen wie etwa ALGOL, FORTRAN, PASCAL, PL/1 usw., kennen als Elementarverknüpfungen nur die integer und die real Verknüpfungen. Alle anderen Verknüpfungen werden darauf zurückgeführt. Dies hat ein umständliches und vor allem zeitraubendes Hantieren mit höheren numerischen Einheiten, wie Vektoren, Matrizen, komplexen Zahlen, komplexen Vektoren und Matrizen, sowie den Intervallen über allen genannten Räumen zur Folge.

Wir betrachten als Beispiel etwa die Multiplikation zweier n-reihiger Matrizen $a = (a_{ij})$ und $b = (b_{ij})$. Sie erfolgt in allen genannten Sprachen mittels der Laufanweisung. Wir notieren von den drei nötigen Schleifen nur die innerste mit einer Summationsvariablen s :

```
.................................
for k := 1 to n do
    s := s + a [i,k] * b [k,j] ;          (11)
.................................
```

Was muß der Rechner tun, wenn er einmal diese innerste Schleife durchläuft? Er sucht zunächst die Anfangsadresse des Feldes a . Wir bezeichnen diese einfach mit a . Dann berechnet er die Adresse der Komponente a [i,k] . Wenn die Matrix zeilenweise gespeichert ist, geschieht dies in folgender Weise:

$$a + (i-1) \cdot n + k .$$

Anschließend berechnet er die Adresse der Komponente von b :

$$b + (k-1) \cdot n + j .$$

Um das eigentlich gewünschte Produkt a [i,k] * b [k,j] ausführen zu können, muß der Rechner also zwei Suchprozesse ausführen und dazu noch zwei Multiplikationen und vier Additionen. Bei großen Matrizen handelt es sich bei i, n, k und j keineswegs um kleine Zahlen.

Beim nächsten Durchlauf der innersten Schleife werden dann aufgrund der ungeschickten Notation die Adressen von a [i,k+1] und b [k+1,j] berechnet. Dies geschieht wiederum mit zwei Suchprozessen, zwei Multiplikationen und vier Additionen.

Dabei steht die Komponente a [i,k+1] in der auf die Komponente a [i,k] folgenden Speicherzelle. Die Komponente b [k+1,j] steht n Plätze weiter als b [k,j]. Mit einem Zählprozeß und einer einfachen Addition ließen sich also die Operanden für den nächsten Term des Skalarproduktes finden.

Die hier angesprochene Problematik ist den Compilerbauern natürlich bekannt und zu dem Stichwort Indexfortschaltung gibt es umfangreiche Untersuchungen. Praktisch schlagen sich diese häufig in einem zusätzlichen Übersetzungslauf zur Optimierung der Laufanweisung nieder. Tatsache aber ist, daß hier ein imaginäres Problem gelöst wird, welches bei geeigneterer Notation überhaupt nicht entsteht.

Die herkömmlichen Programmiersprachen erlauben nur im Falle der ersten Zeile der Figur 1 die arithmetischen Verknüpfungen mittels der in der Mathematik üblichen Operationszeichen +,-,•,/ anzusprechen. Alle Verknüpfungen in den darunter liegenden Zeilen müssen durch Prozeduren bereitgestellt und häufig vom Benutzer selbst formuliert werden. Treten in einem Ausdruck für Matrizen oder komplexe Zahlen mehrere Verknüpfungen auf, so erfordert jede einen eigenen Prozeduraufruf. Dieses Vorgehen hat lange und unübersichtliche Programme zur Folge.

Ein einfacher Ausweg aus diesen Schwierigkeiten stellt sich unmittelbar ein, wenn man in Programmiersprachen alle Verknüpfungen für höhere numerische Einheiten wie reelle oder komplexe Zahlen, -Vektoren und -Matrizen, sowie auch die Verknüpfung für Intervalle über diesen Räumen wie in der Mathematik üblich mittels Operatoren notiert, also z.B. die Zuweisung des Produktes zweier Matrizen a und b an eine Matrix x in der Weise

$$x := a \cdot b \,. \qquad (12)$$

Dabei muß man sich a und b als Variable vom Typ real matrix vereinbart denken. Eine Zuweisung eines arithmetischen Ausdruckes für Matrizen würde dann etwa so aussehen:

$$z := (a * x + b) * y + c \,.$$

Man mache sich den Unterschied klar, indem man das Problem für die Berechnung des auf der rechten Seite stehenden Ausdruckes einmal in herkömmlicher Weise mittels Laufanweisung und Prozeduraufruf niederschreibt.

Durch eine solche Operatornotation werden die Programme kürzer und übersichtlicher. Sie sind leichter zu lesen und zu schreiben und folglich auch leichter auszutesten. Sie werden dadurch auch zuverlässiger. Ein anderer ganz wesentlicher Vorteil kommt aber noch hinzu:

Bei der Schreibweise (12) wird nicht die sonst übliche vertikale (ungenaue) Definition der Matrixverknüpfungen benutzt, sondern die vertikale Methode unter Zuhilfenahme des genauen Skalarprodukts. Der Fehler einer Matrixoperation kann also durch eine einzige Größe ε^* abgeschätzt werden.
Bei der Schreibweise (12) werden die Komponenten der Matrizen a und b nicht mehr genannt. Folglich brauchen deren Adressen auch nicht berechnet zu werden. Die Multiplikation wird mittels einer internen Skalarproduktroutine ausgeführt, welche den einfachen Zähl- und Additionsprozeß automatisch ausführt. Ferner braucht nach den einzelnen Additionen und Multiplikationen im Skalarprodukt weder eine Normalisierung noch eine Rundung ausgeführt zu werden, was ebenfalls zur Beschleunigung beiträgt. Für die Verknüpfungen aller oben genannten höheren numerischen Einheiten lassen sich dadurch zum Teil ganz beträchtliche Geschwindigkeitssteigerungen erzielen.
Abschließend sei noch erwähnt, daß die Definition der arithmetischen Verknüpfungen mittels Semimorphismus eine Operatornotation wie in (12) praktisch erzwingt. Eine Definition der Matrixmultiplikation mittels dreier Laufanweisungen wie in (11) würde ja wieder auf die herkömmliche Methode hinauslaufen.

5 Realisierung und Ausblick

Eine vollständige Implementierung der Arithmetik, wie sie in Figur 1 skizziert wurde, mittels Semimorphismen wurde am Institut des ersten Autors erstmals durchgeführt. Der Implementierung lag zunächst ein Mikroprozessor Z80 zugrunde. Als Basissprache wurde PASCAL verwendet. Um vor allem die im Abschnitt D. geschilderten Schwierigkeiten zu vermeiden, wurde die Sprache PASCAL um ein allgemeines Operatorkonzept, ähnlich wie es in ALGOL-68 vorgesehen war, erweitert. Die erweiterte Sprache wurde PASCAL-SC (PASCAL for Scientific Computation) genannt. [1)]
Die höheren Arithmetikroutinen sind bereits in diesem Operatorkonzept formuliert. Es ergeben sich ganz überraschende Effekte. Obwohl wesentlich grössere Sorgfalt als üblich bei der Implementierung der arithmetischen Verknüpfungen mittels Semimorphismen aufgewendet werden muß, sind die Verknüpfungen von Zeile 3 an schneller, als wenn sie auf herkömmliche Weise im Basis-PASCAL ausgeführt werden. Beispielsweise ist die Matrixmultiplikation mittels Semimorphismus und Operatorkonzept etwa doppelt so schnell, als wenn sie im herkömmlichen PASCAL programmiert und ausgeführt wird.

---

1) Der Compiler wurde an der Universität Kaiserslautern (Professor Dr. H.-W. Wippermann) implementiert.

Die Auswirkungen der neuen Arithmetik in der Numerik sind enorm und noch kaum zu übersehen. Der Rechner ist nicht länger ein Werkzeug des Experimentierens, sondern wird zu einem Instrument der Mathematik. Binnen kurzer Zeit war es möglich, auf dem neuen Rechnersystem Programmpakete zu entwickeln für die Lösung linearer Gleichungssysteme, die Invertierung von Matrizen, Eigenwertprobleme, Nullstellen von Polynomen, nichtlineare Gleichungssysteme, Auswertung beliebiger arithmetischer Ausdrücke (mathematischer Funktionen), Optimierungsprobleme, numerische Quadratur, Anfangs- und Randwertaufgaben bei gewöhnlichen Differentialgleichungen, iterative Behandlung großer Gleichungssysteme usw. Derartige Routinen werden im folgenden beschrieben. Dabei wird bei 12-stelliger dezimaler Rechnung die Lösung jeweils auf mindestens 11 Stellen genau in Schranken eingeschlossen. Die numerischen Algorithmen beweisen zudem die Existenz und Eindeutigkeit der Lösung innerhalb der berechneten Schranken. Ist diese nicht gegeben (z.B. bei einer singulären Matrix) oder ist ein spezielles Problem so schlecht konditioniert, daß die Lösung mit 12-stelliger Arithmetik nicht berechnet werden kann (es geht dann auch nicht mit üblicher Gleitkommarechnung!), so stellt der Algorithmus dies fest und teilt es dem Benutzer mit. Dies alles sind Ergebnisse, welche mit der herkömmlichen Rechnerarithmetik nicht erreicht worden sind. Sie können auch dann nicht erreicht werden, wenn man die Arithmetik in der 1. Zeile der Figur 1 sorgfältigst mittels eines Semimorphismus definiert. Eine Gruppe, vor allem amerikanische Wissenschaftler, hat gerade im Rahmen der IEEE Computer Society in dieser Richtung einen Standard geschaffen. Ganz sicherlich ist dies ein Schritt in die richtige Richtung. Man muß sich aber fragen, warum man nicht gleich den hier noch einmal unterbreiteten, älteren und wesentlich weitergehenden Vorschlag übernimmt, welcher den eigentlichen Durchbruch in der Numerik erst ermöglicht.

Nachträglich betrachtet, erscheint die ursprüngliche Zustimmung, Festlegung und Implementierung der Rechnerarithmetik dem Hersteller zu überlassen, als ein mathematischer Schildbürgerstreich. Wenn man die Genauigkeit numerischer Algorithmen kontrollieren will, und dieser Wunsch ist sicherlich legitim, so muß man zunächst einmal die Genauigkeit der einfachsten Algorithmen, und das sind eben die Algorithmen für die arithmetischen Verknüpfungen unter Kontrolle halten und diese genau und präzise erklären. Diese einfache notwendige Bedingung erweist sich in vielen Fällen dann auch bereits als hinreichend um das Dunkel der Rechenungenauigkeit auch bei komplizierteren Algorithmen aufzuhellen, wie das Fenster in dem Rathaus von Schilda.

6 Schlecht konditionierte Probleme

Bevor wir in eine Diskussion über Sicherheit von Ergebnissen einsteigen, soll zunächst die Notwendigkeit anhand einiger Beispiele gezeigt werden.

In einer Rechenanlage können nur endlich viele Zahlen verarbeitet werden, insbesondere nur Zahlen mit einer endlichen Mantissenlänge. Bei der Darstellung oder Konvertierung des gestellten Problems auf dem Rechner wird ein Konvertierungsfehler begangen. Kommt in dem Problem etwa die Zahl π vor und ein Rechner hat 8 Dezimalstellen, wird π durch die π am nächsten gelegene Maschinenzahl approximiert:

$$3.1415927 \quad \text{statt} \quad 3.1415926535\ldots$$

Verwendet der Rechner Dualzahlen, tritt zusätzlich noch das Problem der Konvertierungsfehler auf. Dann ist nämlich

die Dezimalzahl 0.1

auf dem Rechner <u>nicht</u> darstellbar, da 0.1 im Zehnersystem eine unendliche Dualzahl 0.00011001..ist. Bei der Eingabe des Problems wird also bereits ein (Eingabe-) Konvertierungsfehler begangen.

Eine Operation auf dem Rechner kann i.a. ebenfalls nicht exakt ausgeführt werden. Am besten approximiert man das exakte, reelle Ergebnis bestmöglich, also etwa

$$1/6 = 0.16666667.$$

Realisiert man diese intuitive Definition einer Rechnerarithmetik strikt, resultiert dies zwangsläufig in der vorstehenden gegebenen Definition der Rechnerarithmetik. Offensichtlich sind aber selbst bei wenigen Operationen beliebig große Fehler möglich. Etwa bei der Berechnung von

$$(13) \qquad 10^8 + 7 - 10^8 - 2$$

erhält man als Ergebnis auf einem 8-stelligen Rechner (bei Ausführung von links nach rechts)

$$-\,2 \text{ statt des richtigen Ergebnisses } +5 .$$

Auf einem Rechner eines bekannten deutschen Versandhauses berechnet man gar

$$(14) \qquad 10^8 - 99\,999\,999 = 10 .$$

Der in (13) begangene Fehler ist prinzipieller Natur. Der Fehler in (14) läßt sich hingegen beheben. Es ist klar, daß, wenn die Arithmetik nicht vernünftigen Gesetzen genügt, man auch keine gesicherten Ergebnisse erwarten kann.

Der Term "sichere Ergebnisse" verdient es, etwas genauer betrachtet zu werden. Setzen wir zunächst voraus, daß alle Daten des Problems exakt auf dem Rechner darstellbar sind und betrachten eine lineare Kurvenanpassung nach der Methode der kleinsten Quadrate. Gegeben sei die Wertetabelle

(15)

y	99999	100000	100001
x	a-1	a	a+1

Für verschiedene Werte von a soll ein "curve fitting" durchgeführt werden. Im vorliegenden Fall scheint das besonders einfach, da alle drei Punkte bereits auf einer Geraden liegen. Die beste Kurvenanpassung ist nach bekannten Formeln gegeben durch

$$y = mx + b \quad \text{mit } m = \frac{\Sigma x_i y_i - \frac{1}{n}\Sigma x_i\, \Sigma y_i}{\Sigma x_i^2 - \frac{1}{n}(\Sigma x_i)^2} \quad \text{und } b = \frac{1}{n}\Sigma y_i - \frac{m}{n}\Sigma x_i .$$

Die nachfolgenden Ergebnisse wurden mit 12-stelliger (!) Dezimalarithmetik berechnet. Dabei spielen keine Konvertierungsfehler und keine Arithmetikfehler eine Rolle und es wird eine maximal genaue Arithmetik verwendet.

a	$x = a + 2$ exakt	$x = a + 2$ *glk*	$x = a+10^5$ exakt	$x = a+10^5$ *glk*	$x = a-10^5$ exakt	$x = a-10^5$ *glk*
5201456	100002	9999.9	200000	90000	0	110000
2568741	100002	100000.02	200000	102000	0	98000
5201478	100002	100000	200000	100000	0	100000

Tabelle 1. Extrapolationswerte für verschiedene x

Nach Durchführung der Kurvenanpassung (die exakt möglich ist mit m = 1, b = 100000 - a) wurde auf $x = a + 2$, $x = a+10^5$ und $x = a-10^5$ extrapoliert. Das ist eine Extrapolation relativ zu a von weniger als 5% für alle Werte von a. Unter *glk* sind die mit 12-stelliger Gleitkomma-Rechnung erzielten Werte aufgeführt. Diese haben mit der wahren Lösung so gut wie nichts zu tun. In der dritten Zeile ist das Resultat sogar eine Konstante.

Im nächsten Beispiel wurde ein vom Institut für Angewandte Mathematik der Universität Karlsruhe entwickelter Rechner benutzt. Er verfügt insbesondere über eine Gleitpunkt-Arithmetik mit maximaler Genauigkeit. Trotzdem ist bei der Verwendung von reinen Gleitpunkt-Algorithmen Vorsicht geboten, wie das folgende Beispiel zeigt:

$$(16) \qquad \begin{aligned} 941664x - 665857y &= 1 \\ 665857x - 470832y &= 0 \end{aligned}$$

Die mit einem Standard-Gleitpunktalgorithmus in 12-stelliger Rechnung erzielten Näherungen sind

$$\begin{aligned} x &= 166666.666667 \\ y &= 235702.260396 \end{aligned}$$

Die wahre Lösung lautet

$$\begin{aligned} x &= 470832.0 \\ y &= 665857.0 \end{aligned}$$

Schwieriger werden die Probleme, wenn die Eingabedaten nicht exakt auf dem Rechner darstellbar sind oder wenn die Eingabedaten gar noch mit Fehlern behaftet sind. Hier kommen wir zur Frage, wann ein Ergebnis richtig heißen soll und wann nicht. Es gibt zwei Möglichkeiten, richtige Ergebnisse auszugeben. Entweder, man gibt Schranken an, zwischen denen die wahre Lösung (mit Sicherheit) liegt, oder, man gibt nur so viele Stellen an, wie garantiert werden können etwa mit der Vereinbarung, daß die wahre Lösung mit genau diesen Stellen beginnt. Der letzte Vorschlag gibt (im Positiven) immer ein Ergebnis aus, das zu klein ist. Möchte man dieses vermeiden, vereinbart man, daß das richtige Ergebnis mit genau diesen Stellen oder mit diesen Stellen und die letzte Stelle um eins vermindert beginnt (bzw. im Negativen um eins erhöht). Demnach wäre etwa in der ersten Darstellung

$$1/6 = [0.16666666,\ 0.16666667], \quad \text{d.h. } 0.16666666 \lneqq 1/6 \lneqq 0.16666667$$

In der zuletzt beschriebenen Darstellung wäre

sowohl $1/6 = 0.16666666$ als auch $1/6 = 0.16666667$

richtig. Interessanter (aber auch schwieriger) wird es bei mehr Operationen oder bei mit Fehlern behafteten Eingabedaten.

Von einer Pyramide sei die mittlere Höhe der 207 Stufen 71 cm. Dieser Meßwert sei mit einem Fehler von $\pm$ 0.25 cm behaftet. Dann liegt offenbar die Gesamthöhe der Pyramide

zwischen 146.4525 m und 147.4875 cm.

Das richtige Ergebnis muß also etwa [146.4, 147.5] oder

147 m

lauten. Es wäre jedoch in dem eben beschriebenen Sinne *falsch*, die Gesamthöhe zu 207 • 0.71 = 146.97 m anzugeben.
Die Crux der heutigen Rechner (Taschenrechner, Personal Computer wie Großrechenanlagen) ist, daß ein Ergebnis auf so viele Stellen ausgegeben wird, wie die verwendete Genauigkeit beträgt, also 8, 16 oder noch mehr Dezimalstellen. Diese hohe Anzahl von ausgegebenen Stellen für ein (Näherungs-) Ergebnis suggeriert eine hohe Genauigkeit (wie überhaupt digitale Angaben eine Exaktheit suggerieren, z.B. gegenüber analogen Anzeigen).

Ein im Sinne der Angabe von Schranken richtiges Ergebnis wäre natürlich auch [-1000000, + 1000000]. An Solcherlei sind wir aber nicht interessiert. Zur Definition der Richtigkeit gehört also auch die *Schärfe* der Ergebnisse.

Sind die Eingabedaten mit Fehlern behaftet, können sich kleine Fehler (z.B. Meßfehler) unter Umständen sehr stark auf die Lösung auswirken. Betrachten wir etwa

$$(17) \qquad \begin{aligned} 100000x + 99999y &= b_1 \\ 99999x + 99998y &= b_2 \; . \end{aligned}$$

Die rechte Seite sei (b_1,b_2) = (200000, 200000) gemessen mit einem Fehler einer Einheit der 5. Stelle, also

$$\begin{aligned} b_1 &\in [199990, 200010] \\ b_2 &\in [199990, 200010] \end{aligned}$$

In der rechten Seite enthalten ist u.a. b_1 = 199999 und b_2 = 199997, was die Lösung x=y=1 ergibt. Bei den gegebenen Grenzen für b_1 und b_2 gilt jedoch

$$\begin{aligned} -1800000 \le x \le 2200000 \\ -2200000 \le y \le 1800000 \; . \end{aligned}$$

Diese Grenzen sind scharf, also nicht verbesserbar.

D.h., liefert ein Instrument Meßwerte für b_1, b_2 mit einem Fehler einer Einheit der 5ten Stelle, so können die Ergebnisse des linearen Gleichungssystems (17) zwischen rund minus 2 Millionen und plus 2 Millionen liegen. Um Ergebnisse mit zwei gesicherten Stellen zu erhalten, muß die rechte Seite mit einem Fehler von höchstens einer Einheit in der 8ten Stelle gemessen werden.

Es besteht die Möglichkeit, die rechte Seite leicht zu ändern und zu versuchen, aus der Änderung der Lösung auf die Abhängigkeit der Lösung von den Daten zu schließen. Gleichwohl ist auch hier große Vorsicht geboten. Berechnet man etwa die Lösung des obigen Gleichungssystems (17) nacheinander für rechte Seiten

$$\begin{pmatrix} 200000 \\ 200000 \end{pmatrix}, \begin{pmatrix} 199990 \\ 199990 \end{pmatrix}, \begin{pmatrix} 200010 \\ 200010 \end{pmatrix},$$

so erhält man als Lösungen nacheinander

$$(18) \quad \begin{pmatrix} 200000 \\ -200000 \end{pmatrix}, \begin{pmatrix} 199990 \\ -199990 \end{pmatrix}, \begin{pmatrix} 200010 \\ -200010 \end{pmatrix}.$$

Aus diesen scheinbar schönen Ergebnissen zu schließen, das Problem sei gutartig, wäre jedoch (wie gezeigt) völlig falsch.

Verändert man die Daten des Problems irgendwie und die Lösung ändert sich immer von etwa gleicher Größenordnung, heißt das Problem gut konditioniert. Ist die Änderung der Lösung stark überproportional wie im obigen Beispiel, heißt es schlecht konditioniert. Die Information über die Kondition eines Problems ist von hoher Wichtigkeit. Sie hat direkte Auswirkung auf die Auslegung (Belastbarkeit) von Komponenten, Genauigkeitsanforderungen an Meßwertgeber etc. und damit wichtige finanzielle Bedeutung. U.U. kann sich auch ergeben, daß einzelne Komponenten praktisch keinen Einfluß besitzen.

Im folgenden sollen Methoden skizziert werden, die sichere Ergebnisse liefern für alle Klassen von Eingabedaten (darstellbar, nicht darstellbar und fehlerbehaftet) für eine große Anzahl mathematischer Probleme. Die im Hintergrund stehende Mathematik wird dabei bewußt anschaulich dargestellt, so daß die folgenden Ausführungen auch ohne tiefen mathematischen Hintergrund nachvollzogen werden können.

Mathematische Hintergründe können in [23], [24], [30], [31] nachgelesen werden.

7 Algorithmen für Grundaufgaben der Numerischen Mathematik

Wir betrachten zunächst das Problem der Lösung linearer Gleichungssysteme. Für eine nxn Matrix A und einen Vektor b mit n Komponenten schreiben wir zunächst

das Gleichungssystem $Ax = b$

um und suchen

die Nullstelle von $Ax - b = 0$.

Nun wird auf Rechnern die Suche nach einer Nullstelle häufig umgeformt in eine

Fixpunktgleichung $x = x - (Ax-b)$.

Zur numerischen Anwendung schreibt man eine solche Gleichung als

Iteration $x^{k+1} := x^k - (Ax^k-b)$.

Die Anwendung und Auswertung einer solchen Iteration läßt sich auf dem Rechner besonders vorteilhaft durchführen. Es sind auch mathematische Kriterien bekannt, wann eine solche Iteration konvergiert und wann nicht. Im vorliegenden Fall wird die Iteration im allgemeinen *nicht* konvergieren.
Daher wird eine solche Iteration umgeschrieben in eine bessere, nämlich das

Newton-Verfahren $x^{k+1}:=x^k - A^{-1} \cdot (Ax^k - b)$.

In dieser Form ist das Verfahren natürlich noch nicht brauchbar. Denn wäre die Inverse A^{-1} von A bekannt, könnte man die Lösung x von $Ax = b$ sofort ausrechnen zu $x = A^{-1} \cdot b$. Nun kann man versuchen, das Newton-Verfahren anzunähern indem nicht die exakte Inverse sondern eine "Näherungs"-Inverse R von A verwendet wird. Man gelangt so zum

(19) vereinfachten Newton-Verfahren $x^{k+1} := x^k - R \cdot (Ax^k - b)$.

Das Verfahren heißt *vereinfachtes* Newton-Verfahren, weil in jedem Iterationsschritt die gleiche Näherung R verwendet wird und nicht in jedem Iterationsschritt eine neue (verbesserte) Näherungsinverse R_i von A verwendet wird. Das Verfahren wird auch als "Residuen-Iteration" bezeichnet. Was bis jetzt dasteht ist alles bekannt, nichts Neues. Was jedoch ebenso bekannt ist, sind die auftretenden Probleme: Wann "konvergiert" eine Iteration? Welches Abbruchkriterium ist zu verwenden? Ist die Matrix des Gleichungssystems nicht singulär? Wie sicher sind die Ergebnisse? und andere mehr. Wir werden später durch Beispiele zeigen, daß keine dieser Fragen zufriedenstellend gelöst war.

Um zu bewiesenen, zu sicheren Ergebnissen zu gelangen, muß ein mathematischer Satz vorliegen, dessen Voraussetzungen auf dem Rechner überprüfbar sind um dessen Aussagen anwenden zu können. Die Grundlage für einen solchen Satz ist der Brouwer'sche Fixpunktsatz:

Brouwer: Gegeben sei eine stetige Funktion $f:\mathbb{R}^n \to \mathbb{R}^n$, die eine nichtleere, konvexe, abgeschlossene, beschränkte Menge $X \subseteq \mathbb{R}^n$ in sich abbildet. Dann hat f in X mindestens einen Fixpunkt.

Um diesen Satz anwenden zu können, benötigen wir also eine stetige Funktion f und eine adäquate Menge X. Betrachten wir obige Fixpunktiteration, so definiert man naheliegend

$$f:\mathbb{R}^n \to \mathbb{R}^n \text{ mit } f(x) := x - R \cdot (Ax - b).$$

Findet man dann ein $X \subseteq \mathbb{R}^n$ mit $f:X \to X$, dann ist bereits die Existenz eines $\bar{x} \in X$ mit $f(\bar{x}) = \bar{x}$ bewiesen. Dann gilt also

$$\bar{x} = \bar{x} - R(A\bar{x} - b) \qquad R \cdot (A\bar{x} - b) = 0.$$

Es sind also zwei Probleme zu lösen:

1) Es muß $f : X \longrightarrow X$ auf dem Rechner nachgeprüft werden

2) Es muß die Nicht-Singularität von R bewiesen werden, um zu einer Lösung des linearen Gleichungssystems zu kommen.

Gehen wir zunächst das erste Problem an. Mathematisch gesehen kann man in (19) die Näherung x^k durch die Menge X ersetzen und jede Operation durch die entsprechende Potenzmengenoperation:

$$(20) \qquad X - R \cdot (A \cdot X - b).$$

Eine Potenzmengenoperation $C * D$ mit $C,D \subseteq \mathbf{P}\,\mathbb{R}^n$ ist dabei definiert als

$$C * D := \{x * y \mid x \in C \wedge y \in D\} \qquad \text{für} \quad * \in \{+,-,\cdot,/\}.$$

Nun kann man zeigen, daß $f : X \longrightarrow X$ mittels (20) i.a. nicht realisierbar ist. Denn es gilt im allgemeinen

$$X - R(AX - b) \not\subseteq X .$$

Ein Kunstgriff rettet die Situation; wir schreiben statt (20):

$$(21) \qquad R \cdot b + \{I - R \cdot A\} \cdot X.$$

Hierbei ist I die nxn Einheitsmatrix. (21) ist äquivalent zu (19), wie man durch Ausrechnen bestätigt. Jetzt kommt die Menge X nur noch einmal vor, der Wertebereich von (21) wird also nicht mehr überschätzt. Denn das doppelte Auftreten von X in (20) bewirkt, daß jedesmal die ganze Menge X eingesetzt wird:

$$X - R(AX - b) = \{x_1 - R(Ax_2 - b) \mid x_1, x_2 \in X\}.$$

Hierbei sind x_1 und x_2 unabhängig voneinander, obwohl $x_1 = x_2$ angenommen werden könnte. Dieser Mißstand ist mit (21) beseitigt.

Zu einer Lösung unseres ersten Problems ist man aber erst gelangt, wenn die Menge X auf dem Rechner darstellbar und abgespeichert ist und die Operationen $+,-,\cdot,/$ auf dem Rechner ausführbar sind. Betrachten wir dazu als spezielle Teilmengen X des $\mathbb{R}^n$ "Intervallvektoren".

Ein Bereich oder Intervall innerhalb der reellen Zahlen ist die Menge aller Zahlen, die zwischen zwei Grenzen liegt:

$$[-1,3] := \{x \in \mathbb{R} \mid -1 \leqq x \leqq 3\}.$$

Intervalle wurden bereits im ersten Abschnitt als Lösungsbereiche angesprochen. Mit solchen Bereichen kann man rechnen, und zwar mit der anfangs definierten Rechnerarithmetik. Wichtig für uns ist die Feststellung, daß

a) Bereiche durch Angabe der linken und rechten Grenze auf dem Rechner darstellbar sind und, daß

b) alle Operationen zwischen Bereichen auf dem Rechner ausführbar sind (siehe [12], [15]).

Entsprechend definieren wir Intervallvektoren als die Menge aller Vektoren, die zwischen zwei Grenzen liegen:

$$[\begin{pmatrix}-1\\1\\2\end{pmatrix},\begin{pmatrix}0\\4\\2\end{pmatrix}] := \{v \in \mathbb{R}^3 \mid \begin{pmatrix}-1\\1\\2\end{pmatrix} \leqq v \leqq \begin{pmatrix}0\\4\\2\end{pmatrix}\} .$$

Hierbei ist $\leqq$ komponentenweise, also als für <u>alle</u> Komponenten gültig zu verstehen. Es gilt also etwa

$$\begin{pmatrix}-0.5\\4\\2\end{pmatrix} \in [\begin{pmatrix}-1\\1\\2\end{pmatrix},\begin{pmatrix}0\\4\\2\end{pmatrix}] \text{, aber } \begin{pmatrix}0\\5\\2\end{pmatrix} \notin [\begin{pmatrix}-1\\1\\2\end{pmatrix},\begin{pmatrix}0\\4\\2\end{pmatrix}].$$

Offenbar kann man Intervallvektoren also auf dem Rechner darstellen und abspeichern. Die Ausführung von Operationen ist auf dem Rechner möglich, wie in den ersten Abschnitten dieser Abhandlung erläutert.

Ebenso kann man Intervallmatrizen als die Menge aller Matrizen definieren, die zwischen zwei Grenzen liegen. Wieder ist herausragend, daß <u>alle</u> Operationen (auch zwischen Intervallmatrizen und -vektoren) auf dem Rechner (schnell) ausführbar sind. Die Details, mathematische Theorie und Algorithmen sind in ([12], [15]) nachzulesen.

Die Bedingung $f : X \to X$ oder

$$(22) \qquad R \cdot b + \{I - R \cdot A\} \cdot X \subseteq X$$

kann demnach auf dem Rechner nachgeprüft werden, indem alle Operationen durch die entsprechenden Bereichsoperationen ersetzt werden. Dabei ist es wichtig, die Berechnung von I-RA durch Verwendung des genauen Skalarproduktes als eine Operation zu betrachten und entsprechend mit <u>einer</u> Rundung auszuführen. Unser erstes Problem des Nachprüfens der Bedingung f: X ——> X auf dem Rechner ist damit gelöst.

Kommen wir zu dem zweiten Problem, des Beweises der Nicht-Singularität von R (diese wurde benötigt, um vom Fixpunkt der Funktion f zur Nullstelle des Gleichungssystems zu kommen). Der Beweis der Nicht-Singularität einer Matrix ist mathematisch ein schwieriges und aufwendiges Problem; in der Praxis eines Gleitpunkt-Algorithmus war er bisher nicht möglich. Um so erstaunlicher ist es, daß dieser Beweis sich nahtlos in das Bisherige einfügt, und zwar ohne zusätzlichen Aufwand! Statt (22) schreiben wir:

$$(22') \qquad R \cdot b + \{I - RA\} \cdot X \subseteq \overset{\circ}{X} .$$

Hierbei bedeutet $\overset{\circ}{X}$ das "Innere" von X. Auf dem Rechner prüft man für zwei Bereiche $X := [x_1,x_2]$ und $Y := [y_1,y_2]$

$$X \subseteq Y \quad \Longleftrightarrow \quad y_1 \leqq x_1 \quad \text{und} \quad x_2 \leqq y_2 .$$

Entsprechend ist

$$X \subseteq \overset{\circ}{Y} \quad \Longleftrightarrow \quad y_1 < x_1 \quad \text{und} \quad x_2 < y_2 .$$

Der Unterschied zwischen (22) und (22') besteht auf dem Rechner also nur darin, daß man $\leqq$ durch $<$ ersetzt.

Schauen wir uns kurz den Beweis der Nicht-Singularität von R an. Wir beweisen dazu zunächst die Nicht-Singularität von A, also die Existenz und Eindeutigkeit einer Lösung von $Ax = b$ im $\mathbb{R}^n$. Mit der Regularität von R wird dann gezeigt, daß diese Lösung in X liegen muß.

Mit (22') gilt insbesondere

$$R \cdot b + \{I - RA\} \cdot X \subseteq \overset{\circ}{X} \subseteq X .$$

Nach dem Fixpunktsatz von Brouwer besitzt f: $\mathbb{R}^n \longrightarrow \mathbb{R}^n$ mit

$$f(x) := x - R(Ax - b) = Rb + (I - RA)x$$

also einen Fixpunkt $\hat{x} \in X$. Also gilt wie wir bereits gesehen haben

$$f(\hat{x}) = \hat{x} - R(A\hat{x} - b) = \hat{x} \Longrightarrow R(A\hat{x} - b) = 0 .$$

Angenommen, $A \cdot y = 0$ für ein $y \in \mathbb{R}^n$. Für ein beliebiges $\lambda \in \mathbb{R}$ gilt dann:

$$f(\hat{x} + \lambda y) = \hat{x} + \lambda \cdot y - R(A(\hat{x}+\lambda y) - b) = \hat{x}+\lambda y - \lambda \cdot RAy = \hat{x}+\lambda y ,$$

also jedes $\hat{x} + \lambda y$ ist Fixpunkt von f. Wäre $y \neq 0$, so gäbe es ein $\lambda \in \mathbb{R}$, so daß $\hat{x} + \lambda y$ auf dem Rand von X liegt. Das wäre aber ein Widerspruch zu $f(X) \subseteq \overset{\circ}{X}$ wegen $f(\hat{x} + \lambda y) = \hat{x} + \lambda y \in f(X)$. Also ist $y = 0$ der einzige Vektor aus $\mathbb{R}^n$ mit $Ay = 0$, d.h. A ist nicht singulär.

Bleibt noch zu zeigen, daß $\hat{x}$ in X liegt, also R nicht singulär ist. Denn angenommen, es sei $y \in \mathbb{R}^n$ mit $Ry = 0$. Dann existiert $A^{-1}y$ wegen A regulär und für beliebiges $\lambda \in \mathbb{R}$ gilt

$$f(\hat{x} + \lambda A^{-1}y) = \hat{x}+\lambda A^{-1}y - R(A(\hat{x}+\lambda A^{-1}y)-b) = \hat{x}+\lambda A^{-1}y+\lambda Ry = \hat{x}+\lambda A^{-1}y ,$$

also jedes $\hat{x} + \lambda A^{-1}y$ ist Fixpunkt von f. Wäre $y \neq 0$, so auch $A^{-1}y \neq 0$ und es gäbe ein $\lambda \in \mathbb{R}$, so daß $\hat{x} + \lambda A^{-1}y$ auf dem Rand von X liegt. Das wäre aber wieder ein Widerspruch zu $f(X) \subseteq \overset{\circ}{X}$ wegen $f(\hat{x} + \lambda A^{-1}y) = \hat{x} + \lambda A^{-1}y \in f(X)$. Also folgt $y = 0$ und damit die Nicht-Singularität von R. □

Insgesamt gilt also:

Satz: Seien A,R nxn-Matrizen und $b \in \mathbb{R}^n$. Gilt dann für einen Intervallvektor X (mit n Komponenten)

$$(23) \qquad R \cdot b + \{I - R \cdot A\} \cdot X \subseteq \overset{\circ}{X},$$

dann
- gibt es eine Lösung $\hat{x}$ von $Ax = b$
- ist diese Lösung eindeutig bestimmt und
- die Lösung $\hat{x}$ liegt in X .

Mit diesem Satz ist ein einfaches Verfahren gegeben, für eine gegebene Menge X auf dem Rechner nachzuprüfen (zu beweisen), ob X die Lösung von $Ax = b$ enthält und gleichzeitig noch die Eindeutigkeit der Lösung zu beweisen.

Schließlich bleibt das Problem, ein geeignetes X zu finden das (23) erfüllt. Dazu nimmt man eine Näherungslösung $\tilde{x}$ von Ax - b = 0 und "legt einen kleinen Intervallvektor darum", indem in der letzten Mantissenstelle eins abgezogen und dazu addiert wird. Nun kann es passieren, daß die Bedingung (22) für das Start-X nicht erfüllt ist. In diesem (allerdings seltenen) Fall wird iteriert.

$$(24) \quad \underline{\text{repeat}} \quad X^{k+1} := R \cdot b + \{I - R \cdot A\} \cdot X^k \quad \underline{\text{until}} \quad X^{k+1} \subseteq \mathring{X}^k .$$

Bis jetzt haben wir ein mathematisch hinreichendes Kriterium angegeben: wenn Bedingung (23) erfüllt ist, dann gelten die Folgerungen des Satzes. Die Frage ist was passiert, wenn (23) nicht erfüllt werden kann oder wie dieser Fall zu bewerten ist. Anders ausgedrückt inwieweit ist Bedingung (23) notwendig für die Konvergenz des Gleitkomma-Verfahrens bzw. unter welchen zusätzlichen Voraussetzungen? Betrachten wir die Iteration (24). Ohne auf mathematische Hintergründe einzugehen sei angegeben, daß man die Iteration (24) so umschreiben kann, daß dann und nur dann, eine Einschließung berechnet wird, wenn der Spektralradius von I - RA kleiner als 1 ist. Das ist ein bestmögliches Ergebnis (für Details siehe [31]).

Der entscheidende Fortschritt ist, daß nur gesicherte Information an den Benutzer weitergegeben wird. Entweder die Lösung oder (wenn das Gleichungssystem nicht lösbar ist oder die Rechengenauigkeit nicht ausreicht) eine entsprechende Meldung.

Praktische Erfahrungen haben gezeigt, daß (24) fast immer für k = 1 erfüllt ist, in sehr seltenen Fällen wird einmal k = 3. Im unten angegebenen Algorithmus wurde k = 10 noch zugelassen. Das bedeutet keinen signifikanten Mehraufwand, da die Rechenzeit für einen Schritt in (24) nur n^2 beträgt. In jedem Falle sind alle Ergebnisse sicher.

Mit diesen Vorbereitungen können wir bereits einen Algorithmus angeben:

(1) Berechne eine Näherungsinverse R mit einem geeigneten Algorithmus

(2) Berechne eine Einschließung $X^0 := z := R \cdot b$ mit maximaler Genauigkeit

(3) Berechne eine Einschließung $B := I - RA$ mit maximaler Genauigkeit

(4) <u>repeat</u> $X^{k+1} := z + B \diamond X^k$ <u>until</u> $(X^{k+1} \subseteq \mathring{X}^k$ <u>or</u> $k > 10)$

(5) <u>if</u> $X^{k+1} \subseteq \mathring{X}^k$ <u>then</u> { Das Gleichungssystem $Ax = b$ ist lösbar;
Die Lösung $\hat{x}$ ist eindeutig bestimmt;
es gilt $\hat{x} \in X^{k+1}$}
<u>else</u> { Das Gleichungssystem ist singulär oder
mit der verwendeten Rechengenauigkeit mit
diesem Verfahren nicht lösbar }

<u>Algorithmus 1.</u> Lineare Gleichungssysteme

In Schritt (1) ist irgendein Gleitkomma-Algorithmus verwendbar, etwa Gauß oder Gauß-Jordan. Es sei nochmals betont, daß an die Genauigkeit von R keine Voraussetzungen geknüpft werden; durch die Inklusion $X^{k+1} \subseteq \mathring{X}^k$ wird die Nicht-Singularität von R vom Rechner bewiesen. In den Schritten (2), (3) und (4) des Algorithmus 1 ist wesentlich, daß alle Verknüpfungen nach dem Prinzip des Semimorphismus ausgeführt werden. Man erhält dann maximale Genauigkeit bei der Auswertung der zu berechnenden Ausdrücke. Die betreffenden Verknüpfungen und Genaueres zur Implementierung sind in [0], [24], und [30] detailliert ausgeführt.

Für diese einfache Version eines Algorithmus für lineare Gleichungssysteme gibt es zahlreiche Verbesserungen (siehe [24], [30], [31]). Hier sei nur angeführt, daß es wesentlich besser ist nicht die Lösung $\hat{x}$ selbst, sondern die Differenz zu einer Näherungslösung $\tilde{x}$ einzuschließen. In diesem Fall schreibt sich Schritt (2) in Algorithmus 1:

(2) $\tilde{x} := R \cdot b;\ X^0 := z := -R(A\tilde{x} - b)$ intervallarithmetisch.

Die Lösung $\hat{x}$ von $Ax - b = 0$ liegt dann in $\tilde{x} + X^{k+1}$.

Wir wollen einige praktische Ergebnisse des vorgestellten Algorithmus angeben und auf numerische Schwierigkeiten bestimmter Gleitpunktverfahren hinweisen.

Zunächst wurde mit einer weitverbreiteten Anlage gerechnet, die mit 8 1/2 Dezimalstellen arbeitet. Alle Eingabedaten sind exakt, d.h. ohne Konvertierungsfehler in der Anlage darstellbar. Als erstes betrachten wir folgendes lineare Gleichungssystem (siehe [24]):

$$(25)\quad \begin{array}{llll} -8392848 \cdot x & -3566221 \cdot y & -3799934 \cdot z & = -15759003 \\ 1699109 \cdot x & +3679519 \cdot y & +2370515 \cdot z & = 7749143 \\ -6693739 \cdot x & +113298 \cdot y & -1429419 \cdot z & = -8009860 \,. \end{array}$$

Offenbar ist die Summe von erster und zweiter Zeile gleich der dritten Zeile, das Gleichungssystem also singulär. Es wurde auf (25) der Gleitkomma-Gauß-Algorithmus mit Spaltenpivotisierung angewandt (*das* Verfahren für lineare Gleichungssysteme) und anschließend in Gleitkomma die Residueniteration (19). Die Residueniteration, natürlich doppeltlang gerechnet, stand nach einem Schritt, also $x^1=x^0$. Dies sollte ein sicheres Zeichen sein für beste Kondition. In Wirklichkeit ist aber das Gleichungssystem singulär, hat also die schlechteste Kondition, die überhaupt möglich ist. Das heißt: Ändert man eine Komponente der Matrix oder der rechten Seite um einen beliebig kleinen Wert, ändert sich die Lösung beliebig viel oder das Gleichungssystem wird sogar unlösbar! Der oben vorgestellte neue Algorithmus gibt hier die Meldung aus, daß das System nicht lösbar ist.

Eine bekannte Technik ist, die Daten ein klein wenig abzuändern und aus der Änderung der Lösung auf die Kondition des Problems zu schließen. Wie wir an Beispiel (17) gesehen haben, ist diese Methode äußerst gefährlich. Nach den Ergebnissen (18) sieht (17) sehr gutmütig aus. Der vorgestellte neue Algorithmus gibt für Problem (17) als Lösung aus

$$x \in [-1800000,\ 2200000]$$
$$y \in [-2200000,\ 1800000]$$

Wie wir gesehen haben ist das das Bestmögliche, wenn b_1 und b_2 in den angegebenen Grenzen variieren. Die Lösung ist hier natürlich kein Punkt mehr, sondern eine Menge. Bei herkömmlichen Verfahren besteht nicht die Möglichkeit, für einzelne Komponenten ganze Bereiche einzusetzen.

In dem vorgestellten neuen Algorithmus gibt es die Möglichkeit, statt "Punktdaten" auch fehlerbehaftete Koeffizienten einzugeben (siehe [30]). Der Algorithmus berechnet dann tatsächlich die Menge aller möglichen Lösungen, und zwar in scharfe Schranken eingeschlossen. Wie wir in Beispiel (17) gesehen haben, kann diese Einschließung sehr groß werden (bei schlecht konditionierter Matrix). Das heißt dann aber nichts anderes, als daß derartige extreme Unterschiede in der Lösung tatsächlich vorkommen. Denn wenn die Daten einmal mit Fehlern behaftet sind, kann die Toleranz jeder einzelnen Komponente ja in jeder Richtung angenommen werden, oder auf einmal immer zu kleine Werte annehmen oder wie auch immer. D.h., an den Ergebnissen des neuen Algorithmus kann die maximale Toleranz der Daten (Meßwertgeber etc.) für eine Mindestgenauigkeit der Lösung abgelesen werden.

Als nächstes betrachten wir die

(26) Hilbert 7x7 Matrix.

Nach der Definition lautet die ij-te Komponente

$$H_{ij} := (i+j-1)^{-1} .$$

Um die Matrix überhaupt exakt speichern zu können wurde mit dem kleinsten gemeinsamen Vielfachen aller Nenner multipliziert. Dadurch bleibt die Kondition gleich, alle Komponenten sind jedoch ganzzahlig und exakt darstellbar ohne Konvertierungsfehler. Die rechte Seite wird zu (1,1,1,1,1,1,1) vorgegeben. Es ergibt sich

Glk-Gauß	Fehler	neuer Algorithmus	Fehler
11.658203	67%	7	0
-522.74219	56%	-336	0
5583.7500	48%	3780	0
-23826.750	42%	-16800	0
47546.500	37%	34650	0
-44423.000	34%	-33264	0
15679.250	31%	12012	0

Wie man sieht liegt der *minmale* Fehler der Gleitkomma-Näherung bei 31% (wohingegen er bei 8 1/2-stelliger Rechnung bei 0.000005% liegen sollte).

Zufälligerweise sind die Lösungen ganzzahlig, so daß der neue Algorithmus sogar die exakten Lösungen ausgibt. Ist das nicht der Fall, ist das Ergebnis für 1/3 etwa

$$0.3333333^{4}_{3} \;.$$

Übrigens wurde Schritt (5) im neuen Algorithmus genau einmal ausgeführt. Für Spezialisten noch die Information: Die Summennorm von I - RA ist 1.7 im Beispiel (26), so daß von der Abschätzung her die Residueniteration (19) *nicht konvergieren* dürfte. Bedingung (22') stellt also ein schärferes Kriterium für die Konvergenz dar als Normabschätzungen.

Die größte Hilbert-Matrix, die in 12-stelliger Mantisse noch exakt darstellbar ist, ist die

(27) Hilbert 15x15 Matrix.

Ein Gleichungssystem mit dieser Matrix (Konditionszahl $\sim 10^{22}$) und rechter Seite (1,2,3,4,5,6,7,8,7,6,5,4,3,2,1) wurde auf einem 12-stelligen Rechner gelöst. Nach 2 Iterationen in Schritt (5) des neuen Algorithmus kam das Ergebnis:

Glk-Gauß	neuer Algorithmus
-0.00000370144248083	-0.0057899925470^{3}_{4}
0.000390101713089	1.1441517530^{3}_{2}
-0.00993527792450	-56.541935890^{1}_{2}
0.10510498172	1227.3136752^{2}_{1}
-0.556103731082	-14632.195852^{0}_{1}
1.52452075214	107653.53043^{5}_{4}
-1.76642775931	-523134.22538^{7}_{8}
-0.959186415565	1748857.8047^{6}_{5}
4.90243939872	-4114391.8270^{1}_{2}
-4.09472893569	6869251.6291^{2}_{1}
-0.796632647673	-8093808.1800^{7}_{8}
1.88744082265	6579048.8554^{6}_{5}
1.12694074067	-3510155.1269^{5}_{6}
-2.02683453639	1106162.4229^{6}_{5}
0.663018130949	-156024.600^{400}_{399}

Für viele Komponenten stimmt nicht einmal mehr das Vorzeichen der Gleitkomma-Näherung. Programmiert man den neuen Algorithmus mit den in [12], [15] angegebenen Algorithmen für die Arithmetik auf dem erwähnten Z 80-Rechner, ist der Aufwand der Dreifache gegenüber dem Gleitkomma-Gauß-Algorithmus, und zwar unabhängig von der Anzahl der Unbekannten. Das mag im Moment viel erscheinen, jedoch

- sind alle Ergebnisse sicher,
- sind keine Kontrollrechnungen notwendig
- ist der Algorithmus auch Laien zugänglich,
- wird nur mit einfacher Genauigkeit gerechnet und
- wird sehr hohe Genauigkeit erzielt.

8 Anwendungen

Mit Algorithmus 1 sind eine Reihe weiterer Probleme gelöst, nämlich

- Matrixinversion
- Beweis der Nicht-Singularität einer Matrix
- positive (Semi-) Definitheit einer Matrix.

In jedem Fall ist das Ergebnis sicher, bewiesenermaßen richtig. Sämtliche Verfahren (wie auch die folgenden) gelten entsprechend für komplexe Daten.

Eine weitere Anwendung wären etwa Eigenwert/Eigenvektor-Probleme, Nullstellen von Polynomen, Optimierung u.ä. Wir geben hier zunächst einen allgemeinen Algorithmus an für nicht-lineare Gleichungssysteme. Zur Anwendung auf die oben genannten speziellen Teilprobleme läßt sich dieser Algorithmus natürlich ebenfalls spezialisieren und wesentlich verbessern. Wir benötigen dazu folgenden Satz:

<u>Satz.</u> Sei $f: \mathbb{R}^n \to \mathbb{R}^n$ eine stetig differenzierbare Funktion und R eine beliebige nxn Matrix. Gilt für einen Vektor $\tilde{x} \in \mathbb{R}^n$ und einen Intervallvektor X mit $\tilde{x} \in X$

$$\tilde{x} - R \cdot f(\tilde{x}) + \{I - R \cdot f'(X)\} \cdot (X - \tilde{x}) \subseteq \overset{\circ}{X}, \tag{28}$$

dann

- ist die Gleichung $f(x) = 0$ lösbar,
- gibt es ein $\hat{x} \in X$ mit $f(\hat{x}) = 0$,
- ist $\hat{x}$ in X eindeutig bestimmt.

In Formel (28) ist die Auswertung von $f(\tilde{x})$ und $f'(X)$ ein Problem. Prinzipiell ist hier jede Methode brauchbar, die die Werte von $f(\tilde{x})$ und $(f'_1(x_1), \ldots, f'_n(x_n))$ für alle $x_i \in X$ (sicher) einschließt. Natürlich ist man an einer möglichst scharfen Einschließung interessiert. Ersetzt man in der Auswertung von f und f' alle Operationen durch die entsprechenden Intervalloperationen, ist die Einschließung zwar gewährleistet, jedoch unter Umständen nicht scharf.

Betrachten wir als Beispiel

(29) $\qquad 100x^4 - y^4 + 2y^2$ für $x = 328776$ und $y = 1039681$.

Auf einem 12-stelligen Rechner ergibt sich hier als

Gleitpunkt-Näherung -2 000 000 000 000 ,

und bei Ersetzen der Gleitpunkt-Operationen durch die entsprechenden Intervall-Operationen

naive Intervallrechnung [-2 000 000 000 000, + 2 000 000 000 000] .

Diese Information ist zwar richtig, doch wenig signifikant. Daher wurde ein neuer Algorithmus entwickelt, der den Wert beliebiger arithmetischer Ausdrücke mit maximaler Genauigkeit berechnet. Dabei ist die neue Arithmetik unerläßlich (siehe [12], [15]). Mit maximaler Genauigkeit heißt hierbei: bis auf die letzte Dezimalstelle genau in Schranken eingeschlossen. In Beispiel (29) berechnet dieser neue Algorithmus den Wert der Formel zu

$$[1,1] \quad .$$

D.h. der Wert von (29) ist exakt 1 (und nicht minus 2 Billionen). Die Rechenzeit dieses neuen Algorithmus ist dabei etwa gleich der Zeit die benötigt wird, um den Ausdruck gleitpunktmäßig auszuwerten, vorausgesetzt, die Gleitpunkt-Näherung ist nur in etwa angenähert der tatsächlichen Lösung. Ist das nicht der Fall, so

1) bemerkt dies der neue Algorithmus und

2) berechnet in einem nächsten Lauf den genauen Wert des Ausdrucks.

Im Prinzip werden die gemachten Fehler erkannt, berechnet und verbessert. Im Beispiel (29) etwa ist die Rechenzeit gerade die doppelte gegenüber der der Gleitpunkt-Rechnung mit der Näherung -2 000 000 000 000 für das exakte Ergebnis +1.
Im folgenden werden "Gleitpunkt-Ergebnisse" den Ergebnissen "der neuen Algorithmen mit sauberer Arithmetik" gegenübergestellt. Mit Gleitpunkt-Ergebnissen sind dabei immer Ergebnisse gängiger Gleitpunkt-Algorithmen gemeint (also etwa Gauß für lineare Gleichungssysteme). Die Ergebnisse der neuen Algorithmen bezeichnen das Ergebnis der jeweils für die gegebene Problemklasse neu entwickelten Algorithmen unter Verwendung der neuen Arithmetik. Dabei wird für die Berechnung von Ausdrücken auch der eben beschriebene "Formelauswerter" verwendet.

Kehren wir zu allgemeinen, nicht-linearen Gleichungssystemen zurück. Hier geschieht also die Auswertung von $f(\tilde{x})$ und $f'(X)$ in (28) mit dem Formelauswerter. R ist eine Näherungsinverse von $f'(\tilde{x})$. Es sei wieder betont, daß keinerlei Information über das nicht-lineare Gleichungssystem (Lösbarkeit etc.), über $\tilde{x}$ oder die Matrix R (Nicht-Singularität) dem Benutzer bekannt zu sein braucht. Er, der Benutzer, gibt sein Problem dem Rechner und <u>dieser</u> beweist alles Notwendige selbständig. D.h. die Algorithmen arbeiten völlig automatisch ohne zusätzliches know how und ohne Mehraufwand des Benutzers.

Für den Algorithmus zur Lösung nicht-linearer Gleichungssysteme gibt es viele spezielle Anwendungen. Zum Beispiel ist ein Polynom p(x) ja ein nichtlineares Gleichungs"system" mit einer Gleichung. Formel (28) schreibt sich für Polynome p(x)

$$\tilde{x} - p(\tilde{x})/p'(\tilde{x}) + \{1-p'(X)/p(\tilde{x})\} \cdot (X - \tilde{x}) \subseteq X \, .$$

Hierbei werden die Funktionsauswertungen natürlich wieder von unserem Formelauswerter übernommen. Was passiert, wenn man dies nicht tut sondern gewöhnliche Gleitpunktrechnung verwendet veranschaulicht folgendes Beispiel:

(30) $p(x) = 543339720\, x^3 - 768398401\, x^2 - 1086679440\, x + 1536796802.$

Gegenübergestellt werden in der nachstehenden Tabelle erstens das Horner-Schema (der übliche Algorithmus zur Polynomauswertung) mit gewöhnlicher Gleitpunkt-Arithmetik und zweitens das neue Verfahren zur Polynomauswertung (ein Spezialfall des Formelauserters). Das Beispiel wurde gerechnet auf einem 12-stelligen Rechner:

x	(p(x) Gleitpunkt-Horner	p(x) neuer Algorithmus
1.41421356238	0.01	$0.000000000000073271924711^{8}_{7}$
1.41421356100	-0.01	$+0.0000000028974613436^{9}_{8}$

Das erste Beispiel bedeutet also etwa

$$7.32719247117_{10}{-14} < p(1.41421356238) < 7.32719247118_{10}{-14}\ .$$

Das ist das schärfste Ergebnis, welches mit 12-stelliger Rechnung erzielt werden kann.

Im zweiten Beispiel stimmt nicht einmal mehr das Vorzeichen der Gleitpunkt-Näherung. Bei der Nullstellensuche werden gerade die Punkte mit kleinem Funktionswert gesucht.
Was bei der Nullstellensuche bei Polynomen passieren kann, erhellt folgendes Beispiel:

$$(31)\quad p(x) = 67872320568\ x^3 - 95985956257\ x^2 - 135744641136\ x + 191971912515.$$

Auf dieses Polynom wurde auf einem 12-stelligen Rechner das Newton-Verfahren angewandt mit dem Startwert $x^0 := 2$. Alle Koeffizienten sind in 12-stelliger Mantisse exakt darstellbar. Die Polynomwerte wurden nach dem Horner-Schema mittels Gleitpunktrechnung ermittelt:

1.73024785661	2.698_{10}-01
1.57979152125	1.505_{10}-01
1.49923019011	8.056_{10}-02
1.45733317058	4.190_{10}-02
1.43593403289	2.140_{10}-02
1.42511502231	1.082_{10}-02
1.41967473598	5.440_{10}-03
1.41694677731	2.728_{10}-03
1.41558082832	1.366_{10}-03
1.41489735833	6.835_{10}-04
1.41455549913	3.419_{10}-04
1.41438453509	1.710_{10}-04
1.41429903606	8.550_{10}-05
1.41425628589	4.275_{10}-05
1.41423488841	2.140_{10}-05
1.41422414110	1.075_{10}-05
1.41421847839	5.663_{10}-06
1.41421582935	2.649_{10}-06
1.41421353154	2.298_{10}-06
1.41421353154	0
1.41421353154	0
1.41421353154	0
1.41421353154	0
1.41421353154	0
...	...

In obenstehender Tabelle sind links die Iterierten x^k und rechts die Differenz zweier aufeinanderfolgender Iterierter $x^k - x^{k+1}$ angezeigt. Diese Differenz ist immer positiv (oder Null), d.h. die Iteration ist monoton fallend. Außerdem fällt die Differenz selbst monoton, d.h. zwei aufeinanderfolgende Iterierte haben immer kleineren Abstand ("konvergieren"). Schließlich wird die Differenz Null, d.h. die Iteration hat einen Fixpunkt. Mathematisch würde daraus folgen:

$$x^k = x^{k+1} = x^k - \frac{p(x^k)}{p'(x^k)} \Longrightarrow \frac{p(x^k)}{p'(x^k)} = 0 \Longrightarrow p(x^k) = 0 .$$

D.h. das Polynom p aus (31) hätte eine Nullstelle:

$$p(1.41421353154) = 0 .$$

Wir schreiben im Konjunktiv, denn "$x^k = x^{k+1}$" gilt ja nur nach einer Gleitpunktrechnung, eine mathematische Schlußfolgerung wie oben ist also nicht zulässig.

Bei der obigen Gleitpunkt-Iteration deutet alles auf "Konvergenz" und daher auf eine Nullstelle bei x = 1.41421353154 hin. Das wäre nicht passiert, hätte man p(x) und p'(x) nicht mit gewöhnlicher Gleitpunktrechnung sondern mit dem neuen Algorithmus zur Auswertung von p(x) mit maximaler Genauigkeit berechnet. Wendet man gleich den neuen Algorithmus zur Einschließung von Nullstellen von Polynomen an, so erhält man die Antwort:

"Bei x = 2 kann keine Nullstelle gefunden werden".

Tatsächlich sieht der Graph von p(x) wie folgt aus:

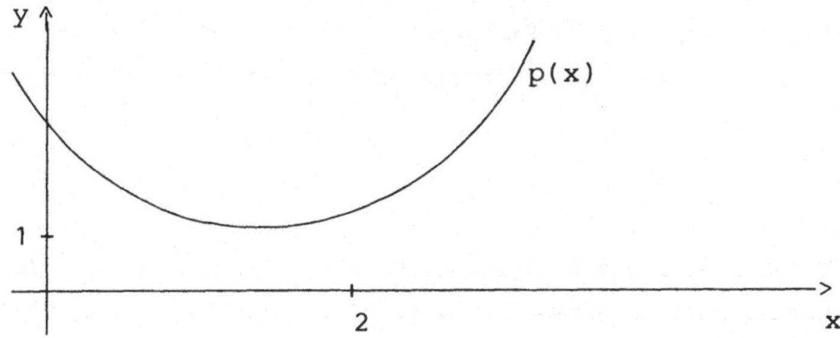

Es gibt also gar keine Nullstelle, der Gleitpunkt-Algorithmus hat nur eine Nullstelle <u>vorgetäuscht.</u> Mit dem neuen Algorithmus und der sauberen Arithmetik berechnet man übrigens

$$1.00018250381 < p(1.41421353154) < 1.00018250382 .$$

Nach der Gleitpunkt-Rechnung sollte der Wert an dieser Stelle gleich Null sein. Wie man aus dem Graph erkennt, ist das Minimum für $x \geq 0$ etwa 1, von Nullstelle kann also gar keine Rede sein.

Der Mathematiker sieht den Zahlen der Iteration natürlich an, daß hier ein schlecht konditioniertes Problem vorliegt. Die neuen Algorithmen sollen aber helfen zu vermeiden, daß solche Zahlenkolonnen überhaupt angeschaut werden müssen und daß ein Benutzer durch die gleitpunktmäßig erzielte Aussage "p(1.41421353154) ist Fixpunkt" nicht in die Irre geleitet wird.

Kommen wir zur Berechnung der Eigenwerte und Eigenvektoren einer (beliebigen) Matrix. Das Eigenwert/Eigenvektor-Problem kann als nicht-lineares Gleichungssystem geschrieben werden:

$$\begin{aligned} Ax - \lambda x &= 0 \\ e_k'x - \zeta &= 0 \end{aligned}$$

für eine Nomierungskonstante ζ .
Der obige Satz für nicht-lineare Systeme ist wieder anwendbar. Besonders hier lassen sich gegenüber dem allgemeinen Satz wieder erhebliche Verbesserungen angeben (siehe [30]). Insbesondere ist es möglich, die Eindeutigkeit eines Eigenwerts in einem Bereich zu zeigen und/oder zu zeigen, daß in einem Bereich mit Sicherheit kein Eigenwert liegt. Das ist besonders für Eigenschwingungen hochinteressant. Ein schlecht konditioniertes Beispiel ist etwa

(32) die Hilbert 7x7 Matrix.

Es wurde ein Standard-Gleitpunkt-Algorithmus (aus einer Bibliothek) zur Berechnungvon Näherungen für Eigenwerte und Eigenvektoren angewandt. Für einen Eigenwert ergab sich (bei 8 1/2 stelliger Rechnung):

Gleitpunkt-Näherung	neuer Algorithmus
$-2.1705692_{10}-3$	$+1.2590613_{0}^{1} \cdot 10^{-3}$

In der rechten Spalte ist das Ergebnis des neuen Algorithmus (ebenfalls mit 8 1/2 stelliger Rechnung)mit sauberer Arithmetik angegeben. Das Ergebnis ist zu lesen als $1.25906130 < 1000\,\lambda < 1.25906131$. Von der gleitpunktmäßig errechneten Näherung ist nicht einmal mehr das Vorzeichen richtig. Der neue Algorithmus unter Verwendung der neuen Arithmetik gibt 8 <u>sichere</u> Stellen aus.

Weiter ergibt sich eine direkte Anwendung auf Optimierungsprobleme. Und zwar kann für

lineare Optimierung,
quadratische Optimierung und
konvexe Optimierung

von einer Näherungslösung *bewiesen* werden, ob sie wirklich optimal ist oder nicht.

Betrachten wir folgendes Beispiel:

Eine Erdölraffinerie steht vor dem Problem, wieviel Erdöl sie im Durchschnitt jährlich verkaufen soll und wieviel lagern, also etwa x Mill. Barrel verkaufen, y Mill. Barrel lagern. Da Lagern Verluste bringt, soll mit geeigneten Konstanten α,β gelten

$$\alpha x - \beta y \geq 0.$$

(33) Andererseits entsteht durch Lieferung und Verträge eine Lieferungsverpflichtung, eine Reserve soll bleiben, d.h. es darf nicht zu viel verkauft werden:

$$\gamma x - \delta y \leq \varepsilon.$$

Schließlich soll der Gewinn maximiert werden, also

$$\zeta x - \eta y = \text{Max!}$$

Das Beispiel wurde mit Konstanten $(\alpha,\beta,\gamma,\delta,\varepsilon,\zeta,\eta)$ = (470831.9,665857, 665857, 941664.2, 1.02, 19975710000, 28249914000) auf einem 12-stelligen (!) Rechner bearbeitet. Dieser ermittelte den

(Gleitkomma) maximalen Gewinn zu 3.06 Milliarden DM.

In Wirklichkeit ist

(neuer Algorithmus) maximaler Gewinn 5.65 Milliarden DM.

Der neue Algorithmus mit der neuen Arithmetik beweist zum einen, daß das Ergebnis mit Sicherheit dem maximalen Gewinn entspricht und berechnet zum zweiten diesen maximalen Gewinn auf 12 sichere Stellen genau.

Die Crux gerade bei Optimierungsproblemen ist, daß ein Ergebnis zwar meist den Nebenbedingungen genügt, es allerdings keineswegs auch die optimale Lösung sein muß. Der neue Algorithmus beweist die Optimalität, alle Ergebnisse sind sicher.

Kommen wir noch einmal zur Berechnung von arithmetischen Ausdrücken zurück. Dieses grundsätzliche Problem kann nicht genug betont werden.

Denn wenn nicht einmal die Auswertung einer einfachen Formel ein richtiges Ergebnis liefert, was kann dann ein Algorithmus noch bringen, in dem ja solche Auswertungen laufend vorkommen. Betrachten wir noch ein Beispiel:

(34) $x^4 - 2x^2 - 1.96y^4$ für $x = 10081$ und $y = 8520$

ergab auf einem 16-stelligen Rechner (!) mit

Gleitkomma-Rechnung 0

statt dessen erhält man mit der neuen Arithmetik auf einem 12-stelligen Rechner mit dem

neuen Algorithmus das korrekte Ergebnis -1.

Dieses Beispiel spricht für sich.

Tatsächlich lassen sich solche Beispiele in Fülle angeben. Betrachten wir etwa das Polynom

(35) $-22300658x^3 + 1083557822x^2 - 1753426039x + 945804881$

in dem Bereich B := 1.61801916...1.61801917.

Zunächst wurden die Funktionswerte von (35) im Bereich B mit dem Horner-Schema und gewöhnlicher Gleitpunkt-Arithmetik auf einer 16-stelligen, weitverbreiteten Großrechenanlage berechnet. Es ergab sich folgendes Bild:

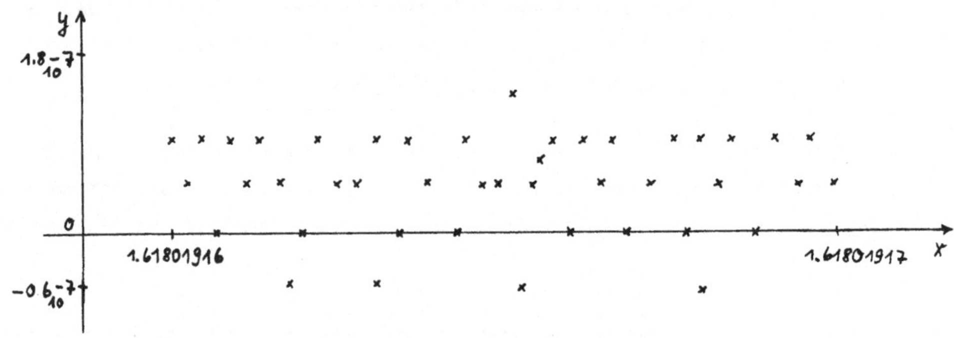

Gleitpunkt-Hornerschema (16-stelliger Rechner)

Dann wurden die Funktionswerte von (35) im Bereich B auf einem 12-stelligen Rechner mit dem neuen Algorithmus und der neuen Arithmetik berechnet. Jetzt ergab sich folgendes Bild:

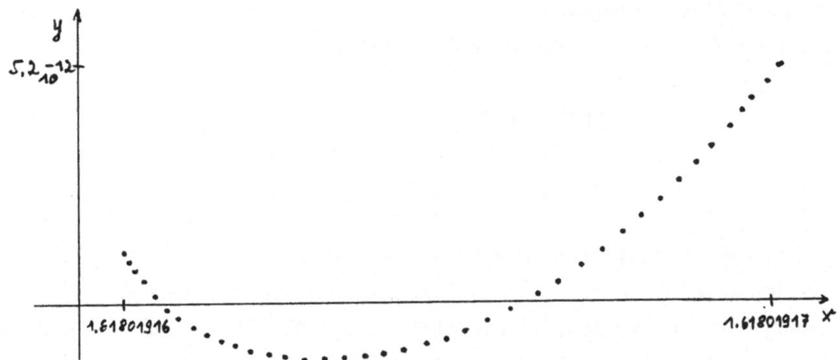

neuer Algorithmus (12 stelliger Rechner)

Zum einen waren sämtliche Funktionswerte im zweiten Bild mit Sicherheit auf 12 Dezimalstellen richtig. Zweitens waren von allen Werten im ersten Bild in keinem Fall nicht einmal eine Stelle richtig (gerechnet auf einem 16-stelligem Rechner!). Und setzte man drittens den maximalen Funktionswert im Bereich B im zweiten Bild (also den wahren maximalen Funktionswert) zu

einem Centimeter

fest, so entspricht der maximale Funktionswert im Bereich B im ersten Bild (16-stellige Gleitpunktrechnung) der Höhe des

Empire State Building .

Neue Algorithmen wie die bereits besprochenen wurden auch für große, schwachbesetzte Gleichungssysteme entwickelt. Wie in allen neuen Algorithmen sind auch hier die Ergebnisse in jedem Fall sicher.

Schließlich ergibt sich bei Anwendung des obigen Satzes auch ein Algorithmus für nicht-lineare Gleichungssysteme. Die vielen Beispiele oben sind ja alles Spezialfälle von nicht-linearen Gleichungssystemen, so daß leicht ausmalbar ist, was bei voller Allgemeinheit alles passieren kann und passiert. Zum Beispiel kann eine Formelauswertung direkt als nicht-lineares Gleichungssystem geschrieben werden, wie etwa Beispiel (29):

$$(36)\qquad \begin{aligned} x - 328776 &= 0 \\ y - 1039681 &= 0 \\ 100x^4 - y^4 + 2y^2 - z &= 0 \end{aligned}$$

Ein solches Gleichungssystem *kann* selbst auf einem 20-stelligen Rechner *nicht* gelöst werden, da auf einem solchen Rechner selbst wenn man die richtige Lösung (328776, 1039681,1) einsetzt, nicht 0 herauskommt. Wie wir gesehen haben, ist das Ergebnis von (36) auf einem 12-stelligen Rechner für

$$(37)\qquad (x,y,z) = (328776,\ 1039681, -2000000000000)$$

genau (0,0,0). (37) müßte also eine Lösung sein! Der neue Algorithmus findet selbst auf einem 8 1/2-stelligen Rechner die Lösung von (36) und schließt sie optimal ein. In diesem Fall sogar exakt, da die Lösung ganzzahlig in 8 1/2 Stellen exakt darstellbar ist.

Der neue Algorithmus für nicht-lineare Gleichungssysteme wurde auf verschiedenen Rechnern implementiert und getestet. Die Rechenzeit beträgt $2n^3$ plus n^2 Funktionsauswertungen bei vollbesetzter (!) Jacobimatrix. Die Elemente der Jacobimatrix werden automatisch numerisch (nicht symbolisch) berechnet ohne Hinzutun des Benutzers. Es wurden nicht-lineare Systeme bis zur obersten Hauptspeichergrenze (ohne Auslagerung) gelöst ($\cong$ 400 x 400). In jedem Beispiel unterschieden sich linke und rechte Grenze der Ergebnisbereiche nur um wenige Bit.

9 Schlußbetrachtung

Es wurden neuartige Algorithmen vorgestellt für verschiedenste Aufgabenbereiche in der Numerik. Die Algorithmen geben nur bewiesenermaßen richtige Ergebnisse aus. Die Ergebnisse sind von hoher Genauigkeit, d.h. auf einem 12-stelligen Rechner sind die Ergebnisse i.a. auf wenigstens 11 Stellen garantiert. Der wesentliche Fortschritt liegt neben der hohen Genauigkeit der Ergebnisse in der Tatsache, daß jedes Ergebnis *mit Sicherheit* richtig ist.

Die Rechenzeit für alle vorgestellten neuen Algorithmen ist von der Größenordnung wie die gängiger Gleitpunktalgorithmen. Die neuen Algorithmen sind sogar oft schneller als herkömmliche Gleitpunktalgorithmen, da sie mit geringerer Stellenzahl bereits arbeiten. In die Reihe der Beispiele sei eingefügt:

$$\begin{aligned} &37639840x - 46099201y = 0 \\ &29180479x - 35738642y = -1 \end{aligned} \tag{38}$$

Der eingebaute Standardalgorithmus einer weltweit verbreiteten Großrechenanlage mit Mantissenlänge 16 Dezimalstellen liefert als Gleitpunkt-Näherung

$$\begin{aligned} x &= 28869851.52297299 \\ y &= 23572135.06039856\ . \end{aligned}$$

Unser neuer Algorithmus mit der neuen Arithmetik findet auf einem 12-stelligen (!) Rechner die exakte Lösung von (38):

$$\begin{aligned} x &= 46099201.0 \\ y &= 37639840.0 \end{aligned}$$

Die mit dem 16-stelligen Rechner erzielten Näherungen sind in keiner einzigen Dezimale richtig. Abgesehen davon ist ein Vergleich der Algorithmen, Ergebnisse oder Rechenzeiten gar nicht zulässig, da Gleitkomma-Algorithmen nur Näherungen liefern, die neuen Algorithmen dagegen nur bewiesenermaßen richtige Ergebnisse.

Man betrachte bei allen Beispielen die Größenordnungen: Bereits so wenige Operationen können einen derartigen Unsinn produzieren.

Es können auch mit Fehlern behaftete Daten behandelt werden. Die Lösung ist in diesem Fall gleich der Menge aller Lösungen, die bei irgendeiner Kombination der Eingabedaten entsteht, es werden also sämtliche Kombinationen von Abweichungen der Daten betrachtet. Diese Lösung wird von den neuen Algorithmen scharf und mit Sicherheit eingeschlossen. Durch die Möglichkeit, ungenaue Daten eingeben zu können ist es auch möglich, maximale Toleranzen von Meßgebern, Materialkonstanten etc. zu ermitteln, also die empfindlichen

Stellen eines Problems aufzudecken. Schließlich können auch Sicherheitsgebiete festgestellt werden etwa durch den Beweis der Nicht-Existenz einer Eigenschwingung in einem Bereich.
Die Firma IBM hat als erste die neue Arithmetik in ihre Rechenanlagen übernommen. Eine große Anzahl von Algorithmen wird unter dem Namen ACRITH als Programmprodukt vertrieben [35], [36]. Nach einem ersten und zweiten Release in den Jahren 1983 und 1984 ist im Oktober 1985 ein weiterer, umfangreicher, dritter Release angekündigt worden.

Es folgt eine Demonstration einiger Algorithmen wie sie auf dem erwähnten Z80-Rechner implementiert sind. Eine ausführliche Beschreibung der verwendeten Programmiersprache PASCAL-SC und die Implementierung auf IBM-PC wird in einem demnächst erscheinenden Buch [37] erfolgen. Dort sind zwei Disketten für den IBM-PC beigelegt mit dem PASCAL-SC Compiler, einem Syntax prüfenden Editor und den Programmen für die neuen Algorithmen.

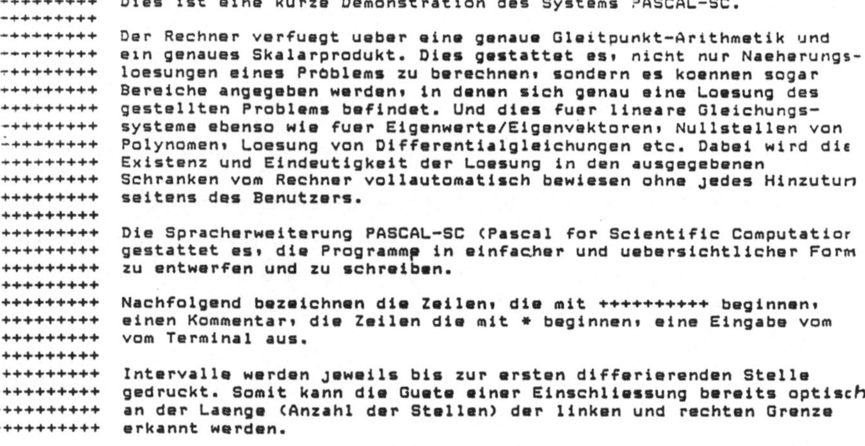
```
+++++++++  Dies ist eine kurze Demonstration des Systems PASCAL-SC.
+++++++++
+++++++++  Der Rechner verfuegt ueber eine genaue Gleitpunkt-Arithmetik und
+++++++++  ein genaues Skalarprodukt. Dies gestattet es, nicht nur Naeherungs-
+++++++++  loesungen eines Problems zu berechnen, sondern es koennen sogar
+++++++++  Bereiche angegeben werden, in denen sich genau eine Loesung des
+++++++++  gestellten Problems befindet. Und dies fuer lineare Gleichungs-
+++++++++  systeme ebenso wie fuer Eigenwerte/Eigenvektoren, Nullstellen von
+++++++++  Polynomen, Loesung von Differentialgleichungen etc. Dabei wird die
+++++++++  Existenz und Eindeutigkeit der Loesung in den ausgegebenen
+++++++++  Schranken vom Rechner vollautomatisch bewiesen ohne jedes Hinzutun
+++++++++  seitens des Benutzers.
+++++++++
+++++++++  Die Spracherweiterung PASCAL-SC (Pascal for Scientific Computation
+++++++++  gestattet es, die Programme in einfacher und uebersichtlicher Form
+++++++++  zu entwerfen und zu schreiben.
+++++++++
+++++++++  Nachfolgend bezeichnen die Zeilen, die mit +++++++++ beginnen,
+++++++++  einen Kommentar, die Zeilen die mit * beginnen, eine Eingabe vom
+++++++++  vom Terminal aus.
+++++++++
+++++++++  Intervalle werden jeweils bis zur ersten differierenden Stelle
+++++++++  gedruckt. Somit kann die Guete einer Einschliessung bereits optisch
+++++++++  an der Laenge (Anzahl der Stellen) der linken und rechten Grenze
+++++++++  erkannt werden.
```

```
++++++++++  Intervall-Newton-Verfahren in PASCAL-SC


BEGIN (* HAUPTPROGRAMM *)
  WRITELN ('ANFANGSINTERVALL EINGEBEN. ETWA [1,1.5]');
  IREAD( INPUT,X1 );
  REPEAT
    XO := X1;
    XM := MITTE XO;
    X1 := ( XM - FKT(XM)/ABL(XO) ) ** XO;
    IWRITE( OUTPUT,X1 );  WRITELN
  UNTIL XO = X1
END.


++++++++++  Intervall-Newton-Verfahren in gewoehnlichem PASCAL

(* H A U P T P R O G R A M M *)
  BEGIN WRITELN('  ANFANGSINTERVALL EINGEBEN   ');
    READI(INPUT,X1);
    REPEAT XO:=X1;
      MITTE(XO,XM);
      FKT(XM,YM);
      ABL(XO,YO);
      DIVI(YM,YO,Y);
      SUBI(XM,Y,Z);
      DS(Z,XO,X1);
      WRITEI(OUTPUT,X1);
      WRITELN
    UNTIL EQ(XO,X1)
  END.


++++++++++  Ausfuehrung des Intervall-Newton-Verfahrens fuer
++++++++++  F(X) = X * (X ** 9 - 1) - 1

ANFANGSINTERVALL EINGEBEN. ETWA [1,1.5]

* [1,1.6]

[            1.0E+00,              1.3E+00]
[            1.0E+00,              1.2E+00]
[          1.07E+00,             1.09E+00]
[        1.0755E+00,           1.0761E+00]
[     1.0757659E+00,        1.0757662E+00]
[  1.07576606608E+00,  1.07576606609E+00]


++++++++++  Bei der Programmierung des Intervall-Newton-Verfahrens in gewoehn
++++++++++  lichem Pascal muessen die verwendeten Unterprogramme READI, MITTE
++++++++++  DIVI, SUBI, DS und WRITEI vom Benutzer programmiert werden. Das
++++++++++  sind etwa 180 lines of code. Bei der Programmierung in PASCAL-SC
++++++++++  sind alle Prozeduren vorprogrammiert und zudem in der leicht
++++++++++  lesbaren Operator-Schreibweise aufrufbar.
```

```
++++++++++  Ausfuehrung eines kombinierten Gleitpunkt-Intervall-Newton-Verfahre
++++++++++  fuer die gleiche Funktion wie oben  F(X) = X * (X ** 9 - 1) - 1


ANFANGSWERT EINGEBEN. ETWA 1.0

* 1.3

 1.30000000000E+00
 1.19065781455E+00
 1.11558133052E+00
 1.08181447152E+00
 1.07592376424E+00
 1.07576617573E+00
[  1.07576606608E+00,  1.07576606609E+00]


++++++++++  Hier wird zunaechst gleitpunktmaessig iteriert und im letzten
++++++++++  Schritt erst eine Intervall-Iteration angesetzt.
++++++++++
++++++++++  In jedem Fall wird vom Rechner automatisch bewiesen, dass im
++++++++++  Ergebnisbereich genau eine Nullstelle der Ausgangsfunktion liegt.


++++++++++  Aufruf des Algorithmus zur genauen Berechnung von Skalarprodukten.
++++++++++
++++++++++  Der Algorithmus berechnet das Ergebnis nicht nur genau sondern auc
++++++++++  schneller, als der in gewoehnlichem PASCAL programmierte Algorith-
++++++++++  mus. Und zwar fuer jedes Skalarprodukt, auch bei noch so grosser
++++++++++  Ausloeschung.


Bitte Dimension eingeben :

* 3

Bitte X[i], Y[i] eingeben  (i=1..DIM) :

* 1000000.00  1000000.00
* 1.00  1.00
* 1000000.00  -1000000.00


Ergebnis des genauen Skalarprodukts :

SUMME =  1.0000000000000E+00


Ergebnis des Skalarprodukts programmiert in gewoehnlichem PASCAL :

SUMME =  0.0000000000000E+00
```

```
++++++++++  Algorithmus zur Berechnung der Inversen einer Matrix.
++++++++++
++++++++++  Das Programm invertiert eine reelle Matrix A. Das Ergebnis ist
++++++++++  eine Intervall-Matrix, die die Inverse von A bewiesenermassen
++++++++++  enthaelt wobei die Nicht-Singularitaet der Matrix gleichzeitig
++++++++++  durch den Rechner bewiesen wird.


Das Programm LINV berechnet Schranken fuer die Inverse einer Matrix.
Geben Sie einen der folgenden Buchstaben ein:

S  wenn Sie selbst die Matrix eingeben wollen.
Z  wenn die Matrix zufaellig erzeugt werden soll.
H  wenn eine Hilbertmatrix erzeugt werden soll.
Q  wenn Sie aufhoeren wollen.
L  schaltet die Ausgabe der Zwischenergebnisse ein.
N  schaltet die Ausgabe der Zwischenergebnisse ab.
R  gibt nur die gleitpunktmaessig berechnete Naeherung als
   Zwischenergebnis aus.
I  gibt diese Information aus.

* S

Welche Dimension?

* 2

Geben Sie die Matrix zeilenweise ein. Die Dimension ist 2.

* 1 1
* 9 9

1. Gleitpunktmaessig berechnete Inverse:

-9.99999999999E+11 1.11111111111E+11
 1.00000000000E+12-1.11111111111E+11


2. Berechnung der Inversen durch neues Verfahren:

Gemessen an der Kondition der Matrix ist die Rechengenauigkeit
nicht ausreichend, d.h. bei dem Problem ist grosse Vorsicht geboten.


Geben Sie H,S,Z oder Q ein. Die Beschreibung erhalten Sie durch I.

* S

Welche Dimension?

* 2

Geben Sie die Matrix zeilenweise ein. Die Dimension ist 2.

* 941664 665857
* 665857 470832
```

```
++++++++++  Algorithmus fuer lineare Gleichungssysteme.
++++++++++
++++++++++  Das Programm berechnet eine bewiesene Einschliessung der Loesung
++++++++++  eines linearen Gleichungssystems.



Das Programm berechnet Schranken fuer die Loesung eines
linearen Gleichungssystems.
Geben Sie bitte einen der folgenden Buchstaben ein:

S  wenn Sie selbst die Matrix und rechte Seite eingeben wollen.
Z  wenn Matrix und rechte Seite zufaellig erzeugt werden sollen.
H  wenn eine Hilbertmatrix erzeugt werden soll. Die rechte Seite koennen.
   Sie dann selbst eingeben.
Q  wenn Sie aufhoeren wollen.
L  schaltet die Ausgabe von Zwischenergebnissen ein.
N  schaltet die Ausgabe von Zwischenergebnissen ab.
R  gibt nur die gleitpunktmaessig berechnete Naeherung als
   Zwischenergebnis aus.
I  gibt diese Information aus.

* S

Geben Sie bitte die Anzahl der Gleichungen und die Anzahl der Unbekannten ein

* 3 2

Geben Sie die Matrix zeilenweise ein und dann die rechte Seite.
Einzugeben sind 3 Gleichungen in 2 Unbekannten.

* 665857 -941664
* 470832 -665857
* 470833 -665857
* 1
* 0
* 665858


1. Gleitpunktmaessig berechnete Naeherung :

     1        6.65858261006E+05
     2        4.70832085775E+05
2. Durch den neuen Algorithmus wurde bewiesen, dass die Matrix maximalen Rang
hat und dass die beste Approximation garantiert in folgenden Bereich liegt :

     1    [  6.65858000000E+05,  6.65858000001E+05]
     2    [  4.70832707107E+05,  4.70832707108E+05]


Geben Sie H,S,Z oder Q ein. Die Beschreibung erhalten Sie durch I.

* Q


++++++++++  Offensichtlich muss eine gleitpunktmaessig berechnete Naeherung
++++++++++  nicht notwendig viel mit der wahren Loesung zu tun haben, auch
++++++++++  wenn ein so bewaehrter Algorithmus wie der Gauss'sche verwendet
++++++++++  wird mit optimaler Arithmetik.
++++++++++
++++++++++  Der vorliegende Algorithmus berechnet genaue Schranken fuer die
++++++++++  Loesung linearer Gleichungssysteme, und zwar auch fuer ueber-
++++++++++  oder unterbestimmte Systeme (mehr Gleichungen bzw. mehr Unbe-
++++++++++  kannte). Im Fall ueberbestimmter Systeme wird die Loesung mit
++++++++++  kleinstem Residuum, im Fall unterbestimmter Systeme die Loesung
++++++++++  kleinster Laenge bestimmt.
++++++++++
++++++++++  In jedem Fall wird durch den Rechner bewiesen, dass die Matrix
++++++++++  des gegebenen Gleichungssystems maximalen Rang hat und zwar
++++++++++  automatisch ohne ein Hinzutun des Benutzers.
++++++++++
```

```
1. Gleitpunktmaessig berechnete Inverse:

-1.66666666667E+05 2.35702260396E+05
 2.35702260396E+05-3.33333333333E+05


2. Berechnung der Inversen durch neues Verfahren:

Durch den Algorithmus wurde bewiesen, dass die Matrix nicht singulaer ist
und dass die  Inverse garantiert in folgendem Bereich liegt:

 1-te Spalte:
[ -4.70832000000E+05, -4.70832000000E+05]
[  6.65857000000E+05,  6.65857000000E+05]

 2-te Spalte:
[  6.65857000000E+05,  6.65857000000E+05]
[ -9.41664000000E+05, -9.41664000000E+05]


Geben Sie H,S,Z oder Q ein. Die Beschreibung erhalten Sie durch I.

* Q
```

```
++++++++++  Die gleitpunktmaessige Naeherung der Inversen ist voellig falsch
++++++++++  bzw. es wird die Inverse einer singulaeren Matrix berechnet. Die
++++++++++  berechnete Einschliessung ist bis auf die letzte Dezimale genau.
```

```
++++++++++  Zeichnung des Polynoms  2030 x**4 - 5741 x**3 - x**2 + 11482 x
++++++++++  - 8118 .
++++++++++  Die Auswertung der Polynomwerte erfolgt mit dem Gleitpunkt-Horner-
++++++++++  Schema.
++++++++++
++++++++++  Trotz der best-moeglichen Gleitpunktarithmetik werden die  Funk-
++++++++++  tionswerte durch Ausloeschungen, Rundungsfehler etc. voellig ver-
++++++++++  faelscht.


Geben Sie den Grad des Polynoms und dann die Koeffizienten in
aufsteigender Reihenfolge ein.

* 4
* -8118 11482 -1 -5741 2030

In welchem Bereich soll das Polynom gezeichnet werden?

* 1.41 1.42
```

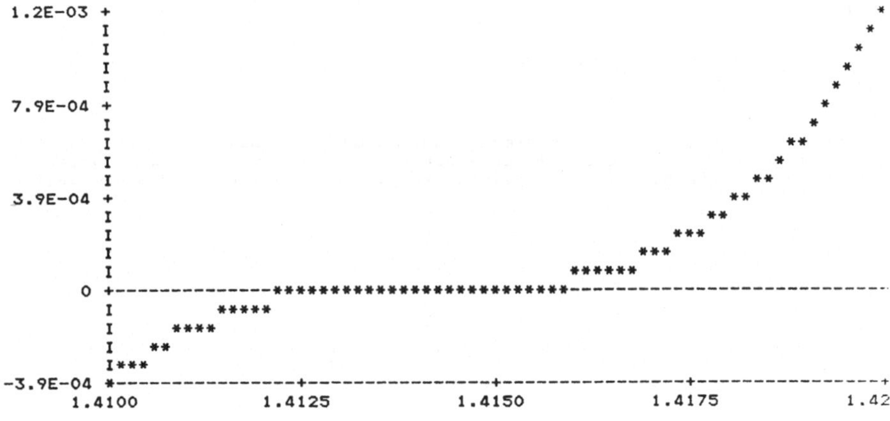

Geben Sie entweder einen neuen Bereich ein oder P oder Q.

* 1.414 1.415

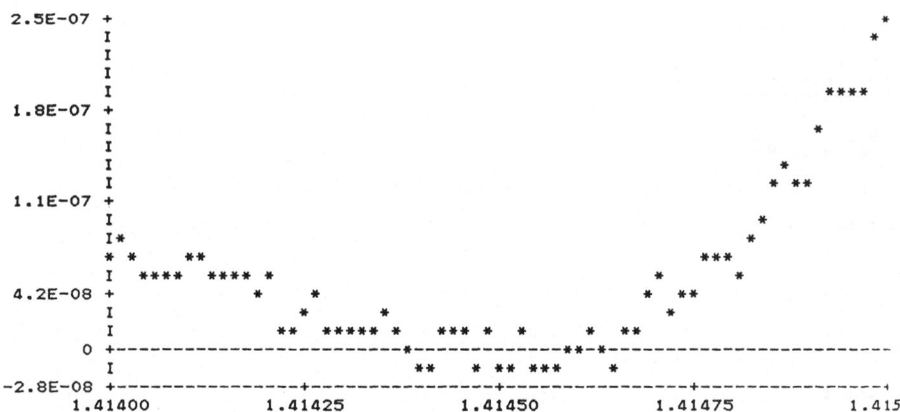

Geben Sie entweder einen neuen Bereich ein oder P oder Q.

* 1.4142 1.4143

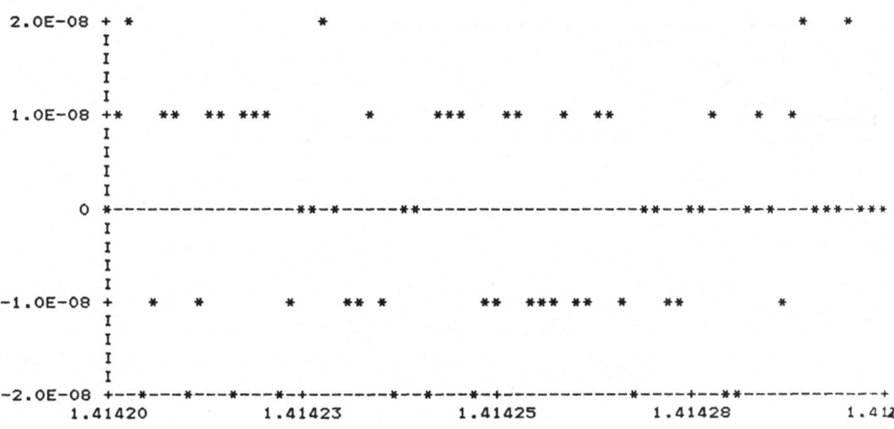

Geben Sie entweder einen neuen Bereich ein oder P oder Q.

* Q

```
++++++++++  Zeichnung desselben Polynoms wie oben in denselben Bereichen.
++++++++++
++++++++++  Die Berechnung der Polynomwerte erfolgt jetzt mit einem neuen Algo-
++++++++++  rithmus unter Verwendung der genauen Arithmetik.
++++++++++  Alle Funktionswerte werden bis auf 12 Dezimalen genau berechnet.
```

```
Geben Sie den Grad des Polynoms und dann die Koeffizienten
in aufsteigender Reihenfolge ein.

* 4
* -8118 11482 -1 -5741 2030

In welchem Bereich soll das Polynom dargestellt werden?

* 1.41 1.42
```

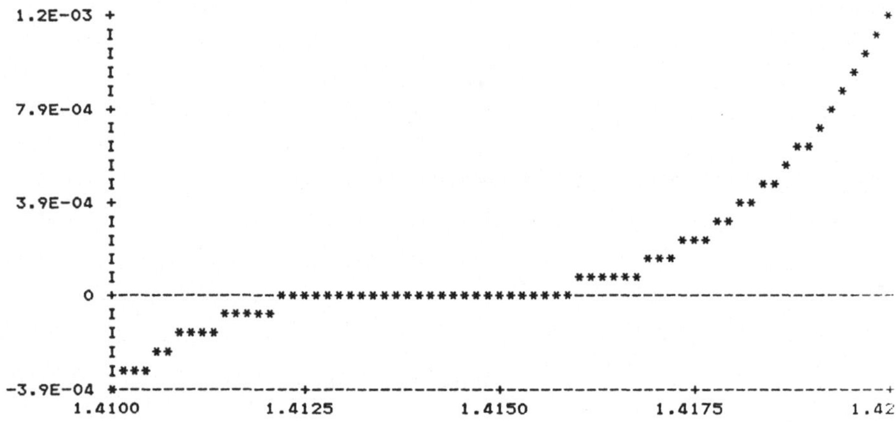

Geben Sie entweder einen neuen Bereich ein oder P oder Q.

* 1.414 1.415

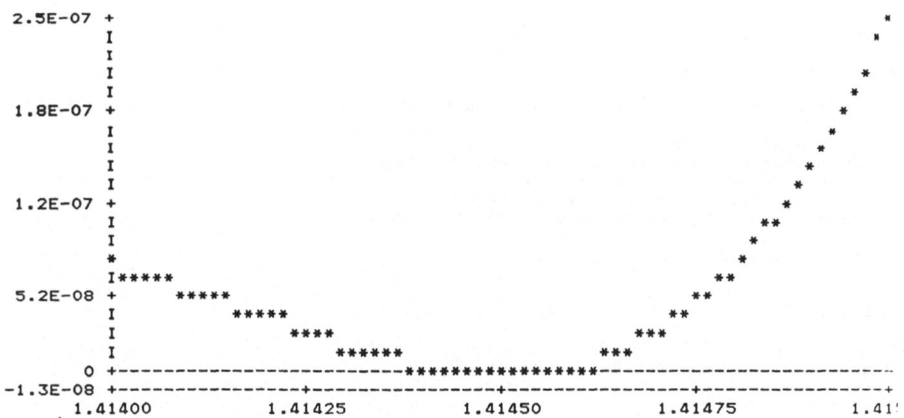

Geben Sie entweder einen neuen Bereich ein oder P oder Q.

* 1.4142 1.4143

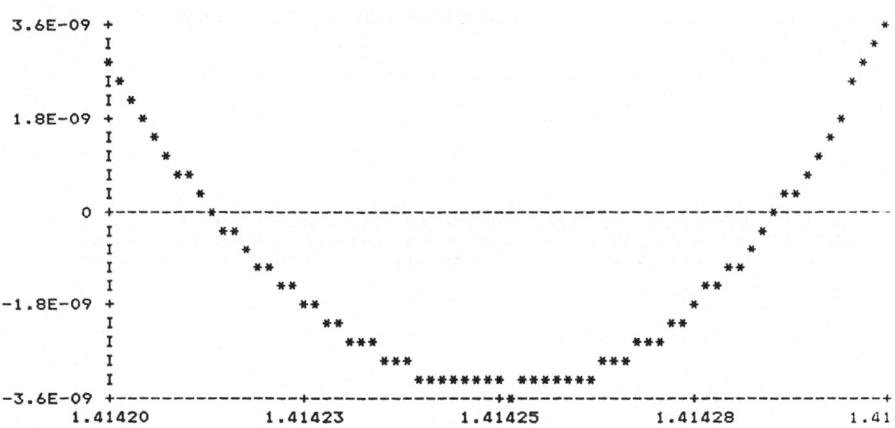

Geben Sie entweder einen neuen Bereich ein oder P oder Q.

*Q

```
++++++++++  Algorithmus zur Berechnung des Werts einer beliebigen aus +,-,*,
++++++++++  /,(,) gebildeten Formel fuer eine Variablenbelegung. Das Programm
++++++++++  stellt in gewisser Weise die Fortfuehrung des Algorithmus zur
++++++++++  genauen Berechnung von Skalarprodukten dar.


Geben Sie bitte eine Formel ein.

* X**4 + 2Y**2 - 4Y**4

Geben Sie bitte einen der folgenden Buchstaben ein :

F  fuer eine neue Formel.
E  fuer eine Einschliessung des Werts der Formel.
L  um die Zwischenergebnisse zu sehen.
N  um keine Zwischenergebnisse zu sehen.
D  um die momentan bearbeitete Formel zu sehen.
Q  um aufzuhoeren.
I  fuer diese Information.


* E


Geben Sie die Werte der Variablen ein.

Wert fuer X :
* 665857

Wert fuer Y :
* 470832


Reelle Naeherung : -3.00000000000E+12
Naive Intervallrechnung : [            -3.0E+12,              5.0E+12]

Neues, genaues Verfahren : [  1.00000000000E+00,  1.00000000000E+00]


Geben Sie E,F oder Q ein. Die Information erhalten Sie durch I.

* Q




++++++++++  Offensichtlich kann bereits bei einfachsten Formeln das Ergebnis
++++++++++  durch Ausloeschung beliebig verfaelscht werden. Der neue Algorith
++++++++++  liefert alle Funktionswerte bis auf die letzte Dezimale genau.
```

```
++++++++++  Algorithmus zur bewiesenen Loesung eines nicht-linearen Gleichungs
++++++++++  systems.
++++++++++
++++++++++  Die einzelnen Gleichungen duerfen beliebig aus +,-,*,/,(,) zusamme
++++++++++  gesetzt sein. Der Algorithmus gibt einen Loesungsbereich aus, in d
++++++++++  bewiesenermassen genau eine Loesung des nicht-linearen Gleichungs-
++++++++++  systems ist.


Dies ist ein Programm zur bewiesenen Einschliessung der Loesung
eines nicht-linearen Gleichungssystems.

Geben Sie bitte die Dimension des Systems ein.

* 4

Geben Sie bitte die 1-te Gleichung des nicht-linearen Systems ein.

* A+B+D-1

Geben Sie bitte die 2-te Gleichung des nicht-linearen Systems ein.

* B-0.6D/C

Geben Sie bitte die 3-te Gleichung des nicht-linearen Systems ein.

* C+D-1

Geben Sie bitte die 4-te Gleichung des nicht-linearen Systems ein.

* D-0.3AC


Die Dimension des nicht-linearen Gleichungssystems ist 4.
Geben Sie bitte Anfangswerte der Variablen ein.

Wert fuer A :
* 1
Wert fuer B :
* 1
Wert fuer C :
* 1
Wert fuer D :
* 1

Die Dimension des nicht-linearen Gleichungssystems ist 4.
Das System lautet :

  A+B+D-1 = 0
 B-0.6D/C = 0
    C+D-1 = 0
  D-0.3AC = 0

Momentane Naeherung fuer A :  1.00000000000E+00
Momentane Naeherung fuer B :  1.00000000000E+00
Momentane Naeherung fuer C :  1.00000000000E+00
Momentane Naeherung fuer D :  1.00000000000E+00
```

```
Geben Sie bitte einen der folgenden Buchstaben ein :

G  zur Durchfuehrung eines Schritts einer Gleitpunkt-Newton-Iteration.
L  um die Zwischenergebnisse zu sehen.
N  um keine Zwischenergebnisse zu sehen.
P  um eine neue Gleitpunktnaeherung einzugeben.
E  fuer eine bewiesene Einschliessung der Loesung des Systems.
D  um das momentan bearbeitete Problem zu sehen.
C  fuer Kommentare der Arbeitsgaenge.
S  um ein neues nicht-lineares System einzugeben.
Q  um aufzuhoeren.
I  fuer diese Information.


Geben Sie bitte E,G,S oder Q ein. Die Information erhalten Sie durch I.

* E


Das nicht-lineare Gleichungssystem ist bewiesenermassen loesbar.

Durch den Algorithmus wurde bewiesen, dass die Loesung
mit Sicherheit in folgendem Bereich liegt :

[ 7.00322250679E-01,  7.00322250680E-01]
[ 1.26058005122E-01,  1.26058005123E-01]
[ 8.26380255801E-01,  8.26380255802E-01]
[ 1.73619744198E-01,  1.73619744199E-01]

Ausser der Existenz der Loesung wurde durch den Algorithmus darueberhinaus
sogar die Eindeutigkeit der Loesung in diesem Bereich bewiesen !


Geben Sie bitte E,G,S oder Q ein. Die Information erhalten Sie durch I.

* Q
```

```
++++++++++  Die Loesung der nachfolgenden Randwertaufgabe ist y = cos x


Y" + Y = 0

 Y(0) = 1
Y'(0) = 0



Zur vorliegenden Randwertaufgabe existiert genau eine Loesung Y(X)
und diese liegt in dem folgenden Funktionsstreifen V(X):

 V(X) =   + V[ 0]*X↑ 0 + V[ 1]*X↑ 1 + V[ 2]*X↑ 2 + V[ 3]*X↑ 3 + V[ 4]*X↑ 4 +
            V[ 5]*X↑ 5 + V[ 6]*X↑ 6 + V[ 7]*X↑ 7 + V[ 8]*X↑ 8 + V[ 9]*X↑ 9 +
            V[10]*X↑10 + V[11]*X↑11 + V[12]*X↑12

Mit den Intervallkoeffizienten :

V[ 0] = [  9.99999999999E-01,  1.00000000001E+00]
V[ 1] = [            -1.0E-99,              1.0E-99]
V[ 2] = [ -5.00000000001E-01, -4.99999999999E-01]
V[ 3] = [            -2.0E-99,              2.0E-99]
V[ 4] = [  4.16666666606E-02,  4.16666666607E-02]
V[ 5] = [            -2.0E-99,              2.0E-99]
V[ 6] = [ -1.38888886079E-03, -1.38888886078E-03]
V[ 7] = [            -2.0E-99,              2.0E-99]
V[ 8] = [  2.48015230275E-05,  2.48015230276E-05]
V[ 9] = [            -2.0E-99,              2.0E-99]
V[10] = [ -2.75495951432E-07, -2.75495951430E-07]
V[11] = [            -2.0E-99,              2.0E-99]
V[12] = [  2.04071075133E-09,  2.04071075135E-09]


Wertetabelle fuer X = -1(0.1)1 :
V(-1.00) = [   5.4030230586E-01,   5.4030230588E-01]
V(-0.90) = [   6.2160996826E-01,   6.2160996829E-01]
V(-0.80) = [   6.9670670934E-01,   6.9670670936E-01]
V(-0.70) = [   7.6484218728E-01,   7.6484218730E-01]
V(-0.60) = [   8.2533561490E-01,   8.2533561493E-01]
V(-0.50) = [   8.7758256188E-01,   8.7758256191E-01]
V(-0.40) = [   9.2106099400E-01,   9.2106099402E-01]
V(-0.30) = [   9.5533648912E-01,   9.5533648914E-01]
V(-0.20) = [   9.8006657784E-01,   9.8006657786E-01]
V(-0.10) = [   9.9500416527E-01,   9.9500416529E-01]
V( 0.00) = [  9.99999999999E-01, 1.00000000001E+00]
V( 0.10) = [   9.9500416527E-01,   9.9500416529E-01]
V( 0.20) = [   9.8006657784E-01,   9.8006657786E-01]
V( 0.30) = [   9.5533648912E-01,   9.5533648914E-01]
V( 0.40) = [   9.2106099400E-01,   9.2106099402E-01]
V( 0.50) = [   8.7758256188E-01,   8.7758256191E-01]
V( 0.60) = [   8.2533561490E-01,   8.2533561493E-01]
V( 0.70) = [   7.6484218728E-01,   7.6484218730E-01]
V( 0.80) = [   6.9670670934E-01,   6.9670670936E-01]
V( 0.90) = [   6.2160996826E-01,   6.2160996829E-01]
V( 1.00) = [   5.4030230586E-01,   5.4030230588E-01]
```

Literatur

[0] Böhm, H.: Berechnung von Polynomnullstellen und Auswertung arithmetischer Ausdrücke mit garantierter, maximaler Genauigkeit. Dissertation, Universität Karlsruhe (1983)

[1] Bohlender, G.: Floating-point computation of functions with maximum accuracy. IEEE Trans. Comput. C-26, No. 7, 621-632, (1977)

[2] Bohlender, G.: Genaue Summation von Gleitkommazahlen, Computing Supp. 1, 21-32, (1977)

[3] Bohlender G.: Genaue Berechnung mehrfacher Summen, Produkte und Wurzeln von Gleitkommazahlen und allgemeine Arithmetik in Höheren Programmiersprachen, Dissertation, Universität Karlsruhe, 1978

[4] Bohlender, G. Kaucher, E., Klatte, R., Kulisch, U., Miranker, W.L., Ullrich, Ch. und Wolff v. Gudenberg, J.: FORTRAN for contemporary numerical computation, Report RC 8348, IBM Thomas J. Watson Research Center, 1980

[5] Grüner, K.: Fehlerschranken für lineare Gleichungssysteme, Computing Suppl. 1, 47-55, (1977)

[6] Grüner, K.: Allgemeine Rechnerarithmetik und deren Implementierung, Dissertation, Universität Karlsruhe, 1979

[7] Kaucher, E., Rump, S.M.: Generalized iteration methods for bounds of the solution of fixed point operatior equations, Computing 24, 131-137 (1980)

[8] Knuth, D.: "The art of Computer Programming", Vol. 2, Addison-Wesley. Reading, Massachusetts, 1962

[9] Kulisch, U.: An axiomatic approach to rounded computations, TS Report No. 1020. Mathematics Research Center, University of Wisconsin, Madison, Wisconsin, 1969 und Numer. Math. 19, 1-17, (1971)

[10] Kulisch, U.: Interval arithmetic over completely ordered ringoids, TS Report No. 1105, Mathematics Research Center, University of Wisconsin, Madison, Wisconsin, 1970

[11] Kulisch, U.: Implementation and formalization of floating-point arithmetics. Report RC 4608, IBM Thomas J. Watson Research Center, 1973, und C. Caratheodory Symp., 1973, 328-369

[12] Kulisch, U.: Grundlagen des Numerischen Rechnens - Mathematische Begründung der Rechnerarithmetik, Reihe Informatik, Band 19, Wissenschaftsverlag des Bibliographischen Instituts Mannheim, 1976

[13] Kulisch, U., Bohlender, G.: Formalization and implementation of Floating-point matrix operations, Computing 16, 239-261, (1976)

[14] Kulisch, U., Miranker, W.L.: Arithmetic operations in interval spaces, Report RC 7681, IBM Thomas J. Watson Research Center, 1979; Computing Supp. 2, 51-67, (1980)

[15] Kulisch, U., Miranker, W.L.: Computer Arithmetic in Theory and Practice, Academic Press, 1980

[16] Kulisch, U.: Numerisches Rechnen, wie es ist und wie es sein könnte, Jahrbuch Überblicke Mathematik 1981, Bibliographisches Institut, 1981

[17] Lortz, B.: Eine Langzahlarithmetik mit optimaler einseitiger Rundung, Dissertation, Universität Karlsruhe, 1971

[18] Moore, R.E.: "Interval Analysis", Prentice Hall, Englewood Cliffs, New Jersey, 1966

[19] Reinsch, Ch.: Die Behandlung von Rundungsfehlern in der Numerischen Analysis, "Jahrbuch Überblicke Mathematik 1979", Wissenschaftsverlag des Bibliographischen Instituts Mannheim, 43-62, (1979)

[20] Rutishauser, H.: Eine Axiomatik des numerischen Rechnens und ihre Anwendung auf den Quotienten-Differenzen-Algorithmus, "Vorlesungen über Numerische Mathematik", Band 2, pp. 179-221. Birkhäuser-Verlag, Basel, (1976)

[21] Ullrich, Ch.: Rundungsinvariante Strukturen mit äußeren Verknüpfungen, Dissertation, Universität Karlsruhe, 1972

[22] Ullrich, Ch.: Über die beim numerischen Rechnen mit komplexen Zahlen und Intervallen vorliegenden mathematischen Strukturen, Computing 14, 51-65, (1975)

[23] Rump, S.M., Kaucher, E.: Small bounds for the solution of systems of linear equations, Computing Suppl. 2, 157-164 (1980)

[24] Rump, S.M.: Kleine Fehlerschranken bei Matrixproblemen, Dissertation, Universität Karlsruhe, 1980

[25] Rump, S.M.: Notiz zur Genauigkeit der Arithmetik in Rechenanlagen, Elektronische Rechenanlagen 22 (1980), H.5, S. 243-244

[26] Wippermann, H.-W.: Implementierung eines ALGOL-60 Systems mit Schrankenzahlen, Electron. Datenverarb. 10, 189-194, (1968)

[27] Wolff von Gudenberg, J.: Berechnung maximal genauer Standardfunktionen mit einfacher Mantissenlänge, Elektron. Rechenanlagen 26, H. 5, 230-238 (1984)

[28] Wolff von Gudenberg, J.: Einbettung allgemeiner Rechnerarithmetik in PASCAL mittels eines Operatorkonzeptes und Implementierung der Standardfunktionen mit optimaler Genauigkeit, Dissertation, Universität Karlsruhe, (1980)

[29] Rump, S.M.: Wie zuverlässig sind die Ergebnisse unserer Rechenanlagen, Jahrbuch Überblicke Mathematik, Bibliographisches Institut 163-168 (1983)

[30] Rump, S.M.: Solving algebraic problems with high accuracy, in [33], 51-120 (1983)

[31] Rump, S.M.: New Results on Verified Inclusion, Springer Lecture Notes, to appear

[32] Kulisch, U.und Ullrich, Ch. (Hrsg.): Wissenschaftliches Rechnen und Programmiersprachen, B.G. Teubner Stuttgart (1982)

[33] Kulisch, U. and Miranker, W.L. (Eds): A New Approach to Scientific Computation, Academic Press (1983)

[34] Kulisch, U. and Miranker, W.L.: The arithmetic of the digital computer - a new approach, SIAM-Review, March 1986

[35] High-Acciracy Arithmetic, Subroutine Library, General Information Manual, IBM Program Number 5664-185, (1984)

[36] High Accuracy Arithmetic, Subroutine Library, Program Description and User's Guide, IBM Program Number 5664-185, (1984)

[37] PASCAL-SC Manual and System Disks, A PASCAL-Extension for Scientific Computation, Teubner-John Wiley (1986)

Proceedings of the Conference

Mathematics in Industry

October 24–28, 1983 Oberwolfach

Edited by Prof. Dr. rer. nat. H. NEUNZERT, Universität Kaiserslautern

1984. 287 pages. 16,2×23,5 cm. ISBN 3-519-02610-4. Paper DM 52,–

Contents

ORGANIZED COOPERATION BETWEEN UNIVERSITY AND INDUSTRY

R. S. Anderssen and F. R. de Hoog: A Framework for Studying the Application of Mathematics in Industry / A. B. Tayler: Oxford Study Groups with Industry; 1967–1983 / H. Wacker: Hydro Energy Optimization / J. Spanier: Applied Mathematics Education at the Claremont Colleges / H. Neunzert: Mathematics in the University and Mathematics in Industry – Complement or Contrast? / K. Hoffmann: On Establishing Contacts with Industry / M. Schulz-Reese: A Report of the „Kaiserslauterer Modellversuch": Continuing Mathematical Education / H.-E. Gross and U. Knauer: University Education as Preparation for Professional Praxis / A. M. Kempf: Mathematical Modelling in the French Grandes Ecoles. The Particular Case of the E.S.I.E.A.

INDIVIDUAL PROJECTS AT THE UNIVERSITIES

C. Cercignani: Mathematics and Fluiddynamics / M. Primicerio: Sorption of Swelling Solvents by Glassy Polymers / M. Shinbrot: Icebreaking by Hovercraft / B. Rihtarsic, F. Krmelj and I. Kuscer: Oscillations in Pipelines of Hydroelectric Power Plants / A. K. Louis: The Limited Angle Problem in Computerized Tomography / H. Frank: Computer Aided Design in Piping of Chemical Plants / W. Krüger: The Trippstadt-Problem / B. Aulbach: Trouble with Linearization

PROBLEMS POSED BY INDUSTRY

J. Bukovics: Oscillations of a Gasbody with Absorbant Walls (A Problem Occuring in Structural Acoustics of Passenger Cars) / P. Causemann: Requirements for a Calculating Program Regarding a Two-Mass Vibration System to Optimize Damping Force Characteristics for Vehicle Shock Absorbers / A. Gamst: Geometric Design of Mobile Radio Telephone Systems / U. Pallaske: Large Systems of Stiff Ordinary Differential Equations. Numerical Treatment by Systems Reduction / R. Zobel: Validation of a Vehicle Crash Model

B. G. Teubner Stuttgart

Proceedings of the Workshop

The Road-Vehicle-System and Related Mathematics

March 18–22, 1985 Lambrecht

Edited by Prof. Dr. H. NEUNZERT, University of Kaiserslautern, W.-Germany

1985. 284 pages. 16,2 x 23,5 cm. ISBN 3-519-02616-3. Paper DM 52,–

Contents

NUMERICAL PROBLEMS IN TREATING VEHICLES AS DETERMINISTIC MECHANICAL SYSTEMS

W. Kortüm; C. Führer: Numerical Problems in Modelling and Simulation of Vehicles as Mechanical Multibody Systems / C. Führer: On the Description of Constrained Mechanical Systems by Differential/Algebraic Equations / W. Hauschild: Approximate Methods in the Analysis of Nonlinear Vehicle System Dynamics / P. Rentrop: Numerische Probleme in der Fahrzeugdynamik / J. Wick: Modellierung eines Karosserie-Achse-Rad-Systems

OSCILLATIONS OF MECHANICAL SYSTEMS

K. Kelkel: Greensche Funktion und Impedanz bei Schwingungsproblemen / U. Kirchgraber; F. Meyer; G. Schweitzer: Stability of Two-Parameter Families of Linear Periodic Systems / T. Kulig; D. Lambrecht: Resonant Excitation of Turbine Generator Shafts / A. Répaci: Piston-Slap in Alternative Engines: A Mathematical Model / W. Splettstößer: Some Aspects on the Reconstruction of Sampled Signal Functions

SYSTEM IDENTIFICATION

M. Hazewinkel: Parametrization Problems for Spaces of Linear Dynamical Input-Output Systems / A. K. Louis: An Identification Problem for Linear Dynamical Systems / H. G. Natke: Survey of the Parameter Identification of Elasto-Mechanical Systems / H. Schmidt: Some Examples and Problems of Application of Nonparametric Correlation and Spectral Analysis / E. Walter; Y. Lecourtier; A. Raksanyi: Practical Methods for Knowing whether Parametric Models are Identifiable and/or Distinguishable / E. Walter; L. Pronzato: A General-Purpose Global Optimizer and its Application to Modelling / W. Wedig: Parameter Estimation and Process Identification / J. C. Willems: From Time Series to Linear System

RELIABILITY AND DURABILITY OF SYSTEM COMPONENTS

J. Grasman: Estimates of Large Failure Times from the Theory of Stochasticly Perturbed Dynamical Systems with and without Feedback / W. Krüger: Simulation Stochastischer Prozesse für den Lebensdauernachweis beim Pkw / J. D. Petersen: Evaluating Durability of Passenger Car Components: Measurement – Calculation – Simulation / R. Viertl: Reliability Estimation Using Bayesian and Classical Nonparametric Accelerated Life Testing Models

Proceedings of the Conference

Applied Optimization Techniques in Energy Problems

June 25 – 29, 1984 Linz, Austria

Edited by Prof. Dr. Hj. WACKER, Universität Linz

1985. 485 pages. 16,2 × 23,5 cm. ISBN 3-519-02612-0. Paper DM 82,–

Contents

B. G. Teubner Stuttgart

Proceedings of the Conference

Applied Optimization Techniques in Energy Problems

June 25 – 29, 1984 Linz, Austria

Edited by Prof. Dr. Hj. WACKER, Universität Linz

1985. 485 pages. 16,2 × 23,5 cm. ISBN 3-519-02612-0. Paper DM 82,–

Contents

B. G. Teubner Stuttgart